# Paula Brandt

# Why I Care

Wie gute Unternehmer großartig werden...
und privat im Lot bleiben

 **Forward**Verlag

# Why I Care
Wie gute Unternehmer großartig werden...
und privat im Lot bleiben

1. Auflage


Autor: Paula Brandt


Redaktion & Satz: Daniel Weiner
Kontakt: info@forwardverlag.de
Umschlaggestaltung, Illustration: StudyHelp GmbH

**Disclaimer / Haftungsausschluss**
Die Erstellung dieses Dokumentes erfolgte mit höchster Sorgfalt, dennoch behalten wir uns ausdrücklich Änderungen, Irrtümer, Auslassungen und Fehler vor.
**Änderungen und Updates**
Diese Informationen aus dem WHY I CARE - Programm könnten eventuell auch noch hilfreich sein: Gehe auf: www.paula-brandt.de oder scanne den jeweiligen QR-Code im Text.

ISBN 978-3-947506-73-6

# Inhalt

*«Ausbildung heißt das zu lernen, von dem du nicht einmal wusstest, dass du es nicht wusstest.»*

*- Ralph Waldo Emerson*

# New World? You have a voice in it

Dieses Buch ist allen großartigen Menschen gewidmet, die es überhaupt erst möglich gemacht haben. Lydia Keldenich, denn jeder Coach braucht einen eigenen Coach. Tim Oldiges, Ulrich Zerhusen, Alexander Hochgürtel, Bastian Sens - ohne die vielen Diskussionen mit euch wäre das Buch in dieser Form nicht möglich gewesen. Jörg Korthoff für seine Unterstützung. Dieses ruhige Gefühl, jemanden zu haben, der unaufgeregt im Hintergrund zu einem steht und den Rücken freihält.

Christina Erdkönig, Journalistin, Nachrichtenredakteurin, Freundin und beste Lektorin ever. Vielen Dank an die 'Romanfiguren': Ihr seid besondere Unternehmer, die mit Mut und Idealismus in die Welt herausgehen. Ulrich Zerhusen, Boris Feldmann, Tim Oldiges, Friederike Löwe, Dr. Alice Martin, Dr. Estefanía Lang, Alexander Hochgürtel, Bastian Sens, Christine Batsch. Christian Roigk, Stefan Hörhammer, Dr. Dr. Karl Langenstein, Dr. Tim Langenstein, Clemens Böckel, Rebecca Göckel, Julian Wessing, Sohan Anne Boeing, Alexander Hochgürtel sowie Unterstützer wie Malte Weiss, Monique Bremer, Hauke Gierow, Mladen und Iliyana Panov, Hendrik Lennarz, Steffi Kirchberger, Yvonne Jamal, die dazu beigetragen haben. Euer WHY I CARE ist groß. Auf dass noch viele andere eurem Beispiel folgen.

Und nicht zuletzt vielen Dank für die Unterstützung vom Verlag und an den Spirit von Daniel Weiner. Ihr habt mich überzeugt, das Buch diesmal nicht bei einem klassischen Verlag zu veröffentlichen, sondern mit einem Startup-Verlag. Ein Buch über die neue Welt gehört von der neuen Welt verlegt.

# Legende

☐ Ein solcher Kasten steht vor einer Checkliste.

→ Nach diesem Pfeil folgt eine Case Study mit einem echten Fallbeispiel aus dem Firmenalltag

**Tipps & Tools**  Unter dieser Überschrift findest du Hinweise, um am Thema weiterzuarbeiten

**Teste dich selbst**  Hierunter kannst du einordnen, wo du stehst

**Knowledge**  In den Kästen unter dieser Überschrift findest du Wissenswertes und Zusatzinformationen rund um das Thema

**Hinweis:**  Um den Text lesbarer zu gestalten, ist im Buch die männliche Form gewählt (zum Beispiel „Unternehmer "). Selbstverständlich umfasst das sowohl Frauen als auch Männer.

Im Buch wird konsequent das „Du" verwendet, um die Lebenswirklichkeit der Hauptfigur, eines 37-jährigen Digitalunternehmers, realistisch abzubilden.

# 1
# Vorwort:
# Was dieses Buch dir bringt

Dieses Buch habe ich begonnen zu Zeiten der Corona-Pandemie. Mein Alltag bestand aus zig Videokonferenzen am Tag, die mir, ehrlich gestanden, mittlerweile oft genug auf die Nerven gingen. Aber diese hier war anders. Mein Kunde Jonas und ich hatten wie üblich mit einem Update der letzten Zeit gestartet. Und dann plötzlich gewann unser Gespräch eine Tiefe, die uns beide überraschte. Ich sagte zu Jonas: „Ehrlich, nachdem ich unseren letzten Geschäftsführer-Workshop hatte, bin ich morgens aufgewacht und dachte, dass ich euer Geschäftskonzept und eure Art zu wirtschaften zum Kotzen finden." Und Jonas sagte: Ja, ihm gehe es manchmal genauso.

Er gab zu: Ihre Firma war nie für die Dauer geplant. Es ging von Anfang an darum, irgendwann Kasse zu machen - einen Exit hinzulegen. Sie wollten nachweisen, dass ihr Geschäftsmodell funktioniert. Und dann für soviel Geld wie möglich verkaufen. Nun ist es durchaus für mich nicht an der Tagesordnung, dass ich mit den Kunden, mit denen ich arbeite, so drastisch spreche. Ich muss an dieser Stelle etwas zu Jonas sagen. Er war zu diesem Zeitpunkt mein Kunde seit zwei Jahren, und ich hatte mehrere Workshops mit ihm und seinen Mitgeschäftsführer- und Gesellschafterkollegen geführt. Mitte 30, leitete er zum Zeitpunkt der Telco ein investmentfinanziertes KI-Startup, das im nächsten Jahr auf einen Exit im dreistelligen Millionenbereich hinarbeitete. Stichwort Exit: Ich kann jeden verstehen, der gerne Kasse macht. Worüber Jonas und ich aber sprachen, war eine andere Art von Unternehmertum. Eines, in dem wir mit unserem eigenen Geld agieren und sehr genau darüber nachdenken, was wir damit tun.

Natürlich ist es auch davon geprägt, Profit zu machen - aber nicht nur. Es geht darum, nachhaltig Geld zu verdienen. Das schaffe ich nur, wenn meine Mitarbeiter gerne für mich arbeiten, gerade im heutigen Arbeitsmarkt. Wenn meine Kunden nicht nur einmal, sondern zweimal, dreimal und immer wieder bei mir kaufen. Wenn das Umfeld ein Vertrauen darin hegt, dass wir auch morgen auch noch da sind. Und das ist in einem Szenarium, in dem Leute auf den schnellen Exit und Kasse machen abzielen, nebensächlich.

Wir kamen dann in eine Diskussion, bei der wir uns die Frage stellten, ob wir angesichts der dringenden Probleme in dieser Welt nur noch Demeterhöfe betreiben müssten - also etwas tun, um die Welt zu retten für unsere Kinder. Es wurde deutlich, was uns treibt: Wir beide sehen, wie dringlich die Probleme dieser Welt sind, und dass gerade wir als Unternehmer jetzt aufstehen und etwas tun müssten. Müssen wir?

## Vom Why zum How

Gerade jetzt nach Corona transformieren wir uns als Gesellschaft. Es entsteht eine neue Welt. Und in der sind andere Eigenschaften wichtiger als früher. Weil künftig viel weniger fix ist. Weil Einschnitte wie Corona, die alles von heute auf morgen lahmlegen, immer wieder kommen können. Weil Geschäftsmodelle, die heute gut gehen, im Handstreich über den Haufen geworfen werden. Wappnen kannst du als Unternehmer dich nur, indem du künftig viel flexibler reagierst. Indem du auf deine Intuition vertraust. Letztlich, indem du an der einzigen Konstante arbeitest, die dir immer sicher ist: An dir selbst. An deiner eigenen Persönlichkeit, damit die fest wie ein Fels in der Brandung auch angesichts der größten Umwälzungen steht. Davon handelt dieses Buch. Es zeigt dir Wege, wie du dahin kommen kannst, wie du über dich hinauswächst. Als ich den Tenor gesetzt hatte, standen da Worte wie Verantwortung übernehmen, Haltung zeigen in haltlosen Zeiten, reale Substanz aufbauen versus schnelllebigem Wirtschaften, Entscheidungen, die Generationen überdauern. Und Demut.

Also das komplette Gegenmodell zu meinem ersten Buch 'Mayday aus der Chefetage', das ich 2015 als Reaktion auf Management in Machtstrukturen und zu Zeiten des VW-Skandals geschrieben hatte. Damals haben mich viele gefragt: „Du schreibst, wie man es nicht machen soll. Wo sind die wirklich guten Vorbilder? Und was machen die anders?" Ich musste zugeben, ich hatte keine Antwort. Das Thema hat mich nicht losgelassen. Ich habe jede freie Minute daran geforscht, Interviews geführt. Heute, sechs Jahre später, zeige ich Menschen, die Verantwortung übernehmen und Wirtschaft neu und in Einklang mit ihrer Überzeugung gestalten. Sie hinterfragen sich selbst immer wieder, um besser zu werden. Und privat sind sie auch noch im Lot.

Viele fragen mich: „Kann ich das auch lernen?" Für sie schreibe ich dieses Buch. Wenn ein Simon Sinek das 'Why' in den Mittelpunkt stellt[1], geht es in diesem Buch um das 'How'. Es beschreibt also, wie du dein 'Why' in den Alltag, auf dich persönlich und aufs Business, übersetzt. Wir haben eine Verantwortung für die Zukunft. Es ist Zeit für ein neues nachhaltiges Wirtschaften. Es geht um einen Begriff von Nachhaltigkeit, der viel größer ist als die rein ökologische Verantwortung. Nicht jeder muss künftig einen Demeterhof betreiben. Klar kannst du das machen, wenn du Spaß daran hast.

Aber es geht darum, ein neuer Typus Unternehmer zu werden: Eine starke Persönlichkeit, die von ihrem Wesen aus agiert, die eine bewusste Entscheidung dafür trifft, wie sie weiter mit ihrer Firma wachsen will. Und die dann herausgeht und die Welt verbessert - und damit wirklich nachhaltig wirtschaftet.

## Das erwartet dich

Im Buch stelle ich dir Julian vor, einen Digitalunternehmer, der zwar erfolgreich ist, aber seine Erfolge bisher als hohl und wenig befriedigend empfindet. Er möchte das ändern und besucht dazu ein Unternehmer-Mentoring, in dem er ein neues nachhaltiges Wirtschaften kennenlernt. Auf seiner Reise begegnet er vielen Unternehmern. Sie sind Romanfiguren - es gibt sie aber wirklich. Über einen QR-Code kannst du sie dir auf einer Website selbst anschauen und von ihren Best Practices lernen, denn wir alle lernen doch am meisten über echte Vorbilder, nicht über trockene Worte auf Papier. Wir lassen uns inspirieren von Menschen, die wir 'live und in Farbe' erleben und die eine Saite in uns berühren.

Begleite Julian auf seiner Reise - vielleicht machst du dich ja auch bald auf den Weg.

# Auf der Suche - Julian erzählt

Als ich damals zu Sylvia Krause ins Unternehmer-Mentoring kam, war ich am Ende. Von außen gesehen war ich erfolgreich. Ich hatte die letzten Jahre damit verbracht, mehrere Digital Companys aufzubauen. Mittlerweile liefen sie ohne mich. Ich hatte die Geschäftsführung an andere übergeben. Machte selbst nur noch minimal etwas für diese Firmen, sprich so 15 Stunden in der Woche. Die letzten Jahre waren sehr hart gewesen. Die Firmen waren lange Zeit mein Leben, so sehr, dass meine Ehe darüber in die Brüche gegangen war.

Unsere zwei Kinder waren überwiegend bei meiner Frau, an einem Tag in der Woche aber auch bei mir. Finanziell war ich unabhängig. Ich hatte eine Holding und eine Stiftung aufgebaut, mein Geld steuerlich sinnvoll angelegt und mich sogar in meiner Freizeit im Handel mit Zertifikaten an der Börse ausbilden lassen. Das war mittlerweile so lukrativ, dass ich alleine von den Erträgen ganz gut leben konnte. Aber wie sah es wirklich in mir aus? Ich hatte das Gefühl, mein Leben geht an mir vorbei. War das jetzt schon eine Midlife-Crisis mit nicht mal 38 Jahren? Besonders zu denken gegeben hat mir ein Workshop, in dem ich mit jungen Gründern zusammen saß.

Als wir so über unser Leben sprachen, sagte eine 23-jährige Startup-Unternehmerin irgendwann zu mir: „Du hast gar kein Leuchten mehr in den Augen." Das hat mir zu denken gegeben. Denn: Mir war sofort klar, dass sie Recht hatte. Ich fühlte mich ertappt - und auch beschämt. Wie konnte das angehen? Da hatte ich alles erreicht, von dem andere über mich sagen würden: „Mensch, ist der erfolgreich." Und ich selbst konnte darüber nur müde lächeln. Nach dem Workshop verbrachte ich eine ganz schlechte Nacht. Als ich am nächsten Morgen wie gerädert aufstand, hatte ich einen Entschluss gefasst. So wollte ich nicht weitermachen. Ich wollte wieder Energie fühlen und morgens aus dem

Bett springen, begeistert für das, was der neue Tag mir bringen würde. Noch an diesem Morgen, am Frühstückstisch bei Toast und ausgestattet mit einer großen Kanne Kaffee, schrieb ich auf, was mir fehlte. So sah meine Liste aus:

- **Ausgangslage:** Ich hatte das nagende Gefühl, dass ich meine wirkliche Leidenschaft trotz aller finanziellen Erfolge mit meinen Firmen noch nicht entdeckt hatte.

- **Körperliche Symptome:** Ich bin derjenige, der immer Gas gibt. 150% zu leisten ist für mich selbstverständlich. Früher war das auch kein Problem für mich gewesen. Noch zu Zeiten meiner Ehe bin ich öfters um 18:00 Uhr nach Hause gefahren. Meine Kinder gingen um 21:00 schlafen, und ich bin dann nochmal ins Büro gefahren, sozusagen zur zweiten Schicht. In letzter Zeit war das anders. Ich wurde schnell müde, war lustlos. Letztes Weihnachten hatte mein Körper mir dann tatsächlich einen Warnschuss erteilt. Nach dem Stress vom Weihnachtsgeschäft im Business war ich mit Freunden auf eine Skihütte in die Berge gefahren. Morgens beim Frühstück merkte ich plötzlich, wie mir der Kaffee in den Mundwinkeln herunterlief. Meine ganze linke Gesichtshälfte war auf einmal schief. 'Stressbedingte Gesichtslähmung', so lautete die Diagnose vom Arzt, zu dem ich noch am gleichen Morgen ging. Sie verschwand zwar nach ein paar Tagen wieder. Aber ich war alarmiert. Augenscheinlich musste ich dringend etwas anders machen.

- **Meine Frage:** Was will ich eigentlich als Mensch erreichen? Wie will ich künftig leben, so dass es gut für mich ist? Wie kann ich zufrieden sein mit dem, was ich habe?

- **Mein Wunsch:** Ich wollte Klarheit über meine Zukunft gewinnen. Wollte wissen, wie und womit ich mein weiteres Leben verbringen wollte.

Meine Liste hat mich selber verblüfft. Natürlich hatte ich Bücher wie John Strelecky's 'Big Five for Life'[2] gelesen. Ich kannte die Aussagen von 'The One Thing' von Gary Keller[3] und was sonst noch alles so auf dem Markt ist. Mit meinem Führungsteam hatte ich in den letzten Jahren schon mehrmals zweitägige 'Purpose and Values'-Workshops besucht. Und trotzdem konnte ich die Fragen auf meiner Liste immer noch nicht klar beantworten.

Ehrlich gesagt saß ich in diesem Moment am Frühstückstisch, stützte den Kopf in die Hände und fühlte mich wie ein Versager. Wie konnte das angehen - trotz aller Erfolge, die ich vorweisen konnte? Hatte ich denn bisher auf das falsche Pferd gesetzt? Und vor allem: Wer oder was konnte mir jetzt weiterhelfen? Ich wusste nur eines. Ich würde mich nicht mehr belügen. Mein Ziel war, jetzt ein für allemal Antworten für mich zu finden.

## Coaching, Gurus, Patentrezepte?

Persönlichkeitsentwicklung war mir zu diesem Zeitpunkt nicht neu. Damit hatte ich mich in den letzten Jahren immer wieder beschäftigt. Auch in Coachings war ich verschiedentlich gewesen. Jetzt, hier am Frühstückstisch sitzend, blätterte ich durch meine Notizen aus knapp zehn Jahren gelegentlicher Beschäftigung mit mir selbst, die ich in meinem MacBook gespeichert hatte. Spontan musste ich schmunzeln. Da war mein 'goal setting & life mastery'-Dokument. Auf 20 Seiten hatte ich genauestens für jeden Bereich in meinem Leben aufgeschrieben, wie es in Zukunft aussehen sollte. Sogar meine ideale Partnerin hatte ich beschrieben, inklusive Haarfarbe und Figur, in welchem Haus wir leben und welche Urlaube wir machen würden (Südfrankreich). Das las ich jetzt noch einmal durch und erinnerte mich wieder genau an den Coach, der mir das damals, in den Monaten nach meiner Scheidung, geraten hatte. Er war ein smarter Typ, ein glühender Anhänger von 'The Secret', dem Gedankengut von Rhonda Byrne[4]. Nach ihrem 'Gesetz der Anziehung' bist du es selbst, der durch seine Gedanken sein Leben und die Ereignisse darin erschafft. Je konkreter du es dir vorstellst, desto höher ist die Wahrscheinlichkeit, dass das Ersehnte eintritt. Heißt konkret: Wenn du nur daran glaubst, dass du einen Parkplatz in der Innenstadt findest, dann bekommst du auch einen.

Das hatte mir damals gefallen, wahrscheinlich weil ich abergläubisch war und dachte, dass ich damit das Schicksal positiv beeinflussen würde. Nichts wollte ich dem Zufall überlassen. Jetzt, mit dem Abstand einiger Jahre, sah ich das anders. Augenscheinlich hatte mein Vorgehen nicht geklappt, sonst wäre ich wohl kaum in diese gewaltige persönliche Krise hineingeraten. Eine neue Partnerin wie beschrieben war jedenfalls nicht in Sicht. Und zufrieden war ich auch nicht, geschweige denn glücklich, nicht privat und trotz aller Erfolge auch nicht beruflich. Wirklich nachhaltig war das alles also bisher nicht gewesen.

Ich runzelte die Stirn. Wie konnte ich da herauskommen? Wer oder was würde mir helfen? Ich verbrachte den Rest des Vormittags mit Googeln zu Beratung, Coaching, Mentoring und Training. Klar kannte ich das alles, aber was war eigentlich genau der Unterschied? Mir schwirrte der Kopf, aber im Finden und Strukturieren von Informationen bin ich richtig gut. Kurz nach Mittag klappte ich den Laptop zu und hatte jetzt einen Überblick.

Also:

- **Coaching:** Ein Coach begleitet und unterstützt Menschen beim Erreichen persönlicher oder unternehmerischer Ziele. In Reinform heißt das, dass der Coach mir offene Fragen stellt, um aus mir eine alternative Perspektive auf meine Situation herauszukitzeln. Das leuchtete mir wenig ein. Mein Problem war ja gerade, dass ich feststeckte, wie sollte ich denn von selbst auf eine neue Sicht kommen? Ich glaubte nicht, dass meine Themen nur durch einen bloßen Wechsel meiner Perspektive zu lösen waren.

- **Beratung:** Ein Berater gibt Handlungsempfehlungen zu einem eingegrenzten Thema. Wenn ich also Fragen zu einem Spezialfeld habe, suche ich mir dafür einen Experten. Dieser ist auf eine Branche, eine Zielgruppe oder ein Problem spezialisiert. Er - oder sie - gibt mir Ratschläge nach dem Motto: „Basierend auf meiner Erfahrung empfehle ich dir, dass du Folgendes tust: erstens ... zweitens..." Letztlich funktioniert das, weil der Berater mein Spezialthema selbst schon einmal gelöst hat. Ich schüttelte spontan den Kopf. Ein einzelnes eingegrenztes Thema hatte ich gerade eher nicht. Vielmehr fühlte ich mich grundsätzlich verloren.

- **Mentoring:** Eine Mischung aus beidem ist ein Mentor. Diese Rolle gefiel mir spontan am besten. In ihm erkannte ich am ehesten den Sparringspartner, den ich mir wünschte. Ich wollte ja gerade jemanden, der mir den Spiegel vorhält. Der auf mich schauen und aufdecken würde, was eigentlich genau los war. Ein Mentor kann das, weil er oder sie selber schon einmal eine ähnliche Situation wie meine durchlebt hat. Die Rolle stammt ursprünglich aus dem Corporate Umfeld und bezeichnet eine erfahrene Führungskraft, die einer jüngeren zur Seite gestellt wird. Wie gesagt, das galt für größere Unternehmen. Gab es so etwas auch für einen Unternehmer wie mich? Sozusagen einen Unternehmer-Mentor?

# Die Reise beginnt

„Ich möchte einen erfahrenen Mentor." Jetzt hatte ich es laut ausgesprochen. Es war ein lauer Sommerabend. Ich saß mit Ulrich im Biergarten. Er war einer von den Unternehmern in meinem Netzwerk, die ich am meisten schätzte. Als ich überlegt hatte, wie ich weiterkomme, war mir eingefallen: Am besten frage ich erfahrene Unternehmer aus meinem Umfeld. Solche, die ich bewunderte, von denen ich dachte, dass sie schon die Stimmigkeit erreicht hatten, nach der ich suchte. Ulrich Zerhusen war mir spontan in den Sinn gekommen.

Wir kannten uns nicht besonders gut. Ich hatte ihn vor einigen Jahren auf einer Netzwerkveranstaltung getroffen, und wir waren lose in Kontakt geblieben. Seitdem hatte ich seinen Werdegang verfolgt. Vor etwas über zehn Jahren hatte er eine Pflegeeinrichtung mit ursprünglich 20 Mitarbeitern übernommen. Mittlerweile war sie auf über 200 Mitarbeiter angewachsen. Was mich besonders beeindruckte: Ulrich war eben nicht nur angetreten, um mehr Umsatz zu machen. Er wollte das Bild der Pflege in der Gesellschaft verändern. Mit diesem Anliegen war er öfter in den Medien präsent, und ich hielt ihn für einen bewundernswerten Vorkämpfer in seiner Branche.

Für seine Vision war er auch im Berufsverband aktiv, und es gab Fotos von ihm mit dem aktuellen Gesundheitsminister in Berlin, bei dem er für eine Gesetzesänderung vorsprach. Auch privat war bei ihm alles im Lot. Er hatte vier Kinder und eine Ehefrau, von der er schon bei unserem ersten Treffen mit Liebe und Wertschätzung gesprochen hatte. Kurzum: Ulrich klang nach einem spannenden Startpunkt für meine Suche. Ich funkte ihn via Whatsapp an, ob er Lust hatte, sich mit mir zu treffen. Zu meiner Freude hatte er kurzfristig Zeit. Wir verabredeten uns für den übernächsten Abend.

Jetzt drehte Ulrich nachdenklich sein Bierglas auf dem Untersetzer hin und her. Er sagte: „Ok, du willst also an dir arbeiten. Bist du sicher, dass du diesen Weg gehen willst? Wenn du dich darauf einlässt, ist das vor allem erst einmal eine Reise zu dir selber. Zu deiner innersten Welt." Das klang so eindringlich, dass ich ihn etwas verwirrt anschaute und zögerte. „Ja, ich denke schon. Was heißt das denn genau? Wie hast du es gemacht?" Ulrich lächelte. „Na ja", sagte er. „Ich glaube schon, dass ich diese Reise hinter mir habe.

Das war manchmal nicht einfach, und sie ist auch noch lange nicht zu Ende. Heute schaue ich gelegentlich zurück und denke, Mann, vor zehn Jahren, wie blind war ich denn eigentlich? Wie kann es sein, dass ich viele Sachen überhaupt nicht wusste? Dass ich Fragen gar nicht kannte wie: 'Warum stehe ich eigentlich morgens auf?', 'Was sind meine unerschütterlichen Prinzipien?' und so weiter." „Wie hast du das geschafft?", fragte ich neugierig. Ulrich schaute nachdenklich in die Ferne. „Am Anfang wollte ich einfach wachsen", erklärte er. „Ich glaube, ich hatte fixe Bilder im Kopf. Nach dem Motto: Man muss als Pflegeeinrichtung die und die Umsatzrentabilität haben, dann muss man so und so viel wachsen, damit man dann irgendwann da und da angekommen ist, um dann die und die Synergieeffekte zu heben und immer so weiter. Das ist ja gerade dieser McKinsey-Ansatz, der aus der alten Welt kommt und noch überall zu finden ist.

Ich habe mich damit aber überhaupt nicht wohlgefühlt. Und irgendwann habe ich mich dann gefragt: 'Muss das denn tatsächlich immer so sein?' Dann habe ich kapiert: 'Nein, muss es nicht.' Ich habe es selber in der Hand, es anders zu machen. Als Unternehmer in der Pflege will ich etwas ganz anderes erreichen, zum Beispiel dafür sorgen, dass gerechtere Löhne und Gehälter gezahlt werden." Er grinste. „Ich bin wahrscheinlich ziemlich stur. Ein Freund hat mal gesagt, dass er mich nicht so gerne zum Gegner hätte. Ich gehe schon in Konflikte hinein, weil ich das Gefühl habe, für die gute Sache zu kämpfen.

Auch wenn es die Konfrontation im Berufsverband ist. Das kommt wahrscheinlich daher, weil für mich nichts in Stein gemeißelt ist. Alles kann verändert werden." Ich dachte an meine eigenen Firmen, die ich erfolgreich aufgebaut und übergeben hatte. Ja, Ulrich hatte Recht. Ich war auch in eben jenen Mustern unterwegs gewesen, von denen er sprach. Nachdenklich überlegte ich laut: „Na klar, das kenne ich. Aber wie kann ich mich aus diesen alten Denkansätzen befreien? Wie kann ich neue Wege gehen? Und geht das überhaupt Hand in Hand mit dem Wirtschaften, wie wir es heute kennen? Ich will ja schon nochmal etwas Neues aufbauen und nicht Privatier werden."

Ulrich schmunzelte. „Na, dafür bist du wirklich noch deutlich zu jung. Aber Spaß beiseite. Ich habe mich irgendwann gefragt: 'Wenn ich 60 oder 70 Jahre alt bin und auf mein Lebenswerk zurückschaue, was will ich dann erreicht haben?' Diese Frage hat für mich alles verändert. Als ich damals meine Pflegeeinrichtung übernommen hatte, kam ich aus der Industrie - Spritzgießmaschinen, Thermoformanlagen und Extruder. Ich war also wirklich ein Branchenfremder. Übernommen habe ich sie auch nur, weil meine Mutter schwer krank geworden ist. Die Pflegeeinrichtung war ihr Lebenswerk, und ich bin sozusagen eingesprungen. Die neue Branche war zuerst ein echter Kulturschock. Und je mehr ich hinter die Kulissen schaute, desto stärker bekam ich das Gefühl, dass die Pflege als Branche am Boden lag.

Mir wurde klar: Ich wollte meinen Beitrag dazu leisten, das ein kleines Stückchen besser zu machen." Ulrich schüttelte nachdenklich den Kopf. „Vielleicht war ich dafür ja auch gerade als Branchenfremder gut geeignet. Ich hatte eben gar nicht erst die üblichen Denkbarrieren von jemandem im Kopf, der schon ewig dabei ist. Bis heute kritisieren viele unsere Positionierung, die noch aus dieser Zeit stammt: 'Pflege, die nicht nach Pflege aussieht.' Alles kann ich natürlich nicht ändern, das wusste ich damals schon und weiß das auch jetzt noch. Aber heute fühle ich mich schon so viel besser, wenn ich durchs Haus gehe und denke, wie es denn vor zehn Jahren bei uns war und wie es heute ist. Ich freue mich an Kleinigkeiten, an denen ich mitgewirkt habe, zum Beispiel dass wir heute tatsächlich in diesem traditionellen Niedriglohnbereich höhere Löhne zahlen." Ulrichs Augen leuchteten. Er sah plötzlich so glücklich aus, dass ich direkt einhakte. „Das klingt toll, wirklich. Aber sag mal, jetzt bist du schon so weit gekommen. Wohin willst du denn noch?"

Er überlegte. Etwas zögernd sagte er: „Ehrlich gesagt tue ich mich mit deiner Frage etwas schwer. Ich kann heute gar nicht sagen, dass ich in zwei Jahren bei 15 Millionen Euro Umsatz oder so ähnlich sein möchte. Und vielleicht ist das auch eines der Zeichen der neuen Zeit, dass das eben heute nicht mehr so ist. Es ist nicht mehr so planbar wie früher. Vielmehr schaue ich nach Projekten, auf die ich Lust habe und die mir sinnvoll erscheinen, und entscheide immer wieder neu, wo ich reingehe.

Das kann auch heißen, dass ich meine Bestimmung nicht unbedingt nur als Unternehmer finde. Vielleicht übernehme ich auch irgendwann eine Rolle im Berufsverband. Oder ich gehe bei uns vor Ort in den Stadtrat. Das will ich mir offen lassen. Wichtig ist für mich, dass ich meine Stärken kenne und deshalb genau entscheiden kann, wo ich sie am besten einsetze." „Das klingt alles so rund", sagte ich fast neidisch. „Da möchte ich auch hin. Wer kann mir dabei helfen? Hast du einen Tipp für mich?" Er grinste. „Da kenne ich jemanden. Eine Mentorin. Ruf da mal an."

«WAS HINTER DER GRENZE LIEGT

Wir sind die Summe unserer Erfahrungen, Gefühle und Erinnerungen. Und je öfter wir uns die Welt auf die immer gleiche Art und Weise erklären, desto stärker wird die eigene innere Überzeugung, dass sie eben genauso ist und es keine Alternative gibt. Ich glaube, dass wir uns viele Grenzen nur selber setzen.

Was mich seit 10 Jahren beschäftigt, ist die Frage, wie wir in der Pflegebranche aus dem selbstgezimmerten Gefängnis unserer immer gleichen Denkgewohnheiten ausbrechen können. Welche Grenzen kommen von außen (Rahmenbedingungen) und welche kommen von innen, aus uns selbst?

Ich wollte schon immer Grenzen sprengen. Raus! In! Die! Welt! Weil sie so groß ist. Weil es so viele andere Sichtweisen gibt. Weil eine andere Umgebung auch zu anderen Erkenntnissen führt.

Ich war also schon als Kind überall, nur nicht zu Hause. Das ging so weit, dass meine Eltern das Grundstück eingezäunt haben. Angst kenne ich nicht. Eher Respekt. Etwas Tolles kann erst dann geschehen, wenn ich den ersten Schritt mache.

So agiere ich auch in unseren Pflegeeinrichtungen:

- Alle sagten: „Das wird ein Millionengrab"... Wir haben ein altes Kloster übernommen und es in eine moderne schöne Pflegeeinrichtung umgewandelt.

- Alle sagten: „Das ist David gegen Goliath. Das hat sich noch keiner getraut"…Wir sind als Pflegedienst in Einzelverhandlungen mit den Pflegekassen gegangen, um für bessere Vergütung für die Arbeit der Pflegekräfte zu kämpfen.

- Alle sagten: „In der deutschen Pflegelandschaft ist kein Raum für Innovationen"…Wir haben als erste in Deutschland die Philosophie Silviahemmet in einem Pflegeheim-Setting umgesetzt.

- Alle sagten: „Aber du kommst nicht aus der Pflege. Wie soll das gehen?"…Ich bin in die Pflege gegangen.

Es kann nur andere Antworten geben, wenn ich die Dinge auch anders sehe. Grenzen haben mich noch nie eingeschränkt. Grenzen motivieren mich, sie zu überwinden. Denn hinter der Grenze liegt eine neue Erfahrung und eine neue, bessere Pflegewelt.

#grenzen #überwinden #pflege #wertschätzung #pflegekräfte #pflege-neudenken»

Instagram Post vom 01.08.2021

ULRICH ZERHUSEN,
ZERHUSEN & BLÖMER

# 2
# Der Weg zu dir selbst

## Erste Begegnung mit Sylvia

Eine Mentorin. Wer war diese Sylvia Krause? Ich drehte die Visitenkarte hin und her, die mir Ulrich überlassen hatte. In einigen Minuten
hatten wir uns zu einem ersten Video-Call verabredet. Vorher hatte ich
ihr schon ein paar erste Informationen zu mir gesendet. Ich ließ Revue
passieren, was ich gerade im Internet und in Social Media gelesen hatte. Sylvia war selbst eine erfahrene Unternehmerin. Nach ihrer Zeit bei
Microsoft hatte sie eine eigene IT-Firma aufgebaut, die in ein paar Jahren stark gewachsen war. Ihre Firmenanteile hatte sie vor einigen Jahren verkauft und gab seitdem ihre Erfahrungen an Unternehmer wie
mich weiter.

Sie hatte ein Buch über Vorstände und Geschäftsführer in Krisen
geschrieben, das wohl einiges an Sprengstoff enthielt. In einem ihrer Videos erklärte sie es so: „Damals haben mich alle gefragt: 'Du schreibst
so viel über das, was nicht klappt. Hast du auch gute Vorbilder?'" Und
sie musste wohl zugeben, dass sie die nicht hatte. Also war es ihre Mis-
sion geworden, genau diese guten Vorbilder zu finden. Heute arbeitete
sie als Mentorin für Unternehmer. Ihr Thema war, wie sie nachhaltig
erfolgreich sein konnten. War das richtig für mich? Spannend klang

es zumindest. Vor allem weil Sylvia aufgrund ihrer eigenen Geschichte immer wieder betonte: „Alles geht. Auch wenn andere dir sagen, dass es nicht möglich ist. De facto gibt es nur sehr wenige Grenzen." Sie selbst hatte eine unwahrscheinliche Lebensgeschichte, befand sich leicht im Asperger-Spektrum. Bisher hatte ich solche Menschen immer als emotionslose Nerds gesehen. Sie ging selbstbewusst damit um. „Ich habe Asperger, und ich finde es gut. Es hilft, immer den roten Faden zu sehen. Was für andere kompliziert ist, finde ich meistens einfach. Meinen Kunden kann ich damit weiterhelfen." Trotz dieser Besonderheit hatte sie Karriere gemacht. Selbstbewusst sagte sie: „Jeder von uns hat irgendetwas, das nicht der Norm entspricht. Das Wichtigste ist, dass wir das akzeptieren und ein Umfeld für uns finden, in dem wir uns entfalten können. Always respect yourself - als Kreis passt du in kein Quadrat."

Das gefiel mir gut. Ich atmete tief durch und wählte mich ein. Das Bild baute sich langsam auf. „Hallo Sylvia", sagte ich. Sie sah etwas anders aus, als ich das nach den Berichten im Internet gedacht hatte. Sie trug einen roten Pullover, ihre Haare waren etwas länger und zu einem Zopf zusammengebunden. Wir redeten kurz über das Wetter, über aktuelle Ereignisse. Eine kleine Pause entstand. „Worum geht es dir genau?", fragte Sylvia. Ich merkte, wie direkt sie war. Wahrscheinlich war das schon ihr Asperger, dachte ich. Meine Kehle wurde plötzlich eng, und irgendetwas in ihrem Blick brachte mich dazu, jedes Herumlavieren zu lassen.

Hey, das waren gerade mal die ersten fünf Minuten vom Gespräch, wie konnte das denn sein? Meine Stimme war rau. „Eigentlich bin ich der zielstrebigste Mensch, den ich kenne. Ich gehe eigentlich immer 'all-in' und erreiche, was ich mir vornehme. Das heißt, ich gebe Vollgas. Aber ich verschwende gerade zu viel Kraft an anderer Stelle", antwortete ich zögerlich. Es fiel mir unendlich schwer, das zuzugeben. „Viele meiner Aktivitäten sind dann doch nicht konsequent. Ganz ehrlich, 'all-in' ist was anderes. Wenn ich 'all-in' gehen würde, ich meine wirklich 'all-in', dann wäre da ein ganz anderes Vorankommen." Ich merkte selbst, dass es mir widerstrebte, es so auszusprechen. Eigentlich sah ich mich als Macher. Damit hatte ich meine bisherigen Firmen so erfolgreich gemacht. Wie konnte es angehen, dass ich mich jetzt so verloren fühlte? Sylvia überlegte und hakte nach: „Woran liegt das?" Ich zögerte kurz. „Ich habe mich in ein paar Dingen verrannt. Ich bin sozusagen zwar losgelaufen, stecke jetzt aber fest." Sylvia nickte. „Ja, das klingt so. Schön übrigens gesagt mit dem 'all-in' gehen. Das können wir Unternehmer wirklich gut. Die Gefahr dabei ist: Manchmal rasen wir mit Volldampf auf ein Ziel zu, das für uns nicht passt.

Dann passiert das, wovon du auch sprichst: Von außen sagen alle, dass du so erfolgreich bist. Aber dich selbst macht das nicht zufrieden. Es gibt eine Erklärung dafür. Magst du die hören?" Sie hatte mich neugierig gemacht. „Ja klar", sagte ich. Sie fuhr fort. „Wenn Typen wie du und ich etwas nicht erreichen, dann steckt meistens ein tieferer Grund dahinter, denn etwas umsetzen können wir. Das ist definitiv nicht unser Thema. Aber: Es stockt manchmal aufgrund fehlender Klarheit. Kann es sein, dass du du diesen Zwiespalt bisher für dich nicht aufgelöst hast, nämlich: Was ist dein 'One Big Thing'[5]? Ein größeres Ziel, wofür du das alles tust und was du erreichen willst?" Ich schluckte. Sylvia hatte Recht, das war es. Ich fühlte mich ertappt und gleichzeitig auch erleichtert, weil ich damit augenscheinlich nicht allein war.

Mir fiel wieder Ulrich ein, weil er, anders als ich, so genau wusste, wofür er antrat. Würde ich da auch hinkommen? Sylvia ergänzte. „Oft ist es auch noch etwas anderes. Meistens wissen wir nämlich tief in uns drin schon ganz gut, wo wir eigentlich hingehören. Nur ist es uns leider nicht bewusst. Ich sage es mal so: Wenn du unbewusst ein Bild in dir trägst, was du erreichen sollst, dann misst du all deine Aktivitäten an diesem Bild - und hast keine Chance, es zu erreichen, weil es dir ja noch nicht einmal klar ist. Du spürst nur, dass du unzufrieden bist.

Ich nenne das 'dem Feuervogel nachjagen'. Ich erzähle dir später noch mehr davon." Und sie erklärte weiter: „Wenn uns ein übergeordneter Zusammenhang bzw. ein großes Gesamtbild fehlt, dann geraten wir leicht in Versuchung, unersättlich flüchtigen Erfolgserlebnissen hinterherzujagen. Deine volle Power bringst du nur auf die Straße, wenn du weißt, wofür du etwas tust. Und erst dann fühlt sich alles richtig rund und stimmig an. „Dahin will ich auch", sagte ich sehnsüchtig. „Wie schaffe ich das?"

## Wie daran arbeiten? Gegen die Wand fahren - nein danke!

Ich sah auf dem Videobildschirm, wie Sylvia sich aufrichtete. Ihre Stimme wurde leise, und sie blickte ins Leere. „Wenige lernen durch Einsicht, sondern weil sie gegen die Wand fahren, also durch Schmerz", sagte sie. „Ich habe das oft bei Unternehmern gesehen und musste es selbst schmerzlich erfahren. Es passiert genau dann, wenn wir nicht auf unser Bauchgefühl hören und sozusagen mit Volldampf ungebremst in eine Sackgasse rasen. Soweit darf es erst gar nicht kommen, das gilt es zu vermeiden."

Ohne dass ich es merkte, hatte mein Arm unkontrolliert zu zittern begonnen. Genau, das war es. Das, was ich partout nicht wollte und wovor ich aber Angst hatte und weswegen ich gar nichts Neues mehr anfassen mochte, weil ich fürchtete, dass es mir wieder nur mehr vom Gleichen von früher bringen würde. Meine alten Gewohnheiten hatten mich schon einmal in eine Sackgasse manövriert. Sylvia mit ihrer so unvertraut analytischen Art hatte es gesehen und ausgesprochen. Sie hatte schon weiter geredet. „Dahinter steht, dass wir so stark kopfgesteuert sind. Wir setzen uns Ziele rein im Kopf - für die Firma, aber vor allem auch fürs Privatleben und für alles Persönliche. Genau da funktioniert es so aber nicht und muss zwangsläufig scheitern. Wenn dann etwas nicht klappt, bringt es uns aus dem Gleichgewicht. Neulich habe ich einen Unternehmer erlebt, der sich in letzter Zeit nicht mehr für die Arbeit in seiner Firma motivieren konnte. Er hatte gerade einen seiner wichtigsten Kunden verloren, und das Schlimme war, dass er durch einen groben Fehler selbst dazu beigetragen hatte. Im Mentoring kam dann zur Sprache, dass er privat gerade mitten in einer Scheidung steckte. So verrückt das klingt, aber er hatte es bisher gar nicht mit seinen beruflichen Schwierigkeiten in Zusammenhang gebracht. Dabei steckte er in einem massiven Zwiespalt fest. Der Hintergrund war nämlich: Seine Eltern hatten sich in seiner Kindheit ebenfalls scheiden lassen. Für sein eigenes Leben hatte er sich damals vorgenommen, dass er es besser machen würde. Er wollte nur einmal heiraten, und das war's dann. Jetzt war er von sich selbst enttäuscht, und das war für ihn sogar schlimmer als das eigentliche Ende der Beziehung."

Sylvia schüttelte den Kopf und schien ihn direkt vor sich zu sehen. „Im Grunde war er jetzt wieder das Kind, für das sich eine Scheidung wie das Ende der Welt anfühlt. Diese Grundannahme war so tief in ihm verwurzelt, dass sie ihm noch nicht mal selbst bewusst war. Deshalb konnte er alleine auch keine Lösung finden. Ihm war gar nicht klar, woher seine Verzweiflung überhaupt kam. Und: Ihm fehlten Werkzeuge und konkrete Tools, um mit seinen Gefühlen umzugehen. Für ihn war das eigentlich Schlimme nicht die Scheidung an sich, sondern dass er mit seinen eigenen Grundsätzen brechen musste.

Dadurch war er vor sich selbst in seiner Achtung gesunken, und das überschattete auch seine Performance im Unternehmen. Sprich: Alles ist immer eine Verquickung aus Persönlichem und Beruflichem. Und gerade diejenigen, die behaupten 'Ich ticke nur rein rational. Gefühle blende ich aus' stecken oft am stärksten in einem solchen Dilemma fest." Ich dachte an mein eigenes goal setting & life mastery-Dokument auf 20 Seiten und fühlte mich ertappt. Stimmt, ich hatte genauso alles vom Kopf her geplant, inklusive der privaten Themen. Welche Grundannahmen und Glaubenssätze wohl bei mir dahinter standen? Das hatte ich noch nie hinterfragt. Ich musste Sylvia recht geben, war aber überhaupt nicht sicher, ob ich da herangehen wollte. Mir erschien es gerade, als hätte ich einen Blick auf die sprichwörtliche Spitze vom Eisberg erhascht. Sie merkte meine Verunsicherung. „Das ist nicht so unlösbar wie es klingt", sagte sie. „Vor allem winkt dir großer Lohn. Ich gebe dir nachher die Telefonnummern von zwei Unternehmern, die diese Reise gemacht haben. Du kannst sie selbst sprechen und hören, wie ihr Leben heute ist."

Sogar über den Videobildschirm leuchteten ihre Augen intensiv. „Sieh es einmal so. Es ist gut, dass du jetzt hier bist - noch rechtzeitig, bevor etwas Größeres abgerauscht ist. Denn bei den meisten muss es erst richtig heftig kommen, wenn das Leben sie sozusagen vor Prüfungen stellt." Sie zog die Stirn in nachdenkliche Falten. „Glaub mir, ich kenne das auch. Ich erzähle dir mehr davon, wenn wir zusammenarbeiten. Aber eines kann ich dir aus eigener Erfahrung versichern. Das ist jetzt eine Chance für dich, richtig aufzuräumen, quasi noch einmal die 'Reset-Taste' zu drücken."

# Nachhaltig erfolgreich als Unternehmer

**Die Reset-Taste drücken.** Das klang gut. „Wenn wir zusammenarbeiten, wie sieht das aus?", fragte ich. Jetzt lächelte Sylvia. „Das besprechen wir beim nächsten Mal. Du solltest erst entscheiden, worauf du dich einlassen möchtest. Ich erkläre es mal mit einem Bild aus dem Sport. Es stammt von einem Leichtathleten. Je nachdem, welche Distanz du laufen möchtest, musst du dich anders vorbereiten. Es gibt die

- **Kurzstrecke:** Sie durchzuhalten ist ein Kraftakt, und du musst vor allem Koordination und Timing trainieren.

- **Mittelstrecke:** Auch sie bedeutet einen Kraftakt. Zusätzlich zu den Vorbereitungen für die Kurzstrecke musst du für sie auch noch trainieren, voll in den Schmerz reinzugehen.

- **Langstrecke:** Die funktioniert grundlegend anders. Um überhaupt ins Ziel zu kommen, musst du beim Wettkampf ganz anders laufen als bei der Kurz- und Mittelstrecke. Du musst deine Kräfte einteilen, weil du sonst nicht durchhältst. Du solltest deinen Körper und deine mentale Verfassung genau kennen und wissen, wann du was brauchst, ob es das Wasser zwischendurch ist oder eine kurze Gehpause. Auch dein Training vorher musst du von vorneherein anders anlegen. Sagen wir mal so: Die Langstrecke ist kein Kraftakt, sondern sie bedeutet

  – Leichtigkeit
  – Entspannung.

„Entspannung?" fragte ich etwas ungläubig. Das fand ich beim Thema Wettkampf überraschend. Sylvia nickte. „Ja, genau. Die Langstrecke braucht das Gegenteil von Anspannung. Im Grunde musst du so ausgeruht und locker wie möglich in den Wettkampf gehen. Du brauchst fast etwas Tänzerisches. Das ist übrigens auch ein ganz gutes Sinnbild für das Leben insgesamt. Ein großes Ziel sollte sein, dass wir uns ganz und gar entspannen. Es ist sozusagen ein 'Tanz mit dem Leben', wie übrigens schon der Philosoph Friedrich Nietzsche festgestellt hat[6]. Lass mich die Übertragung aufs Mentoring machen, dann wird vieles klarer.

- **Dein Ausgangspunkt:** Du bist trotz aller bisheriger Erfolge und dem Wachstum deiner Firmen nicht zufrieden. Bisher bist du also Kurz- und ganz sicher auch Mittelstrecke gelaufen, denn etwas durchziehen und in den Schmerz reingehen kannst du ja, wie dein Bild vom 'all-in gehen' gut zeigt. Das war also genau so ein Kraftakt wie bei diesen Laufdistanzen. Er hat dich an den Punkt geführt, an dem du heute stehst.

- **Nachhaltig erfolgreich sein als Unternehmer:** Das ist die Langstrecke. Zu mir ins Mentoring kommen viele Kunden, die mit ihrem Unternehmen auf Bestenlisten stehen. Sie sind ausgezeichnet von Great Place to Work, Top 20-Wirtschaftswoche, Bester Arbeitgeber und was es noch so alles gibt. Ihnen gemeinsam ist, dass sie schon sehr gut sind. Ihr Geschäftsmodell funktioniert, sie haben regelmäßige Kunden, und Geld ist für sie auch kein Thema mehr. Viele von ihnen haben längst finanzielle Freiheit erreicht.

- **Größerer Begriff von Nachhaltigkeit.** Das ist genau der Punkt, an dem sie sich neue Wachstumsziele setzen. Es geht nicht mehr darum, nur noch mehr Umsatz zu machen. Jetzt wollen sie zum Beispiel ein besserer Chef werden. Sie wollen an sich selbst arbeiten, ihre bisherige Rolle im Unternehmen neu definieren, Kernaufgaben an Mitarbeiter übertragen und sich stärker auf ihre große Vision konzentrieren. Auch steigen sie nochmal tiefer in die Persönlichkeitsentwicklung ein, weil sie künftig Privatleben und Business besser unter einen Hut bringen möchten. Und manche verändern sie ihr Geschäftsmodell. Sie sagen beispielsweise, 'Ich habe jetzt zwar ein funktionierendes Geschäft, aber eigentlich bin ich seinerzeit angetreten, um einen Beitrag für die Welt zu leisten.' Das haben sie bisher nicht geschafft, weswegen sie sich jetzt fragen, wie sie das profitabel umsetzen können. Und für noch andere wird wichtig, etwas zu hinterlassen, ein Lebenswerk auf Dauer anzulegen. Das lässt sich auch unter dem Thema 'Contribution' zusammenfassen. Also insgesamt handelt es sich um einen größeren Begriff von Nachhaltigkeit, kann man sagen."

Ich hatte aufmerksam zugehört. „Das klingt spannend. Ich möchte das mit dem 'nachhaltig erfolgreich sein' gerne noch besser verstehen. Und was mir ein Mentoring dafür bringt. Im Moment könnte ich noch nicht genau sagen, ob es für mich in Frage kommt." Sylvia stimmte zu. „Na klar. Wie gesagt, du musst jetzt hier und heute noch nichts entscheiden. Meine Assistentin stellt dir den Kontakt zu zwei Unternehmern her, die so einen Prozess durchlaufen haben. Sie haben sich auf die Reise zum nachhaltig erfolgreichen Unternehmer gemacht." Sie lächelte. „Man kann sagen, dass sie sich auf die Langstrecke begeben haben. Hör dir erst einmal an, wo sie heute stehen, wie sie weitergekommen sind und was sie dir raten. Sozusagen von Unternehmer zu Unternehmer. Und dann sprechen wir noch einmal. Dann erzähle ich dir, was im Unternehmer-Mentoring passiert und wie es genau abläuft. Passt das so für dich?" Ich nickte. „Ja, so machen wir es."

# Wie gute Unternehmer großartig werden

## «Boris Feldmann: Ich habe mein Leben neu designed.»

Zwei Tage später war es soweit. Der erste Gesprächspartner, den Sylvias Assistentin mir vermittelt hatte, hieß Boris Feldmann. Er war Inhaber einer Softwarefirma. Etwas aufgeregt sah ich noch einmal die Fragen durch, die ich mir notiert hatte. Wir sprachen über eine Stunde. Hinterher war ich euphorisch.

„Im Grunde habe ich mich neu erfunden", hatte er erzählt. „Ich bin heute in einer komplett anderen Situation als damals, bevor ich in diesen Prozess gestartet bin. Das ist jetzt über zwei Jahre her. Am wichtigsten war für mich, mein Grundbedürfnis zu erkennen - das, was mich antreibt. Dadurch habe ich mich selbst viel besser kennengelernt und kann jetzt kongruent mit meinen Werten leben. Das hat mich unglaublich ruhig werden lassen. Ich kann wirklich sagen, dass ich mein Leben neu designed habe." Auch im Unternehmen hatte er seine Rolle neu gefunden. Mittlerweile arbeitete er nur noch zehn Stunden jede Woche für seine Firmen. Seine Hauptaufgabe sah er heute darin, die Unternehmenskultur zu entwickeln und seine Mitarbeiter wachsen zu sehen. Ihm machte es Spaß, Teams zu formen, die außergewöhnliche Leistung bringen konnten. Sein Ziel heute in einem Satz? „Ich möchte wachstumsorientierte Menschen fördern", antwortete er ohne Zögern, als ich ihn danach fragte.

„Dazu habe ich jetzt ein Institut gegründet. Ich möchte jungen Menschen helfen, meine eigenen Fehler nicht auch zu machen." Das fand ich besonders stark. Wahrscheinlich hatte Sylvia genau das mit 'nachhaltigen Unternehmern' gemeint, dachte ich. Ich hatte ihn dann noch gefragt, von welchem Punkt aus er zu Beginn seiner Reise gestartet war. Die Liste war lang - da war ich zum Glück heute schon weiter:

- **Abhängigkeiten:** Am Anfang bestand zu große Abhängigkeit von einigen wenigen Kunden, und zwar noch dazu von solchen, bei denen er die Entscheider persönlich kannte.

- **Schwächen im Vertrieb:** In dieser Zeit machte er zu wenige Termine bei potenziellen Neukunden, was eine ungünstige Kombination angesichts der Abhängigkeit von seinen damaligen Kunden war. Hinzu kam, dass diese Termine oft bei Interessenten stattfanden, die gar keinen konkreten Bedarf hatten. Er hatte sie also nicht ausreichend qualifiziert.

- **Schwächen im Geschäftsmodell:** Als IT-Dienstleister hatte er vor allem auf Projektgeschäft bei Kunden gesetzt. Das heißt, dass er Mitarbeiter sozusagen als Ressourcen auf Zeit gegen Stundensätze 'vermietet' hatte. Auf der einen Seite brachte das immer weniger ein, auf der anderen Seite war es ein unsicheres Geschäft, das jederzeit wegbrechen konnte. Vor allem war es wenig planbar. Er wollte deshalb sein Angebot verändern: Wegkommen vom Dienstleister-Dasein, stattdessen zu einem Realisierer für Plattform-Vorhaben werden. Seine große Frage war, wie er dahin kommen konnte. Sollte er sich auf eine einzige Branche spezialisieren? Auf welche? Und wie konnte er mehr Termine mit potenziellen Kunden bekommen?

- **Die Prozesse liefen noch nicht rund:** Damals konnte er nicht über längere Zeit vom Unternehmen abwesend sein. „Ich bin in vielen Projekten noch selbst involviert gewesen und von einem Termin zum nächsten gehetzt", hatte er erzählt. Zudem hatte er das Gefühl gehabt, dass seine eigene Entlohnung und der Gewinn nicht in einem guten Verhältnis zu seinem Arbeitseinsatz standen.

**Wirtschaftlich arbeiten.** Damals, in diesen Anfangstagen, hatte er zunächst viele Seminare besucht und an Einzelthemen gearbeitet, vordringlich am Thema Vertrieb. So hatte er mit einem Trainer eine Strategie für die konkrete Ansprache von Kunden erarbeitet, Wunschkunden definiert, die Website optimiert, erste Kampagnen durchgeführt. Seine Maßnahmen wurden langsam immer zielgerichteter, nachdem die großen Brocken ausgeräumt waren. Im Thema Vertrieb hatte er zum Beispiel mit spezialisierten LinkedIn-Experten gearbeitet und mit viel Geduld verschiedene Ansprachen bei Entscheidern ausprobiert.

Langsam sah er so Licht am Ende des Tunnels. Aber: Der große Sprung war ihm noch nicht gelungen. Er war immer noch unzufrieden gewesen und hatte sich gefragt, ob sich sein Einsatz überhaupt lohnte. Oder ob er nicht doch etwas ganz anderes machen sollte. Im Grunde, dachte ich jetzt kritisch, als ich unser Gespräch noch einmal Revue passieren ließ, war das genau der Punkt, an dem ich heute stand.

Boris hatte sich dann eine längere Auszeit genommen, das erste Mal seit Jahren. Spannenderweise war seine Firma in dieser Zeit nicht abgerauscht. Er hatte Zeit mit seinen Kindern verbracht, Freunde getroffen, andere Unternehmer überall in Deutschland besucht und Gespräche geführt.

**Zuerst die kleineren Baustellen.** In dieser Auszeit erkannte er: Die ganzen kleineren Baustellen zuerst aufzuräumen war gut und richtig gewesen. Erst jetzt war er bereit für den nächsten Schritt: Die Reise zu sich selbst, zum nachhaltigen Unternehmer. Jetzt erst konnte Größeres kommen. Wofür brannte er wirklich? Was hatte er eigentlich in die Welt bringen wollen, als er mit seinem Unternehmen angetreten war?

Ein befreundeter Unternehmer empfahl ihm, ins Unternehmercoaching zu gehen. Voller Hoffnung hatte er sich auf den Prozess eingelassen. Er war selbst überrascht, wohin er ihn heute geführt hatte. „Ohne Coaching", sagte er kritisch, „hätte ich das nicht geschafft." Ich fragte ihn dann noch, was ihm auf dieser Reise, die immerhin knapp zwei Jahre gedauert hatte, im einzelnen geholfen hatte. Er hatte überlegt und mir dann eine Zusammenfassung gegeben. So hatte er:

- **Grundentscheidungen getroffen:** Zum Beispiel die, dass er weiter Unternehmer bleiben wollte. Anfangs war ihm das nicht so klar gewesen, weil er viele verschiedene Rollen in seinem Unternehmen hatte. Jetzt sagte er nochmal mit einer ganz anderen Überzeugung dahinter: „Das ist meine Lebensform. Ich will nichts anderes. Aber ich will es jetzt richtig machen."

- **Etwas auf Dauer angelegt:** Er hatte die Entscheidung getroffen, dass er eine übergreifende Marke aufbauen wollte, wobei es ihm um mehr ging als seine bisher existierende GmbH. Er hatte Ideen für weitere Companys und Projekte. Mit dieser Klarheit im Hinterkopf hat er seine Unternehmensstruktur angepasst und eine

Holding sowie eine Familienstiftung gegründet. Erstmalig konnte er sagen: „Ich will etwas auf Dauer aufbauen und meinen Kindern und Enkeln etwas hinterlassen." Parallel zum Unternehmercoaching hatte er dieses Konstrukt mit Steuerberatern und Wirtschaftsprüfern ausgearbeitet und umgesetzt.

• **Seine Positionierung glattgezogen:** „Ich wollte völlige Klarheit in der Positionierung haben." Sowohl für seine bestehende IT-GmbH als auch für seine künftigen Projekte hatte er eine klare Marktposition ausgearbeitet. Dabei hatte er die wichtigsten Mitarbeiter, die in Kundenkontakt standen, mit eingebunden. Im Anschluss an diesen Prozess stand das volle Bild, wo es in den nächsten Jahre hingehen sollte.

• **Sein Geschäftsmodell neu ausgerichtet:** Mit diesem Zielbild konnte er endlich sagen: „Das wollen wir machen." Und umgekehrt auch, was er künftig weglassen wollte. In der Folge hatte er sich auf neue Geschäftsfelder verlegt, weg vom bisherigen Bodyleasing und Servicegeschäft, hin zur schlüsselfertigen Umsetzung von Plattformen.

• **Antreiber herausgefunden:** Auf der persönlichen Ebene brachte ihm eine andere Erkenntnis den Durchbruch. „Ich habe mein Grundmotiv definiert. Endlich konnte ich sagen: 'Mein Grundwert ist die Freiheit.' Und ich wusste jetzt, dass ich dazu vieles loslassen und meinen Mitarbeiter mehr zutrauen und vertrauen muss. Es hat sie unglaublich motiviert und entfesselt - und mich auch, weil ich gesehen habe, dass es funktioniert und wie viel neue Energie dadurch freigesetzt wurde. Das hat mir eine große Ruhe gegeben." Aufbauend auf dieser Erkenntnis konnte er Entscheidungen treffen und umsetzen, die schon lange anstanden. Dazu gehörte zum Beispiel, künftig nicht mehr operativ tätig zu sein und Mitarbeiter in der Übernahme von Aufgaben zu coachen. „Ich wollte nicht mehr in Details drin sein", erklärte er. Dafür hatte er einen langjährigen Vertrauten zum Prokuristen gemacht und der kaufmännischen Leiterin mehr Befugnisse gegeben. Aktuell war er auf der Suche nach einem Geschäftsführer, um sich weiter aus der aktiven Geschäftsführung zurückzuziehen. Er arbeitete an einem Modell zur Gewinnbeteiligung, um seinen Mitarbeitern Anreize zu geben. Mit leuchtenden Augen hatte er erzählt: „Loslassen ist toll. Eines Morgens kam ich in mein Büro, und meine Mitarbeiter hatten komplett eigenständig einen neuen Bewerber ausgesucht und eingestellt. Und der war auch noch gut. Weißt du, wie sich das anfühlt?"

- **Sein Privatleben aufgeräumt:** Er bekam jetzt das Persönliche unter einen Hut mit dem Geschäft. Zwei Nachmittage in der Woche war er nur noch für seine Kinder da, ohne sich Sorgen um die Firma machen zu müssen. Das anfänglich schlechte Gewissen verschwand schnell, als er merkte, dass es lief. Seine Mitarbeiter hatten tatsächlich alles im Griff. Und vor allem machte es ihn auch an den übrigen Tagen in seinem Unternehmen nochmal produktiver. „Ich bin jetzt bei beidem voll präsent", sagte er, „wenn ich mich auf die Familie konzentriere und auch wenn ich im Job bin, weil ich ja weiß, dass nichts zu kurz kommt. Es fühlt sich jetzt rund an und belastet mich nicht mehr."

- **Eine neue Ebene erreicht:** In Summe war sein persönlicher Einsatz für die Firmen weniger geworden, dafür aber viel fokussierter als früher. Es ging jetzt Hand in Hand mit seinem Privatleben. Besondere Freude machte ihm das Engagement für sein neu gegründetes gemeinnütziges Institut. Endlich hatte er das Gefühl, der Gesellschaft etwas zurückzugeben. Er sagte von sich: „Mein Weg ist noch lange nicht zu Ende. Ich stehe immer noch am Anfang."

Was für ein toller Typ, dachte ich im Anschluss an unser Gespräch. Das wollte ich auch. Mut gab mir auch, dass er, trotz der ganzen Beschäftigung mit sich selbst, auf hervorragende Zahlen zurückblicken konnte. Damals war der Höhepunkt der Corona-Pandemie, und er verzeichnete trotzdem eines der besten Jahre in seiner Firmengeschichte. „Ich bin heute ein neuer Mensch", gab er mir abschließend mit auf den Weg. „Meine Selbstfindungsphase hat sich zwar beruhigt, aber ich kann immer noch weitere spannende Seiten an mir entdecken, das ist mir klar. Wenn ich eines gelernt habe auf dieser Reise zum nachhaltigen Unternehmer, ist es, dass nichts in Stein gemeißelt ist.

Gerade wenn du in extremen Umständen bist, kommen deine Grundwerte nochmal viel stärker heraus. Das kann ein katastrophaler Wirtschaftseinbruch sein oder etwas Unvorhersehbares wie eine Pandemie. Du reibst dich also immer an der Wirklichkeit und musst deine Kompassnadel an den neuen Gegebenheiten ausrichten. Aber wenn du im Kern unerschütterlich stehst, bringt dich nichts mehr aus dem Gleichgewicht. Du bist sozusagen unverrückbar. Aber, wie gesagt, das ist nichts, was du auf dem Reißbrett findest. Du musst das für dich in einem Prozess erarbeiten und den Mut haben, dich selbst kennenzulernen. Dann erkennst du, welch großen Einfluss du mit deiner Klarheit als Vorbild und Mentor auf alle in deiner Umgebung hast, ob auf Kunden, auf Mitarbeiter, sogar auf deine Kinder. Das gibt mir eine unglaubliche Erfüllung."

BORIS FELDMANN,
WERKDIGITAL

## «Ich kann meiner Familie erklären, dass es funktioniert.»

Der zweite Unternehmer, den ich anrief, hieß Andreas. Auf ihn war ich besonders gespannt. Ich hatte ihn vorher gegoogelt, und sein Track Record war beeindruckend. Seine Strategieberatung im Münchner Raum war ausgezeichnet als Exzellenzberater des Deutschen Mittelstands. Obwohl er mit Mitte 30 noch sehr jung war, saß er schon im Senat der Wirtschaft. Die überregionale Presse und sogar so große Magazine wie die Wirtschaftswoche hatten schon über ihn berichtet.

Toll fand ich, dass er für etwas stand. Mein Bild von einer Strategieberatung war bislang von Branchengrößen wie McKinsey, Roland Berger und der Boston Consulting Group geprägt. Andere kannte ich kaum. Andreas jedoch schien es geschafft zu haben, seine eigene Beratung sehr erfolgreich in der Nische positioniert zu haben. Das Unternehmen war spezialisiert auf die Durchführung von Organisationsveränderungen bei größeren Mittelständlern. Er selbst hatte das Unternehmen von seiner Mutter übernommen, die es Anfang der 70er Jahre gegründet hatte, und führte es zusammen mit seiner Schwester in zweiter Generation. „Das scheint einer zu sein, der wirklich seinen Platz gefunden hat", dachte ich spontan, als ich mich durch einige YouTube-Videos von ihm durchklickte.

Er wirkte glaubwürdig und absolut kompetent in seinen Themen. Wofür hatte er dann wohl überhaupt noch ein Mentoring gebraucht? Tags darauf war es soweit. Auch wir hatten einen Video-Call vereinbart. Jetzt war er zu Ende, und ich ließ mir Andreas' Worte noch einmal durch den Kopf gehen. „Ich merke an mir selber nach dieser ganzen harten Reflexion", hatte er gesagt, „dass ich jetzt Klarheit gewonnen habe. Ich habe eine neue Zielsetzung für mich gefunden. Egal wie ich es drehe, ich schaffe nicht mehr, meinen neuen Kurs aus dem Gleichgewicht zu bringen. Krass. Ich fühle mich wohl. Ich kann meiner Familie erklären, dass es funktioniert. Was es war? Ich habe für mich definiert, wie ich weiter wachsen will. Dadurch konnte ich mit einer ganz anderen Power herausgehen. Ich habe erkannt, dass das Wachstumsziel 'klein aber fein' für mein Leben sogar viel stimmiger ist, als eine richtig große Firma aufzubauen. Damit bin viel komfortabler als mit dem Wachstumsziel größer - höher - weiter, als mit noch ein, zwei Millionen obendrauf. Das war viel zu unausgeglichen für mich, weil dabei zu viele Dinge für mich auf der Strecke geblieben wären. Die Erkenntnis hat mich befreit. Jetzt, wo ich mein Ziel kenne, kann ich endlich auch Dinge weglassen, denn ich kann mit Sicherheit sagen, dass sie nicht auf mein fundamentales Ziel einzahlen."

**Was war Andreas' Ausgangssituation gewesen?** Äußerlich hing er an einer Wachstumshürde fest, ein Problem, das ich selbst aus den Anfangstagen von meinen eigenen Firmen her kannte. Grob gesagt ist es bei Firmen zuerst der Sprung auf eine Million Euro Umsatz, wenn das geschafft ist, als Nächstes auf zehn Millionen und so weiter. Bei Andreas äußerte es sich in dem Gefühl, vor einem 'Hardstop' zu stehen und diese Hürde einfach nicht zu knacken. „Ich trete auf der Stelle, und das schon seit zwei Jahren. Ich bin nicht bereit, das länger hinzunehmen und brauche den Schlüssel dafür."

Bis dahin war er gewohnt gewesen, dass es immer nach vorne ging. Jetzt machte er sich Vorwürfe, die ihn fast zerrissen. „Warum kriege ich das nicht auf die Kette. Ich gebe schon alles, aber es hebt nicht ab. Woran hängt es bloß?" An zu wenig Einsatz lag es nicht, denn zu dem Zeitpunkt arbeitete er jede Woche 80 bis 100 Stunden. Trotzdem erreichte er seine Ziele nicht. Auch Berater für Firmenwachstum, die auf seine Branche spezialisiert waren, hatten ihm nicht weiterhelfen können.

**Wie hatte er diesen Knoten aufgelöst?** Unbewusst hatte er einen Widerspruch in sich getragen, den er erst erkennen und auflösen musste, damit es weitergehen konnte. Es ging um die Frage: „Was ist gut
für mich? Als Mensch und als Unternehmer?" Wie ich Andreas nach
diesem kurzen Kennenlernen einschätzte, war er vom Mindset her ein
wirklicher Hochleister, der wahrscheinlich unter allen möglichen Umständen zur Spitze vorrücken würde. Er beeindruckte mich aufrichtig,
und als ich mich mit ihm verglich, schnitt ich deutlich schlechter ab. So
hatte Andreas direkt nach dem Studium erst einmal in einer Innovati-
onsabteilung vom Konzern gearbeitet und jung wie er damals war, bereits um die 100 Mitarbeiter unter sich gehabt. Das hatte ihn erfüllt, und
unbewusst hatte er von einer Zukunft als Chef von einem sehr großen
Unternehmen geträumt. Als er dann die kleine Strategieberatung von
seiner Mutter übernahm, hatte er innerlich lange damit gehadert, ob
ihm das reichen und er damit zufrieden sein würde.

Auch war er nicht immun gegenüber dem Gründungshype auf
dem Markt, der auch ihn zu großen Zukunftsvisionen verlockt hatte.
Insgeheim spukte das Bild in seinem Kopf herum, noch einmal mit einer Neugründung in einem Startup-Mekka wie Berlin oder sogar London durchzustarten, sich dort mit smarten Leuten zu umgeben, Venture Capital einzusammeln. Weil das aber alles unbewusst ablief, konnte er es nicht auflösen und die Grundentscheidung treffen, die nötig
war. Weder konnte er los - noch sich voll auf die heimische Beratung
einlassen, und letztlich hatte ihn das innerlich zerrissen. Erst als er diesen Widerspruch erkannte, traf er eine bewusste Entscheidung: „Ich
glaube, 'klein aber fein' könnte für mein Leben sogar viel besser sein
als Größe." Geholfen hatte ihm

- **die Unterscheidung zu treffen:** „Was in meinen Denken und Zielen kommt eigentlich von außen, und was bin ich tatsächlich
  selbst?"

- **die Fragen umzudrehen:** „Was von dem, was mir tatsächlich wichtig ist, habe ich eigentlich schon erreicht?" Anstatt darauf zu schauen, was ihm alles fehlte, fragte er sich jetzt: „Was ist denn für mich eigentlich alles prima?"

Bewusst wurde ihm erstmals: Die Bilder, die er im Kopf hatte - ein Startup an einem Ort wie Berlin oder London richtig groß zu machen -, brachten eine Kehrseite mit sich. Es hätte bedeutet, entweder noch einmal wegzugehen von seiner Familie oder gemeinsam umzuziehen. Beides wollte er nicht. Er wollte seine beiden kleinen Töchter aufwachsen sehen, mit seiner Frau und dem Freundeskreis zusammen sein, anstatt einsam und allein im Hotel oder einer möblierten Wohnung in einer ihm fremden Stadt zu sitzen. Innerlich war seine Entscheidung gegen die große weite Welt längst gefallen, er hatte es bloß nicht gesehen.

**Große Träume jenseits vom Hype verwirklichen.** Nachdem er das für sich erkannt hatte, konnte er endlich loslassen und die Strategieberatung nochmal ganz anders voranbringen. Denn ihm wurde klar: Das, was er mit seinem Traum von der großen Firma hatte verwirklichen wollte, konnte er auch innerhalb von seinem jetzigen Geschäft erreichen, indem er mit Kunden arbeitete, die seinen Traum verkörperten. Das war der Schlüssel, und plötzlich kam ihm eine Vielzahl an Ideen, wie er es umsetzen konnte.

Der erste Schritt war, sich von der früheren Wald- und Wiesen-Strategieberatung, die sie im Grunde noch unter seiner Mutter gewesen war, konsequent auf das Veränderungsmanagement und Organisationsänderungen bei Kunden im Mittelstand zu spezialisieren. Der Richtungswechsel war aufgegangen und hatte sehr bald Früchte getragen, und Gewinn und Margen waren heute besser denn je.

Nicht nur war er zufrieden, auch die Wachstumshürde war endlich überwunden.

**Eine feste Struktur hilft.** Ich überlegte: Was hatte er genau zu seinem Weg gesagt? Meine Notizen riefen mir noch einmal seine genauen Worte vor Augen: „Ich glaube, es gab nicht den einen Punkt, an dem ich gesagt hätte, hoppla, das war für mich jetzt der Durchbruch. Es war für mich der Prozess - die Erkenntnis, dass es dieser und kein anderer Weg für mich ist. Man muss ihn gehen, und irgendwann kommt der Zeitpunkt, wo alles zusammen kommt." Geholfen hatte dabei die Struktur, die ihm Sylvia im Mentoring vorgegeben hatte. Er sagte von sich selbst: „Ich brauche Druck. Deadlines für die verschiedenen Themen zu bekommen, hat mich angespornt. Ich wusste, Sylvia erwartet von mir einen Fahrplan bis zum Freitag, und ich wollte mir keine Blöße geben und die Deadline reißen. "

**Fast wie beim Gewichtheben.** Das Beispiel von Andreas zeigte mir klar: Solche beharrlichen Stupser von außen hatten bei ihm gefruchtet. Selbstkritisch dachte ich, dass ich das wahrscheinlich auch brauchte. Aber war ich wirklich bereit, genauso ehrlich zu mir zu sein und mich auf den Prozess einzulassen, wie Andreas es getan hatte? Ich war mir nicht sicher. Denn auch das hatte er gesagt: „Die alten Muster werden zwischendurch wieder durchkommen." Er hatte erzählt, wie er während des Mentoring immer wieder in Versuchung geraten war und ihn die große Firma gereizt hatte.

Trotzdem war er bei der eingeschlagenen Richtung geblieben: „Vielleicht war das Wichtigste", hatte er erklärt, „das Gewohnte, die eingefahrenen Bahnen zu verlassen. Ich habe mich gezwungen, mich ausschließlich um die Dinge zu kümmern, die wir definiert haben." Leicht war es ihm nicht gefallen, aber erste Erfolge wurden bald sichtbar - es war wohl ähnlich wie beim Gewichtheben. Ich klappte mein Notizbuch zu. Zwei Unternehmer, die mich wirklich überzeugt hatten.

Ich schloss die Augen. Plötzlich stand mir sehr konkret vor Augen, was so eine Reise für mich heißen würde. Als ich sie wieder öffnete, hatte ich mich entschieden: Das wollte ich auch, selbst wenn es mich an meine Grenzen führen würde. Keine Ausflüchte mehr, die hatte ich lange genug vorgeschoben. Am nächsten Tag rief ich direkt die Assistentin von Sylvia an und buchte meine nächste Videokonferenz mit ihr. Ich wollte im Detail hören, wie ich auch dahin kommen konnte und wie so ein Prozess für mich ablaufen würde.

# 3
# Wie läuft die Reise zum nachhaltigen Unternehmer ab?

„Na, wie war's?", fragte Sylvia. Sie trug ihre Haare heute offen und wirkte völlig entspannt. Warum, hatte sie am Anfang vom Video-Call erklärt: Jeden Monat verbrachte sie ein paar Tage in ihrem Haus an der Ostseeküste. Da war sie auch jetzt gerade. „Das ist mein persönlicher Luxus, den ich mir seit dem Verkauf meiner Firmenanteile gönne", sagte sie lächelnd. „Heute Morgen war ich schon schwimmen in der Ostsee. Ich nehme mir hier Zeit für Dinge, die sonst immer liegenblei-ben, plane neue Projekte, schreibe an meinem nächsten Buch." Es gab mir einen kleinen Stich: So eine Auszeit könnte ich auch mal wieder gebrauchen.

**Große Vorbilder im Kopf.** Ich richtete meine Aufmerksamkeit zurück auf unser Gespräch und rief mir die Gespräche mit den beiden Un-ternehmern vor Augen, die sie mir vermittelt hatte. „Wirklich beein-druckend", schwärmte ich. „Beide sind klasse Typen." Sylvia nickte zufrieden. „Ich dachte mir schon, dass sie dir gefallen würden. Sie sind auch zwei meiner liebsten Vorbilder."

Und sie ergänzte: „Beide haben Großartiges geschafft. Es gibt einen Punkt, an dem du über dich hinauswächst. Nimm Andreas als Beispiel. Wie viele Unternehmer hatte er unbewusst ganz große Vorbilder im Kopf. Wie oft kommt jemand ins Mentoring und will wie Richard Branson sein. Oder möchte wie Steve Jobs die berühmte nächste Delle ins Universum hauen. Dass sie da noch nicht sind, macht sie fertig.

Es gibt eine US-Sendung, die heißt 'Undercover Billionaire'[7], kennst du die? Da startet ein Typ mit 100 Dollar und macht in drei Monaten eine Million Dollar daraus. Du kannst in dieser Sendung ganz frei aufspielen und komplett selbst entscheiden, wie du es erreichst. Die TV-Kameras begleiten dich dabei." Sylvia fuhr fort. „So ein Mindset haben viele Kunden, die zu mir kommen. Sie sind hungrig, machen vieles richtig. Trotzdem erreichen sie ihr selbst gesetztes Ziel nicht. Was in der Realität passiert, frustriert sie. Einer hat es mal so genannt: 'Dieses Wissen, dass ich etwas Großes will, und ich kann es nicht nach außen bringen.' Sprich: Etwas hat ihre Flügel festgeklebt. Sie schaffen es nicht, ihre Träume unternehmerisch umzusetzen und in ein Geschäftsmodell zu gießen. Das fühlt sich für manche an wie eine große innere Spannung, die sie manchmal zerreißt."

Sie schüttelte die Haare in den Nacken. „Ein Kunde von mir ist besonders drastisch. Er hat mir gleich in der allerersten Session gesagt, er wisse, dass die meisten Firmen um fünf Prozent wachsen wollen. Er aber nicht. Entweder würde er seine Zahlen verdoppeln oder alles aufgeben und etwas Neues machen. Da musste ich tatsächlich auch erst einmal schlucken. Wir haben dann herausgearbeitet, was eigentlich dahinter stand, aber von dieser Idee wegzukommen war ein echter Weg."

# Wachstumshürden und Lösungen

Ich kannte die US-Sendung Undercover Billionaire. Ehrlich gesagt fand ich auch richtig klasse, wie darin alles möglich zu sein schien. „Spannend fand ich bei Andreas auch noch", sagte ich, „wie er längere Zeit an einer Wachstumshürde festhängte. Das kenne ich auch noch von früher." Sylvia stimmte zu. „Ja, das ist erstaunlich. Es sind immer wieder die gleichen Schwellen, die Unternehmer scheinbar nicht knacken.

Am Anfang ist es die erste Umsatzmillion, dann sind es fünf oder zehn Millionen, dann 50, schließlich 100 Millionen. Solche Schwellen gibt es auch bei der Anzahl der Mitarbeiter. Sie liegt zuerst bei 15 bis 20 Mitarbeitern, dann bei 50-60, dann bei 100, bei 250 und dann wieder bei über 500 Mitarbeitern. Es ist insofern merkwürdig, weil es sich wirklich wie eine harte unüberwindbare Grenze anfühlt. Ganz lange scheint es überhaupt nicht über diesen Punkt hinauszugehen. Die Zahlen wandern um diese Grenze herum, sind mal drüber, im nächsten Monat dann aber auch wieder deutlich darunter. Und jede dieser Schwellen bringt neue Wachstumsschmerzen mit sich, bis der Unternehmer sie dann überwunden hat. Andreas hat sie schließlich geknackt, weil er seine Barriere im Kopf gelöst hatte.

Sein Feuervogel war das Bild von einer riesigen Firma, das er im Kopf hatte. Bis hin zum großen Firmengebäude und dem künftigen High Performance Team hatte er das alles unbewusst bereits vor seinem geistigen Auge gesehen. Erst als ihm klar wurde, dass dieser Traum auch einen persönlichen Preis hatte, den er nicht bereit war zu zahlen, konnte er weitergehen. Er hat erkannt, was ihn antreibt und hat Wege gefunden, wie er seine Ziele auch im bestehenden Geschäftsmodell erreichen konnte. Heute ist er zufrieden und erfolgreicher denn je. Ich bin immer gespannt, was ich noch alles von ihm hören werde." „Auch spannend", ergänzte ich, „fand ich, wie viele Seminare Boris am

Anfang besucht hat." „Ja", bestätigte Sylvia. „Das ist typisch für uns Hochleister. Wir sind immer gleich beim Machen, weil wir uns nicht mit dem Status Quo zufriedengeben wollen. In Seminaren und Coachings hoffen wir auf die Antworten, die uns endlich voranbringen. Das kann dann auch mal über den Besuch von Hypnosesitzungen gehen." Sie schmunzelte. „Irgendwann erzählte mir ein befreundeter Unternehmer, dass er eine Zeitlang ein Seminar nach dem anderen besucht hatte, in der Hoffnung weiterzukommen. Erst als ein Kollege, der ihn gut kannte, fragte: 'Bringen dich die ganzen Seminare nicht davon weg, deine eigentlichen Probleme zu lösen?', hielt er inne.

Es machte ihn betroffen, weil er das Gefühl hatte, dass es stimmte. Kurzum", fasste Sylvia zusammen, „wenn Unternehmer das erste Mal so eine Unzufriedenheit spüren, beginnt oft ihre Suche. Sie machen mal zwei Tage Workshop hier, mal zwei Tage da, besuchen Fortbildungen. Manche gehen tageweise ins Kloster, um zu entspannen und zur Ruhe zu kommen. Andere fahren ins Ayurveda Retreat, wieder andere versuchen, meditieren zu lernen. Richtig gefährlich wird es, wenn einer bei dieser Suche anfällig für esoterische Gurus wird. Das birgt die Gefahr, dass er sich dabei verliert, wenn er seine Themen noch nicht geklärt hat."

**Warum Gurus nicht weiterhelfen.** „Ehrlich?" fragte ich. Das erschien mir sehr weit weg. „Doch", bestätigte Sylvia. „Ich habe Firmenchefs erlebt, die bei selbsternannten Gurus waren. Bei diesen Seminaren sind sie über brennende Kohlen gelaufen, haben scharfe Pfeilspitzen auf ihre Brust richten lassen, sind gemeinsam mit dem Meister zum Bungeejumping an exotische Orten gefahren. Das kann unterhaltsam sein, aber es hilft dir nicht, wenn du dauerhaft etwas verändern willst. Oder wenn du in einer echten Krise steckst, ob mit deinem Unternehmen oder persönlich. Teilweise habe ich meine Kunden sogar zu diesen Gurus begleitet, weil ich mir selbst ein Bild machen wollte. Mir persönlich", stellte Sylvia nüchtern fest, „gibt das nichts. Bei einem dieser Typen hatte ich sogar direkt im Anschluss nach Kritiken im Netz gegoogelt, weil ich sofort das Gefühl hatte, bei einer Sekte gelandet zu sein. Der Trainer hatte Meditationen angeboten und uns Teilnehmer dabei in die Kindheit zurückgeführt. Es ging darum, wer dir wann welches Unrecht getan hat. Für einige war das emotional so heftig, dass sie weinend zusammengebrochen sind." Sie schüttelte den Kopf. „Es liefen unterstützende Helfer mit Taschentüchern herum, um sie aufzufangen. Ich dachte damals schon, dass es so nicht geht. Ich halte das für grenzwertig."

Mir schauderte. Ich konnte es kaum glauben. „Und das machen Firmenchefs mit?", fragte ich skeptisch. „Ja, und gar nicht so wenige", bekräftigte Sylvia. „Manche von ihnen haben immer auch gleich die VIP-Version von solchen Happenings gebucht, richtig teure Seminare, bei denen du in der ersten Reihe sitzt. Auf Kosten kam es ihnen nicht an. Wenn du dich auf so etwas einlässt, musst du dir klarmachen, was du bekommst. Nämlich: Unterhaltung, Nervenkitzel. Vielleicht erlebst du dich selbst auch in herausfordernden Umständen. Aber in den wenigsten Fällen löst das einen solchen Zwiespalt auf, wie ihn dir Boris und Andreas geschildert haben."

**Dauerhafte Veränderungen anstoßen.** „Ich denke nicht, dass ich dafür anfällig bin", vermutete ich. Sylvia lächelte. „Nein, das glaube ich dir. Aber die Veränderungen, über die wir hier reden, bringst du eben sowenig über einen 2-Tages-Workshop in Gang. Er mag dir neue Erkenntnisse bringen, aber meistens bleiben sie oberflächlich. Wie oft kehrst du nach einem Workshop in den Alltag zurück, bist voller Enthusiasmus und hast dir vorgenommen, das Gelernte direkt umzusetzen? Und wie oft bleibt es dann beim Vorsatz, weil dich deine alten Muster spätestens nach ein paar Tagen wieder fest im Griff haben? Sprich: Du kannst solche Workshops auch weiter besuchen, aber meistens bleibt alles wie bisher. Arnold Weissman, ein Berater für Familienunternehmer, hat es mir gegenüber so genannt: 'Der Firmenchef muss erst einmal betroffen werden über die eigene Rolle.'[8] Nur dann hat er die Chance, etwas zu verändern. Heißt: Es gibt keine Abkürzung. Du musst die Reise zu deinem Inneren machen." „Was bedeutet das genau?", hakte ich nach. Sylvia nickte. „Ich erkläre es mal so: Unternehmer sind oft Autodidakten", sagte sie. „Das können wir nutzen. Einem Autodidakten kannst du nur helfen, wenn du ihm den Spiegel vorhältst und ihm die Augen öffnest. 'Betroffen werden über die eigene Rolle' heißt, dass du plötzlich etwas verstehst, was du vorher nicht gesehen hast.

Erst dann kannst du dich verändern. Erinnerst du dich an das Bild von der Kurz-, Mittel- und Langstrecke? Nachhaltig erfolgreich sein als Unternehmer ist ein Prozess. *Der Tanz mit dem Leben*, von dem ich im ersten Call gesprochen habe, ist das Ringen um Balance in deinem Leben. Und zwar um eine Balance, die für dich passt. Jeder von uns braucht etwas anderes. Das ist der Grund, warum Pauschalrezepte nicht funktionieren. Leider", bemerkte Sylvia skeptisch, „ist der Markt da draußen voll von Beratern, Coaches, Gurus, die dir genau so ein 'one fits all' verkaufen wollen. Mach a, dann kommst du automatisch zu b. So läuft es aber nicht."

# Nachhaltiges Wachstum geht anders

„Hast du Beispiele?", wollte ich wissen. „Klar", nickte Sylvia. „Dieser Fall zeigt, warum mehr Wachstum nicht in jedem Fall passt:

→ **Qualitativ wachsen:** Eine Unternehmensberaterin ist erst kürzlich zum spezialisierten Branchenberater in die USA gefahren, weil sie eine Wachstumshürde überwinden wollte. Der Rat, den sie erhalten hat, war bestimmt nicht falsch. Er lautete: 'Du musst skalieren. Mach deine Dienstleistung so einfach, dass auch deine wenigen senior Berater sie genauso erbringen können wie du. Zieh dich selbst aus dem Beratungsprozess zurück. Automatisiere deine Prozesse.' Das war alles richtig, nur passte es eben nicht für sie. Die Unternehmensberaterin hatte sich auf die Optimierung von Logistikprozessen bei Familienunternehmern spezialisiert und genoss es, selbst auf Augenhöhe zu beraten. Dabei konnte sie alle ihre Stärken einbringen und genau das tun, was ihr Freude machte. Sie wollte mit ihrer Beratung gar nicht so groß werden, wie der US-Branchenguru es ihr nahelegte. Im Grunde war sie eine Manufaktur mit einem handverlesenen Beratungsprozess. Zwar wollte sie auch wachsen, aber viel nachhaltiger, als es die Empfehlung des Beraters vorgesehen hatte. Und vor allem wollte sie ihr Geschäftsmodell überhaupt nicht grundlegend verändern."

Sylvia schaute ins Leere. „Sie ist dann einen Weg gegangen, bei dem sie jetzt mit Partnern ihres Kalibers zusammenarbeitet. Jeder deckt eine bestimmte Spezialisierung ab, und gemeinsam haben sie unterstützende Querschnittsbereiche aufgebaut. So kann sie jetzt auch wachsen, dabei aber selbst weiter beraten, und vor allem konnte sie die Qualität sogar steigern. Für ihre Kunden ist es interessant, weil sie ihnen jetzt noch zusätzlich hochspezialisierte Leistungen aus dem Umfeld anbietet. Und", Sylvia hatte ein Leuchten von geradezu diebischer Freude in den Augen, „dadurch konnte sie ihre Preise, die sowieso schon hoch waren, nochmal deutlich erhöhen. Sprich: Sie muss überhaupt nicht mehr so stark wachsen, wie es der US-Guru ihr empfohlen hatte, weil ihr Business durch diese Partnerschaften nochmal profitabler geworden ist."

„Sie kennt also auch ihren Zweck der Existenz", überlegte ich laut. Ulrich kam mir wieder in den Sinn. Warum konnte ich das eigentlich nicht von mir sagen? Sylvia nickte.

„Ja, das stimmt. Der berühmte 'Zweck der Existenz', der ZDE von John Strelecky, den seine Heldenfigur im Buch 'The Big Five for Life - Was wirklich zählt im Leben'[9] sogar auf die Visitenkarte drucken lässt. Kein Zweifel, die Unternehmensberaterin weiß ganz genau, wofür sie ihr Business macht. Sie liebt ihre Kunden." Sie wurde nachdenklich. „Ich habe ein Beispiel von einem IT-Unternehmer, der noch auf der Suche nach seinem Zweck der Existenz ist.

→ **Zuerst ein Geschäftsmodell erfolgreich machen**. Dieser Unternehmer ist spezialisiert auf Services rund um einfache Programmierung, Web-Admin und Hosting. Das ist nicht sehr lukrativ, und er sucht Wege, um höherwertige Angebote zu platzieren. Dafür hat er schon mehrere neue Business Ideen angefangen, aber, und das ist der Knackpunkt, auch sehr schnell wieder fallen lassen. Er sagt selbstkritisch von sich, dass er zwar gerne Geschäftsmodelle anschiebt, aber dann keinen Spaß daran hat, sie operativ ans Laufen zu bringen. Im Grunde träumt er davon, Business Angel zu werden.

Aber", sagte Sylvia kritisch, „und das halte ich für die große Krux, das muss man sich leisten können. Es wird zumindest nicht einfach. Ich arbeite mit einigen Business Angels zusammen, und sie alle haben ihr

Kapital vorher über andere Quellen aufgebaut. Einer war in einem ge-hypten Kölner Startup, das dann einen Exit realisiert hat. Weil er einer der ersten Mitarbeiter war und in diesen Anfangstagen Aktienoptio-nen als Ausgleich für ein niedriges Gehalt bekommen hatte, ist er dar-über reich geworden. Ein anderer ist Familienunternehmer in zweiter Generation und investiert über ein Family Office in Deep Tech Star-tups. Wenn du so einen Background nicht hast, geht aus meiner Sicht kein Weg daran vorbei: Du musst erst einmal eine oder meinetwegen auch mehrere Firmen lauffähig bekommen. Das ist harte Arbeit, und in den wenigsten Fällen wirst du dich da herausziehen und nur die Dinge anschieben können. Ein erfolgreicher Unternehmer zu werden, fordert deinen kompletten Einsatz. Aber das ist ein anderes Thema. Wir kön-nen später im Mentoring nochmal genauer anschauen, was du in jeder Station vom Unternehmer-Dasein brauchst. Ich fasse noch einmal zu-sammen:

- **Wachstum ist für jeden individuell.** Dein Wachstumspfad pas-siert in vielen kleinen Schritten. Es geht darum, eine Strategie zu finden, die für dich passt.

- **Jeder definiert Erfolg anders.** Auf keinen Fall heißt es zwangsläu-fig, mehr Umsatz zu machen. Du musst herausfinden, was Erfolg für dich persönlich bedeutet.

- **Bei diesen Themen helfen keine Pauschalrezepte.** Es gibt dafür nicht den einen Goldstandard, den du genauso implementieren solltest. Wachstum gibt es nicht am Fließband. Es ist ein Wachs-tumspfad. Du kannst viele kleinere Seminare besuchen, in der Re-gel ersetzen sie aber nicht die ganze Reise, wenn du echte Verän-derung willst.

- **Gerade in der inhabergeführten Firma bist du als Unternehmer entscheidend.** Es geht immer um dein persönliches Wachstum und um ein weiteres Firmenwachstum, das Hand in Hand mit deinen Lebensplänen gehen muss.

- **Wenn du Ratgeber suchst, setze auf Menschen, die schon einmal in deiner Situation waren.** Also die am besten selbst Unternehmer sind und denen du vertraust. Hüte dich vor einfachen Wahrheiten. Standardrat funktioniert bei klar abgegrenzten Fragestellungen, also wie du zum Beispiel die Anbindung deiner Buchhaltung an deinen Steuerberater automatisierst. Aber nicht bei Fragen nach einer Wachstumsstrategie, die zu dir passt.

**Immer zuerst einzelne Hypothesen verproben.** „Und", ergänzte Sylvia nachdenklich, „noch eines. Ein guter Coach oder Mentor wird dich immer auffordern, dich auf den Weg zu machen. Er oder sie begleitet dich dabei. So wird auch unser Mentoring ablaufen. Gemeinsam formulieren wir eine Hypothese, mit der du dann nach draußen gehst und Informationen sammelst. Wir werten deine Fortschritte zusammen aus und justieren dann nach, und diese neuen Erkenntnisse verprobst du wieder an der Wirklichkeit. Es umfasst viele kleine Schritte, bis du da angekommen bist, wo du hin willst." Sylvia hatte ihren Bildschirm über die Freigabe geteilt und zeigte mir eine Folie. „Dieses Vorgehen hat sogar einen Namen.

Es nennt sich **hypothesengestützte Unternehmensführung** und ist das Einzige, was mich bislang wirklich überzeugt hat. Du kannst es auch für persönliche Themen anwenden. Es spart dir viel Aufwand und Liebesmüh', denn du erhältst schnell Feedback und vermeidest größere Fehlinvestitionen. Meine Kunden geben nirgendwo mehr ganz viel Geld aus. Sie machen immer kleine Testballons, verproben diese und beweisen, dass es funktioniert." Sie lachte. „Oder eben auch nicht. Aber dann weißt du es wenigstens. Und auch wichtig ist, dass sie immer nur eine einzige Hypothese verproben. Und nicht fünf gleichzeitig. Und nur diese eine wird falsifiziert oder bestätigt. „Erst dann, wenn das Experiment erfolgreich war, gehen sie weiter auf dem eingeschlagenen Weg." „Werden wir mal konkret", sagte ich. „Wie groß sind denn die Kunden eigentlich, mit denen du normalerweise arbeitest?" Sylvia drehte nachdenklich an ihrem Kugelschreiber. „Es ist tatsächlich unterschiedlich. Je nach Firmengröße geht es im Mentoring tatsächlich um unterschiedliche Themen. Ich hatte eine Zeitlang mit Inhabern von Systemhäusern gearbeitet. Ich schildere dir mal an ihrem Beispiel, wo der Übergang liegt.

**Bei jeder Firmengröße fallen andere Themen an.** Ein Inhaber mit 20, 30 Mitarbeitern hat in der Regel 70% Themen aus dem Tagesgeschäft. Er verhandelt zum Beispiel noch selbst größere Verträge mit Kunden, setzt Regeln für die Belegschaft wie die Homeofficevorschrift in der Corona-Pandemie, gibt die Grundrichtung für Bereiche wie Marketing vor und ist aktiv in die Weiterentwicklung der Mitarbeiter involviert.

Inhaber von größeren Systemhäusern, zum Beispiel mit 50 oder 150 Mitarbeitern, haben diese Themen in der Regel delegiert. Hier arbeitet der Inhaber 'am Unternehmen'. Sprich: Sobald du größer bist, geht es darum, die künftige strategische Ausrichtung vorzugeben und Managementstrukturen zu optimieren. Im operativen Geschäft wirst du als Unternehmer selbst weniger entscheidend, obwohl du natürlich weiterhin verantwortlich bist. Du musst zwar auch manches Mal etwas entscheiden, aber die Ausgestaltung liegt dann nicht mehr bei dir.

Um es konkret zu machen: Beispielsweise wählen dann deine Gruppenleiter oder dein Prokurist eine Einführungsstrategie für ein neues Organisationsdesign aus." Spontan schoss mir ein Gedanke durch den Kopf. „Das sind ja typische Beratungsthemen. Darum geht es bei mir nicht", überlegte ich laut. „Ich möchte eine Standortbestimmung für mich, keine Beratung in Fachthemen. Ich möchte für mich festlegen, wie und ob ich mit meinen Firmen weiter mache." „Genau", bestätigte Sylvia. „Und mit diesem Wunsch bist du dann wieder typisch für die meisten Unternehmer, die zu mir ins Mentoring kommen. Ihre Gemeinsamkeit: Sie wollen sich verändern. Deshalb kommen sie genau nicht zu mir mit dem Wunsch: 'Zeig mir mal die Porter's Five Forces[10] oder ähnliche Ansätze.'

**Wenn eine einzelne Methode nicht weiterhilft.** Sprich: Eine Methode löst ihr Problem nicht. Ihre Themen sind nur in individueller Betrachtungsweise lösbar. Wenn du klein genug bist als Unternehmen, dann bist du als Inhaber häufig das Problem, warum es nicht weitergeht. Kurzum: Wenn du vermutest, dass du es selbst in der Hand hast, dann bist du bereit, dich auf diese Reise zu begeben." „Ehrlich?" sagte ich erstaunt. „Das ist ja schon eine ganz gewaltige Selbsterkenntnis." Sylvia nickte. „Ja, das stimmt.

Viele kommen ins Unternehmer-Mentoring, weil sie weiterkommen wollen, weil sie umtriebig sind, weil sie den Willen haben zu gewinnen. Wie sagte ein Unternehmer mal? 'Wenn ich aufs Spielfeld gehe, will ich auch das Tor schießen.' Sie hielt inne. „Um nochmal auf deine Frage zurückzukommen: Wenn du dieses Mindset hast, ist die Größe deiner Firma egal. Ein Kunde von mir sagt, 'Wir sind eine super kleine popelige Firma' und gerade er ist ein ganz Großer auf dem Weg zur nachhaltigen Entwicklung." Sie lächelte. „Ich bin überzeugt, dass wir ihn in den nächsten Jahren auf dem Weltwirtschaftsforum in Davos oder einer ähnlichen Veranstaltung sehen."

# Nachhaltig erfolgreich - das Rad

Wir machten fünf Minuten Pause. Ich holte mir einen Tee. Als ich wieder zurück an den Bildschirm kam, hatte Sylvia das Screensharing aktiviert und teilte eine Powerpoint-Folie. Es zeigt einen runden Kreis mit Querstreben und einem Zentrum in der Mitte. „Lass uns mal hinter die

Kulissen schauen", sagte sie. „Wenn du dich auf die Reise machst, dann sind das die Themen, an denen du arbeiten wirst."

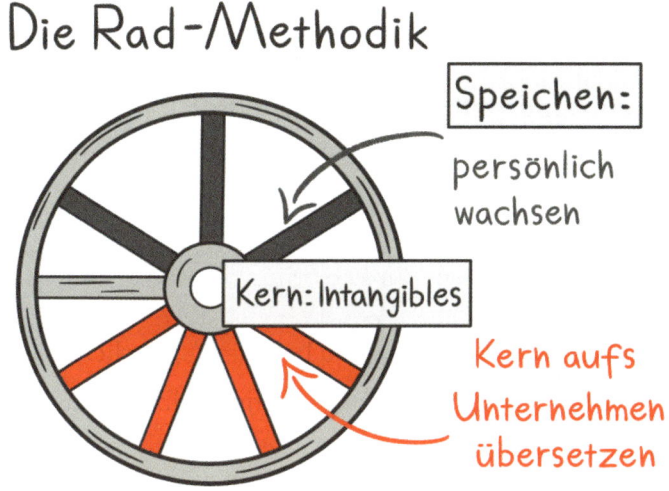

**ABBILDUNG 3.1: DIE RAD-METHODIK**

- **Nabe:**

  – Kern, Intangibles

- **Speichen:**

  – persönlich wachsen: Innere Stärke, Balance, Gesundheit

  – Kern aufs Unternehmen übersetzen: Grundwert, passendes Wachstum, Führung, Mitarbeiter, Beitrag

Ich kniff meine Augen zusammen. „Das ist ein Rad", stellte ich fest. „Wie beim Fahrrad. Mit Speichen und einer Nabe in der Mitte." Sylvia schmunzelte. „Genau", sagte sie. „Ich habe das Rad als Metapher gewählt. Es hat einen stabilen Kern in der Mitte, das ist die Nabe. Sie muss immer gut geschmiert sein, das heißt, die kleinen Kügelchen im Inneren müssen reibungslos laufen. Die Speichen müssen austariert sein, sonst holpert es. Dein Rad sollte besser keine Unwucht bekommen. Ich mag das Bild eigentlich ganz gerne, weil es ein schönes Sinnbild ist. Ich übertrage es mal auf die Reise zum nachhaltigen Unternehmer. Also: Das Rad läuft dann stabil, wenn wir die Nabe regelmäßig pflegen. Wenn eine oder mehrere Speichen brechen, läuft das Rad zwar immer noch, aber nicht mehr rund. Es ist dann nur eine Frage der Zeit, dass weitere Speichen brechen, wenn du über holprigen Untergrund fährst. Beide zusammen, Nabe und Speichen, ergeben dein Transportvehikel. Übertragen auf dich als Unternehmer ist es das Ökosystem, das dich von einem Punkt a zu einem Punkt b bringt. Die Nabe, sprich: der Kern, ist dabei dein stabiles Zentrum. Das hat übrigens fast etwas Religiöses", ergänzte sie augenzwinkernd.

„Der Kreis ist, ähnlich wie das Dreieck, eine sehr stabile Form. Das Bild erinnert an die Buddhisten, die ja auch stark in ihrer Mitte ruhen. Kennst du das Sprichwort 'Du bist im Auge des Sturms'? In diesem Zentrum ist es in der Regel ganz ruhig, so verheerend der Sturm um dich herum auch wüten mag." „Das Bild gefällt mir", kommentierte ich spontan. „Das heißt also, wenn der Kern stabil ist, wenn ich also in meiner Mitte bin, kann mich nichts mehr umwerfen, oder?" Sylvia freute sich sichtlich. „Genau, das ist der Sinn dahinter. Schön, dass du es sofort gesehen hast. Ich fasse noch einmal zusammen:

- **In der Mitte vom Rad steht die Nabe - der Kern.** Es geht darum, dass du von einem starken Zentrum aus handelst, sprich: aus deinem Inneren heraus. Das bezieht sich auf alle deine Handlungen, ob im Privaten oder bei deinem Unternehmen. Ein anderes Wort für Kern ist dein Grundantrieb, nämlich das, was dich nach vorne streben lässt.

- **Dieser Kern ist fest - ungeachtet der äußeren Umstände.** Du weißt klar, wofür du stehst. Du handelst aus unerschütterlichen Prinzipien heraus - das sind deine **'Intangibles'**. Damit verfügst du über einen Maßstab, mit dem du im Zweifelsfall sicher entscheiden kannst. Ihn anzuwenden erspart dir langes Hin- und Herüberlegen, und du gewinnst Sicherheit und Schnelligkeit im Alltag.

- **Das Unternehmen ist der sichtbare Ausdruck deines Grundantriebs.** Erinnerst du dich an dein Gespräch mit Boris? Als er seinen Grundantrieb kennengelernt hatte, konnte er sein Unternehmen auf ein anderes Level bringen. Viele Unternehmer doktern dagegen lediglich an äußeren Symptomen herum. Von außen gesehen wirken sie schwankend und widersprüchlich. Es geht darum, Klarheit über deine Motive zu erlangen und sie dann auf dein Unternehmen zu übersetzen.

- **Wenn du den Kern - die Nabe - definiert hast, folgen die einzelnen Speichen.** Was Simon Sinek als 'Why' bezeichnet, entspricht dem Kern. Die Speichen sind dann sozusagen dein 'How'. Sie definieren, wie du Privatleben und Business auf deinem Kern aufbaust.

**Mit voller Power loslegen.** Sylvia sah fast gerührt aus. „Ich habe hunderte von Malen mit Unternehmern am Kern gearbeitet. Immer wieder fließen Tränen. Es ist oft überraschend, manchmal emotional, wenn du herausfindest, wofür du gemeint bist." Ein kleines Lächeln zuckte um ihre Mundwinkel. „Du glaubst gar nicht, welche Power manche dann entwickeln. Nicht nur sind sie zufriedener, sondern manchmal gehen auch ihre unternehmerischen Aktivitäten noch einmal ganz anders ab als zuvor. Ich sage dann immer 'Als hätte derjenige plötzlich den Stecker zum Universum gefunden.'"

Sie lachte. „Nein, du brauchst mich nicht für esoterisch verstrahlt halten. Du weißt ja, dass ich ein sehr nüchterner Mensch bin. Aber hier stimmt es tatsächlich. Ich habe erlebt, wie unglaublich es für manche Unternehmer nach vorne ging, als sie ihren Kern erkannt hatten. Nicht zuletzt bei mir selbst war das so." Sie schluckte, offensichtlich bewegt. Ich war fasziniert. „Kannst du mir ein Beispiel geben?", fragte ich. Sylvia schaute vor sich hin, nachdenklich. Dann gab sie sich einen sichtbaren Ruck. „Ok. Ich erzähle dir meine eigene Geschichte. Damit sollte es deutlich werden. In meiner Zeit bei Microsoft waren wir ja sozusagen der verlängerte Arm vom Top Management. Alle Großprojekte ab einer bestimmten Größenordnung, die sogenannten 'complex deals', sind über unseren Tisch gegangen. Zuerst haben wir die Angebote freigegeben. Dann, wenn die Projekte liefen, haben wir dem Management Bericht erstattet. Wir waren diejenigen mit dem nüchternen Blick von außen. Zwar haben wir mit den Projektverantwortlichen vor Ort zusammengearbeitet, wenn etwas schief lief. Unser Job war aber immer, unbestechlich zu bleiben. Darauf war ich stolz."

„Klingt anspruchsvoll", sagte ich beeindruckt. Sylvia nickte. „Ja, so hat es sich auch angefühlt. Ich glaube schon, dass wir die Rolle mit viel Verantwortung ausgefüllt haben. In gewisser Weise hat sie mir auch geschmeichelt", kommentierte sie selbstkritisch. „Es war toll, sich selbst als diejenige zu sehen, die Empfehlungen ans Management gibt. Es ging um Fakten, um strategische Entscheidungen, manchmal auch um Entlassungen und disziplinarische Konsequenzen. Es gab keinen Raum für Zwischentöne. Unsere Welt damals war entweder schwarz oder weiß. Es gab nur richtig oder falsch. Bis ich meine Lektion gelernt habe." Sie schien weit in die Vergangenheit zu blicken.

„Manchmal haben wir in unseren Projekten damals mit externen Change Beratern zusammengearbeitet. Sie sollten die Veränderungen abfedern, die diese Projekte für die Organisation mit sich brachten. Die Berater haben Schulungen durchgeführt, haben mit Betriebsräten gearbeitet und Einzelgespräche mit Betroffenen geführt, deren Job sich geändert hatte." Sie machte eine kurze Pause, nach Worten suchend. „Es waren richtig gute darunter. Manche haben die Projekte wirklich vorangebracht. Ich habe aber leider im Laufe der Zeit auch viele Scharlatane gesehen. Selbst habe ich mich immer mit Händen und Füßen dagegen verwehrt, in die Schublade 'Beraterin für Veränderungsmanagement' hineingesteckt zu werden. 'Das bin ich doch nicht', dachte ich. 'Wir sind wie die Revision. Wir kommen von der ernsten Seite. Wir kommen von den Fakten her.' Im Grunde waren diese Fakten auch für mich das Einzige, was zählte. Von wegen."

**Vom Kern aus handeln.** Sie schüttelte heftig den Kopf. „Es ist unglaublich, wie voreingenommen ich damals war. Wie *biased*, kennst du das Wort? Es beschreibt genau solche unbewussten Vorurteile, wie ich sie damals gefällt hatte. Auch als ich lange nicht mehr bei Microsoft war, hatte ich sie weiter verinnerlicht. Irgendwann, Jahre später, hatte ich dann eine Begegnung mit einer Unternehmerin, an die ich mich noch wie heute erinnere. Sie stammte aus einer alteingesessenen Unternehmerfamilie. Weil sie als Jugendliche gegen ihre Familie rebelliert hatte, war sie von zuhause weggegangen. Später, als ihr Vater, der Firmenpatriarch, krank wurde, hat sie die Firmenaktivitäten wieder übernommen. Sie hat mir die Augen dafür geöffnet, dass beide Seiten wichtig sind - die Business- und die menschliche, die persönliche Seite. Wirklich erfolgreich als Unternehmer sind wir nur, wenn wir beide Seiten verheiraten."

Sylvia sah bewegt aus. „Du glaubst gar nicht, wie tief mich diese Erkenntnis bewegt hat. Plötzlich war bei mir der Groschen gefallen. Auch ich war jahrelang einem Irrtum aufgesessen. In Wirklichkeit war ich überhaupt nicht die knallharte Beraterin, als die ich mich gesehen hatte. Mein eigener Kern lag genau darin, diese beiden Seiten zu verheiraten. Und plötzlich, durch den Impuls dieser Unternehmerin, fiel es mir wie Schuppen von den Augen. Als ich das erkannte, konnte ich dadurch meinen Handlungsspielraum erweitern - endlich. Ich habe dann von heute auf morgen den Schalter umgelegt und meine Außenkommunikation geändert." Sylvia blinzelte. „Augenscheinlich hatte ich damit einen Nerv getroffen. Auf meine Posts in Social Media kamen Anfragen von Unternehmern, die ebenfalls diese Klarheit im Kern suchten und nach außen bringen wollten. Heute arbeite ich sehr viel mit Unternehmern, die sich genau das wünschen. Ich kann ihnen noch einmal besser weiterhelfen, weil ich ihren Zwiespalt selbst genauso erlebt habe." Sylvia blinzelte. „Im Mentoring erzähle ich dir noch mehr. Für den Moment reicht: Wenn du vom Kern aus handelst, bist du nicht nur zufriedener. Vermutlich wird sich auch unternehmerisch einiges bei dir tun." Sie ergänzte. „Du bist ja schon sehr weit gekommen. Aber wahrscheinlich werden nochmal Dinge passieren, die du heute noch gar nicht für möglich hältst."

Ich war beeindruckt. Hatte ich Ulrich nicht genauso erlebt? Als Unternehmer, der seinen Kern gefunden hatte, der felsenfest wusste, wofür er etwas tat? „Wow", sagte ich. „Klingt gut. Kann ich das auch? Woher weiß ich, dass es klappen wird?" „So wie ich dich einschätze", meinte Sylvia, "glaube ich das sicher. Aber Achtung: Veränderung gibt es nicht zum Nulltarif. Du kannst auf Widerstand in deinem Umfeld stoßen, wenn du gewohnte Bahnen verlässt.

**Zu was bist du also wirklich bereit?**

Dieser Prozess ist geeignet für diejenigen, die andere, neue Wege gehen wollen. Die für etwas brennen möchten. Dafür sind sie bereit, an sich selbst zu arbeiten, und zwar sowohl an ihren inneren Prozessen und an ihrer Firma. Es geht um ein echtes 'from good to great'[11], es geht darum, als Unternehmer großartig zu werden. Das fordert aber von dir nicht weniger, als deine gewohnten Verhaltensweisen, letztlich dein Leben, zu verändern. Also: In diesem Unternehmer-Mentoring geht es viel tiefer herein als bei den meisten anderen Beratern, Trainer, Coaches und Gurus auf dem Markt.

Es geht immer um einen Zweiklang:

- deinen Kern zu definieren

- das Ergebnis auf deine unternehmerischen Aktivitäten zu übersetzen.

Nimm Andreas als Beispiel, mit dem du ja gesprochen hast. Erinnerst du dich noch an den Vergleich mit dem Leichtathleten aus unserem ersten Call?" Ich nickte. Sylvia ergänzte. „Der Prozess, von dem ich rede, funktioniert genau wie im Hochleistungssport. Du kannst mich als deinen Personal Trainer ansehen. Oder wenn du so willst, als deinen Sparringspartner, als deinen 'partner in crime', wie es ein Kunde von mir einmal genannt hat. Und wie im Spitzensport kann dein Training manchmal unbequem werden. Als dein Personal Trainer bin nicht immer nett. Ich werde dich konsequent erinnern: 'Nee, an dieser Stelle nicht abweichen. Du hast gesagt, du willst steilgehen. Mit dem, was du hier machst, klappt das nicht.'

Ich werde also den Finger in die Wunde legen und dich genau da pieksen, wo es weh tut. Bist du dazu bereit?" Ich stimmte aus vollem Herzen zu. „Lass es uns probieren", sagte ich. „Wie läuft das jetzt genau ab?" Sylvia wurde geschäftlich. Ich konnte sehen, warum sie in ihrer Zeit bei Microsoft erfolgreich gewesen war. Es war spannend für mich, dass ein Mensch so sehr die beiden Seiten auf sich vereinigen konnte, eine sehr nüchterne, geschäftliche und eine sensible, die beim Gegenüber bis auf den Kern blickte. Das wird spannend, dachte ich, und mich überlief ein leichtes Schaudern. So tief wie sie ins Innere bei Leuten schaute, was würde sie dann wohl bei mir sehen? Und was hatte sie wohl schon bei mir gesehen? Darauf war ich sehr neugierig.

Sylvia hatte schon weiter geredet. „Ok. Das Ziel vom Unternehmer-Mentoring ist: Dich zu Ergebnissen zu führen. Dafür bin ich da. Wir erreichen die Ergebnisse über einen definierten Zeitraum, meist über sechs bis neun Monate. Diese Zeit braucht es, um dauerhaf-te Änderungen zu erzielen und um dran zu bleiben. Wie beim Personal Trainer im Sport definiere ich mit dir Ziele, Zwischenziele, Kontroll-punkte." Sie hatte ein Whiteboard aufgemacht und kritzelte die Eck-punkte auf den Bildschirm. „Um beim Bild vom Sport zu bleiben: Wir begeben uns gemeinsam auf die Langstrecke. Startpunkt ist ein initia-ler Workshop von zwei Tagen Dauer. Anschließend treffen wir uns jede Woche zum Statusabgleich per Video Call. Einmal im Monat sehen wir uns bei einer Vor-Ort-Session, bei der wir nachschärfen. Wenn du kurz-fristig Bedarf für eine Abstimmung hast, weil zum Beispiel etwas Drin-gendes passiert ist, können wir das jederzeit einschieben." Sie überleg-te kurz. „Lass uns bei dir mal mit einem Zeitraum von sechs Monaten starten, mit der Option, auf neun Monate zu verlängern, je nachdem wie es läuft. Das sollte für das reichen, was du vorhast."

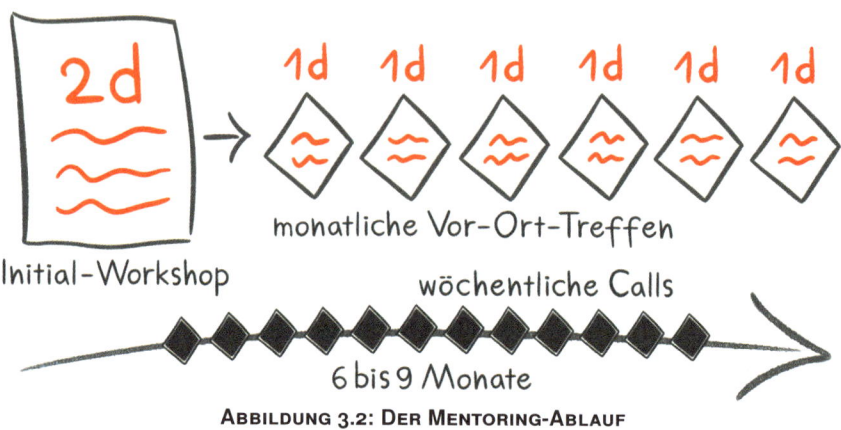

**ABBILDUNG 3.2: DER MENTORING-ABLAUF**

„Was kostet das Mentoring?", wollte ich wissen. Sylvia nannte einen Preis. Er war hoch, lag aber im Rahmen dessen, was ich erwartet hatte. Ich erinnerte mich mit Schaudern an so manchen anderen Coach mit großem Namen, der Tagessätze von 15 TEUR und mehr auf dem Markt forderte - völlig außerhalb jeder Realität. Sylvia ergänzte: „Auch wenn ich es dir natürlich nicht garantieren kann, die meisten verbessern sich auch monetär durch diesen Prozess. Ein Unternehmer hat das Mentoring während der Corona-Krise angefangen und hatte schlussendlich das beste Jahr seiner Firmengeschichte. Persönlich ist er außerdem viel zufriedener geworden. Manche machen sogar nochmal richtige Sprünge in Umsatz und Gewinn, weil sie in andere Geschäftsfelder reingehen und etwas Größeres aufbauen als bisher." Sie fasste zusammen. „Vor allem gewinnen sie aber das gute Gefühl, jetzt das Richtige für sich zu tun und Privatleben und Business ins Lot gebracht zu haben. Ist es dir das wert? "Das ist eine Fangfrage", grinste ich, „na klar. Das wäre mir jede Menge wert." Wir machten das klassische Handschlaggeschäft und vereinbarten, dass mir Sylvias Assistentin die Auftragsbestätigung am nächsten Tag zuschicken würde. Als Starttermin für den ersten Workshop vor Ort verabredeten wir den Montag in zwei Wochen. Zur Vorbereitung hatte mir Sylvia am nächsten Tag noch eine Checkliste zugesendet, die ich hier beifüge. Ich freute mich. Es ging los!

**Teste dich selbst. Bist du bereit für Veränderung?**

- ☐ **Merkst du, dass in letzter Zeit öfter starke Emotionen bei dir hochkommen?** Eine Unternehmerin brach plötzlich bei einer Übung zum Grundantrieb in Tränen aus. Solche Emotionen sind ein Zeichen, dass dir offensichtlich etwas fehlt.

- ☐ **Hast du das nagende Gefühl: „Du knackst die Nuss selbst nicht?"** Hast du schon einmal Dinge gesagt wie: „Ich schmeiße alles hin, wenn sich nicht bald etwas ändert?" Der Erfolg beim Coaching und Mentoring hängt von deiner Einstellung ab, ebenso wie die Geschwindigkeit bei der Umsetzung. Kennst du das Beispiel vom buddhistischen Mönch, der seinen Schüler in einen Bottich mit Wasser taucht, bis dieser nicht mehr atmen kann und nach Luft schnappt? Du musst die Veränderung genauso dringend wollen, wie dieser Lehrling wieder atmen möchte.

☐ **Kannst du schonungslose Ehrlichkeit aushalten?** Wie kommst du damit klar, wenn dir jemand sagt: „Das reicht nicht." „Es tut mir leid, wenn du so weitermachst, wirst du in fünf Jahren immer noch da sein, wo du heute bist." „Nächstes Mal wirst du mir wieder das Gleiche sagen, wenn du jetzt nichts änderst." Bist du bereit, auch dann an dir zu arbeiten, wenn alles in dir rebelliert, weil du im Prozess an einem kritischen Punkt angekommen bist? Kannst du aushalten, dass dein Mentor dich nicht aus der Verantwortung heraus lässt?

☐ **Kann dein Bewusstsein das halten?** Die Frage mag zunächst merkwürdig klingen, betrifft aber viele. Vielleicht kennst du das auch: Dir kommt eine neue Erkenntnis, egal ob bei einem Gespräch, in einem Seminar oder bei einem sonstigen Anlass. Vielleicht ist diese Erkenntnis sogar lebensverändernd, auf jeden Fall fühlt sie sich wichtig an. Plötzlich ist dir vieles klar, was du vorher nicht verstanden hast. Du denkst: „Wie konnte ich das bisher nicht sehen?" Am nächsten Tag gehst du dann wieder in deinen Alltag zurück, und schon wenig später hast du die neue Erkenntnis komplett verdrängt - obwohl sie wichtig war. Es ist, als hätte es sie nie gegeben. Irgendwann passiert wieder etwas, und dieselbe Erkenntnis stellt sich erneut ein. Du denkst ungläubig: „Nee, oder? Das hatte ich doch schon mal. Wie konnte ich das nur vergessen?" Nach meiner Erfahrung tritt ein solcher Fall ein, wenn eine Erkenntnis für dich im ersten Moment zu groß war, als dass dein Bewusstsein sie halten konnte. Du warst schlichtweg noch nicht bereit zur Veränderung. Manchmal kann es Jahre dauern, bis du soweit bist.

☐ **Bist du bereit, in gewisser Weise wieder von vorne anzufangen?** Gut bist du sowieso. Du denkst in großen Kategorien. Trotzdem gehst du jetzt in gewisser Weise wieder zurück auf die Schulbank. Die Buddhisten bezeichnen die Einstellung, die du benötigst, sehr treffend mit 'beginners mind'. Sie zitieren das Gleichnis von einer Tasse und ermahnen dich, dass deine Tasse nicht schon randvoll sein darf, um wieder mit etwas Neuem angefüllt zu werden.

☐ **Kannst du Ungewissheit aushalten?** Vieles, was du bisher ganz selbstverständlich für dich angewendet hast, funktioniert nicht mehr, wenn es darum geht, Träume und Visionen umzusetzen. Gerade bei großen Zielen musst du sozusagen manchmal zurück auf Los. Wenn du 'Wege gehen willst, die noch niemand ging' - dazu später noch mehr - helfen gewohnte Verhaltensweisen wie Disziplin und Durchhaltevermögen manchmal nicht weiter. Du betrittst Neuland und musst dich schrittweise vortasten.

# 4

# Im Mentoring

## Was große Visionen bewirken

Zwei Wochen später. Es war so weit. Heute fand der erste Tag vom 2-tägigen Initial-Workshop statt. Ich war extra früh aufgestanden, um rechtzeitig vor den Pendlermassen auf der Autobahn zu sein. Sylvias Büro lag in Essen, und ich wusste aus Erfahrung, dass Staus unter zehn Kilometer Länge auf manchen Autobahnen im Ruhrgebiet überhaupt nicht mehr gemeldet wurden. Mein Kalkül ging auf, und trotz Baustellen umging ich die die täglichen Staus auf der A3 und im Kölner Raum. Gut vor der vereinbarten Zeit fuhr ich auf den Parkplatz vom Firmengelände und streckte beim Aussteigen erst einmal meine steifen Glieder. Erst jetzt hatte ich Gelegenheit, mich in Ruhe umzuschauen.

Wow, dachte ich spontan, das hat ja mal Flair. Ich stand auf dem Parkplatz vom Weltkulturerbe Zeche Zollverein und blickte auf alte Fabrikgebäude, auf Fördertürme. Weiter hinten sah ich eine Moschee. Ich sprach Sylvia direkt darauf an, als ich bei ihr im Büro stand. Sie hatte ein Loftbüro auf zwei Etagen, malerisch gelegen in einer riesigen Werkhalle. „Ja", sagte sie, erfreut, dass es mir gefiel. „Wo du jetzt stehst, befand sich noch vor wenigen Jahrzehnten ein Werksschwimmbad. Die Adresse vom Standort lautet Schacht Zollverein 4/5/11." „Was war hier denn ursprünglich gewesen?", fragte ich. „Du stehst an einem klassischen Bergbau-Standort", erklärte Sylvia. „Schon 1851 wurde in der Gründungsanlage Steinkohle gefördert. Um 1900 haben hier dann rund 3.000 Menschen gearbeitet, bis die Förderung 1967 stillgelegt wurde. Keiner hätte damals wohl für möglich gehalten, dass auf diesem Gelände einmal ein florierendes Firmenzentrum mit aktuell über 90 Firmen und 500 Beschäftigten entstehen würde. Die Entstehungsgeschichte ist übrigens auch ein gutes Lehrstück dafür, wie große Visionen Wirklichkeit werden können."

Das klang spannend. „Ok", sagte ich, „wieso?" Sylvia freute sich über mein Interesse. „Die Betreibergesellschaft wurde 1996 als Aktiengesellschaft gegründet. Keiner hatte damals an die Zukunft des Standorts geglaubt. Der Essener Norden und besonders der Stadtteil Katernberg, wo sich das Gelände befindet befindet, ist ein klassischer Arbeiterstadtteil, eher nicht sehr wohlhabend, mit hohem Ausländeranteil. Heute ist es eine Erfolgsgeschichte." Sie sah befriedigt aus. „Besonders schön finde ich, dass die Struktur der heutigen Aktiengesellschaft immer noch diesen Idealismus aus den Gründungstagen widerspiegelt. Erst einmal: Die Aktie ist keine Kapitalanlage, sondern eine Förderaktie. Es wird also keine Dividende ausgeschüttet. Zweitens sind unter den 1.500 Aktionären neben Prominenten aus der Region auch viele alte Katernberger aus dem Stadtteil vertreten.

Sie fördern 'ihr' Firmenzentrum, indem sie auf Ausschüttungen verzichten. Der Gewinn kann dadurch voll in den Ausbau vom Zentrum und in Existenzgründungen fließen. Es ist schon wirklich beeindruckend", schloss Sylvia ab, „wenn die jährliche Hauptversammlung stattfindet und die ergrauten Rentner aus dem Stadtteil eintreffen, die ihr Zentrum besuchen. Meistens findet sie in der Kantine statt, und es gibt ganz stilecht rustikales Essen aus der Region - ja, manchmal auch die typische Currywurst." „Das hört sich gut an", sagte ich und war plötzlich gerührt. „Man kann schon sagen, dass sie damit Verantwortung übernehmen, oder?", überlegte ich. „Das ist doch, wovon du immer sprichst. Wie ich dich verstehe, wollen diese kleinen Aktionäre 'ihr' Zentrum fördern. Das ist großartig." Sylvia lehnte sich im Stuhl zurück und schloss die Augen. Die Sonne fiel durch die hohen historischen Fenster ein und malte Muster auf ihr Gesicht. „So philosophisch wollte ich jetzt zum Start eigentlich gar nicht werden", sagte sie. „Aber andererseits - warum eigentlich nicht. Mit diesem Thema sind wir nämlich an einem der wichtigsten Punkte überhaupt, nämlich wann wir Menschen über uns hinauswachsen. Ja, das ist gut. Lass uns damit beginnen." Sie lächelte plötzlich. „Wir können vorher noch einen Kaffee und ein Croissant oder Brötchen nehmen, und dann lege ich parallel dazu mein Lieblingszitat auf. Ich zeige es eigentlich in jedem Mentoring." Sie tippte etwas in die Tastatur vom Laptop und drehte den Bildschirm zu mir um. „Die meisten Unternehmer sind davon sehr berührt. Ein guter Einstieg ist es auf jeden Fall. Ich glaube ja", sie zwinkerte, „dass jedes Wort davon wahr ist und eine ganz eigene Kraft hat." Ich las auf einer Powerpoint-Folie:

«*This is the true joy in life, being used for a purpose recognized by yourself as a mighty one. Being a force of nature instead of a feverish, selfish little clod of ailments and grievances, complaining that the world will not devote itself to making you happy. I am of the opinion that my life belongs to the whole community and as long as I live, it is my privilege to do for it what I can.*
*I want to be thoroughly used up when I die, for the harder I work, the more I live. I rejoice in life for its own sake. Life is no brief candle to me. It is a sort of splendid torch which I have got hold of for the moment and I want to make it burn as brightly as possible before handing it on to future generations.*»
— *George Bernard Shaw*

FIRMENZENTRUM ZOLLVEREIN

## Ziele in a nutshell

Wir hatten die kurze Frühstückspause beendet. Vor mir dampfte noch ein Kaffee mit Hafermilch. Seit einiger Zeit war ich umgestiegen auf vegane Ernährung, auch wenn mir das manchmal schwer fiel. Ich merkte aber, dass es mir gut tat, deshalb blieb ich dabei. Nachdenklich rührte ich mit dem Löffel in meiner Tasse. Das Zitat wirkte noch immer nach.

„It is my privilege to do for the community what I can", wiederholte ich gedankenvoll. „Na ja, bisher kann ich eigentlich nicht sagen, dass ich nach so einem Motto gelebt habe. Meine Firmen sind gut gelaufen und schnell gewachsen. Du weißt ja, dass ich in neuen Märkten unterwegs bin, die es vor unserem Gründungsjahr in 2014 noch gar nicht gab." „Ihr seid Vertreter dieser typischen Digital Companys, die mit wenigen Beschäftigten auskommen, oder?", fragte Sylvia. Ich nickte. „Stimmt, das kann man so sagen. Allerdings mit digitalen und mit realen Produkten. Ich habe damals eine Lücke im Markt gesehen, mit Produkten, die es schon in Asien gab und bei uns eben noch nicht.

Damals habe ich meine erste Firma gegründet, diese Produkte bei uns eingeführt und mit ziemlich großem Erfolg auf einem eigenen Shoppingportal verkauft. Wenn ich etwas will, ziehe ich es auch durch. Ich kenne sonst keinen, der so fleißig ist wie ich." Ich überlegte. „Morgens darf mich zum Beispiel niemand stören. Ich setze meinen Noise

Cancelling Kopfhörer auf und erledige, was getan werden muss. Auf die ähnliche Art habe ich auch in den letzten Jahre noch weitere Firmen mit rein digitalen Produkten aufgebaut." So ganz konnte ich nicht ausdrücken, was ich sagen wollte. Vor allem konnte ich nicht den Widerspruch zum Zitat von G. B. Shaw in Worte fassen, den ich empfand. Selbst für meine Ohren klang es etwas konfus. „Klar, unsere Produkte machen schon vielen Menschen Freude", ergänzte ich. „Aber ob ich damit einen Beitrag für die Community leiste? Das weiß ich nicht so recht." Sylvia schien mich trotzdem zu verstehen. „Ich würde gerne systematisch vorgehen", schlug sie vor. „Ausgehend von dem Shaw-Zitat schauen wir erst einmal auf den großen Zusammenhang und hangeln uns dann Punkt für Punkt vor. Ok?" Ich nickte. Ich überlegte kurz und stimmte zu. Sie fuhr fort. „Lass mich erstmal sehen, ob ich verstanden habe, worauf es dir ankommt. Deine Ziele für diese zwei Tage sind:

- **Du willst wissen, wofür du stehst.** Du hast deine Firmen bisher erfolgreich aufgebaut und dich aus der operativen Geschäftsführung zurückgezogen. Aktuell bist du nicht sicher, wie du weitermachen sollst. Du willst wissen, was du mit deinen bisherigen Firmen machst, ob du sie verkaufst oder neue gründest. Oder ob du vielleicht doch noch etwas ganz anderes startest, bis hin zu Aktivitäten außerhalb vom Unternehmertum.

- **Du möchtest eine Strategie für dein weiteres Wachstum.** Du willst Klarheit gewinnen, für dich persönlich und für dein Business. Es geht darum, wie du künftig so leben kannst, dass es sich für dich gut anfühlt.

- **Es geht dir darum, etwas Größeres in die Welt zu bringen.** Du möchtest deine wirkliche Leidenschaft - oder vielleicht auch mehrere - entdecken. Du möchtest wieder für etwas brennen.

- **Dein Privatleben möchtest du damit in Einklang bringen.** Bisher ist das zu kurz gekommen. In den Vorgesprächen hast du mir gesagt, dass du manchmal Angst hast, überhaupt mit etwas Neuem zu beginnen. Du fürchtest, dass du ähnlich wie früher wieder nur mehr vom Gleichen bekommen könntest. Also dass du dich wieder zu 150% hereinkniest und darüber andere Dinge vernachlässigst. Du hast erkannt, dass das Bisherige nicht gut für dich war.

- **Zusammengefasst: Du wünschst dir Balance,** auch wenn du jetzt eine größere Vision umsetzt. Mehr als alles andere willst du zufrieden sein.

„Richtig?", hakte Sylvia nach. Ich nickte. Sie stand auf und schrieb jeden dieser fünf Punkte ans Flipchart. Anschließend hängte sie das Chart gut sichtbar für uns beide an der Wand auf. „So, jetzt haben wir deine Ziele für die nächsten beide Tage immer vor Augen. Morgen, am Ende vom zweiten Workshoptag, schauen wir uns nochmal an, ob du Antworten gefunden hast. Einverstanden?" Und ob, dachte ich. Ich war gespannt, aber auch skeptisch. Würden zwei Tage wirklich ausreichen, um Antworten auf solche gewaltigen Themen zu finden? Ich konnte mir das nicht gut vorstellen, sagte aber nichts.

Sylvia setzte sich und tippte etwas in die Tastatur vom Notebook. Auf dem Bildschirm an der Stirnseite vom Raum erschien ein Chart mit einigen Sätzen. „Fangen wir ganz locker an. Hier ist ein kleines Quiz. Lass dich einfach mal darauf ein", bat sie, als sie sah, dass ich die Stirn runzelte. „Einfach darauf antworten, gar nicht lange überlegen. Nimm direkt das Erste, was dir in den Sinn kommt. Hier ist ein Zettel, darauf kannst du die Antworten notieren."

## *Quiz: Große Persönlichkeiten unter der Lupe*

Und das waren die Fragen. Ich schaute auf das leere Blatt und fing an zu schreiben.

**Wen bewunderst du?**

_____

**Bekannte Persönlichkeiten. Wofür steht Albert Einstein?**

_____

**Wofür steht Mahatma Gandhi?**

_____

**Wofür J.F. Kennedy?**

_____

**Wofür Mutter Theresa?**

_____

**Wofür Elon Musk?**

---

**Wofür Bill Gates?**

---

### Übung: Wen bewunderst du?

„Fertig?", fragte Sylvia. „Dann lass sehen." Etwas zögernd legte ich meinen Zettel vor uns beide auf den Tisch. Auf die Frage „Wen bewunderst du?" hatte ich geantwortet: „Rocky Balboa." „Huch", sagte Sylvia erstaunt. „Den kennst du noch? Das ist ewig her, oder?" „Ich liebe alte Filme", sagte ich verlegen. „Stimmt aber schon, der Film ist jetzt bald 50 Jahre alt, viel älter als ich. 1976 kam er raus." „Wie alt bist du eigentlich?", wollte Sylvia wissen. „37", sagte ich. „Den Film mit Sylvester Stallone habe ich irgendwann mal als Kind bei meinen Eltern gesehen, und ich fand ihn absolut großartig. Sich so gegen alle Widerstände nach ganz vorne zu kämpfen, das hat mich total beeindruckt." Sylvia dachte kurz nach.

„Eine spannende Wahl", meinte sie. "Es geht darum, nicht aufzugeben, oder? Egal was kommt und wie widrig die Umstände sind." Sie zuckte mit den Achseln. „Ich habe von Menschen, denen ich diese Frage gestellt habe, schon die interessantesten Antworten gehört. Eine Frau nannte zum Beispiel 'Buddha'. Sie hatte ihre Antwort so wie du auf einen Zettel geschrieben. Als wir dann gemeinsam darauf schauten, muss ich wohl so entsetzt ausgesehen haben, dass sie spontan dachte: 'Oh, was habe ich denn jetzt falsch gemacht?'" Sylvia schmunzelte. „Sie hatte gar nichts falsch gemacht, aber es liegt an diesem Zusatz, den sie vorher nicht kannte. Denn das ist die These, die hinter dieser Übung steckt:

**Du bist im Kern wie die Person, die du bewunderst.**

Das ist aufschlußreich, oder? Kannst du dir vorstellen, warum die Antwort 'Buddha' deshalb natürlich ein starkes Stück war? Wir haben damals beide herzlich gelacht und dann ausführlich über ihre Antwort gesprochen, und tatsächlich stimmte die Prämisse auch in ihrem Fall. Für die Unternehmerin waren die Eigenschaften von Buddha etwas, was sie sich für ihr Leben wünschte und welche sie teilweise auch selbst in sich trug." Sie sah mich direkt an. „Ok, bei dir jetzt also Rocky. Dich aus etwas heraus kämpfen. Siegen gegen Widerstand. Ist das auch deine Situation?" Ich schluckte. „Na ja, als ich Kind war, hatten wir nicht viel Geld. Meine Mutter war Altenpflegerin, mein Vater Elektriker. Keiner von beiden hatte studiert. Ich bin in einem kleinen Dorf an der Grenze zu Thüringen aufgewachsen, das ich gehasst habe. Damals war ich der totale Außenseiter.

Gut in der Schule, vermutlich hochbegabt. Es kann sogar sein, dass ich auch leicht im Asperger-Spektrum bin. Das wurde nie getestet, aber ich vermute es. Für meine Klassenkameraden in der Schule war ich ein Freak. Es wurde erst besser, als die Mutter einer Schulfreundin einen neuen Lebensgefährten in Berlin hatte. Meine Schulfreundin fuhr mit ihr alle zwei Wochen hin, und mich haben sie immer mitgenommen. Das eröffnete mir Zugang zu einer neuen Welt, und plötzlich habe ich Möglichkeiten gesehen. Es gab also noch etwas ganz anderes als das Dorf. Als ich dann mit der Schule fertig war, wollte ich nichts wie weg. Ich bin dann direkt in die Großstadt gezogen, nach Köln. Zum Glück hatte ich ein Stipendium für mein Studium gewonnen. Ich habe auch angefangen zu studieren, aber eigentlich ziemlich direkt nach Start meine Geschäftsidee gehabt und nebenher gegründet. Studiert habe ich bald gar nicht mehr. Deshalb habe ich auch keinen Abschluss. Meine erste Firma lief recht schnell so erfolgreich, dass ich nichts anderes mehr gemacht habe." Ich dachte an meinen Vater, dem mein Geschäftsmodell suspekt war, und schüttelte energisch den Kopf. „Meine Eltern verstehen bis heute nicht, was ich mache. Es interessiert sie auch nicht sonderlich. Mit meiner Mutter habe ich schon oft darüber gestritten.

Sie findet, dass ich etwas viel zu Unsicheres mache, obwohl es mir finanziell so gut geht. Ihr ist das alles zuviel Risiko, und sie rechnet heute noch damit, dass ich irgendwann unter der Brücke liege. Oder noch besser, dass ich zu ihnen ins Dorf zurückkommen muss."

„Kein Wunder, dass dich Rocky reizt", stellte Sylvia fest, „das klingt ja alles unglaublich eng." Das war es auch, dachte ich schaudernd. Ich erinnerte mich gar nicht gerne an diese Zeit, die aus einem anderen Leben zu stammen schien. Mehr um abzulenken fragte ich: „Und du? Hast du die Übung auch schon mal gemacht? Was kam bei dir raus?" Sylvia schaute mich lange an, vermutlich hatte sie durchschaut, dass ich nicht bei diesem Punkt verharren wollte.

„Ja, du hast Recht", antwortete sie gedehnt, „mit mir hat eine Trainerin diese Übung früher auch einmal durchgeführt. Es ist lange her. Ich war damals in meiner Ausbildung zur Keynote-Speakerin. Meine Antwort lautete 'Margarete Mitscherlich'. Sagt dir der Name etwas?" Ich schüttelte den Kopf. Sylvia fuhr fort. „Sie ist eine berühmte Psychoanalytikerin, mittlerweile verstorben. Ich habe sie noch im Alter von Anfang 90 im Fernsehen gesehen, und das war ein großes Highlight für mich. Mich hat beeindruckt, mit welcher Klarheit sie Sachverhalte und Menschen analysierte, und das selbst noch in diesem hohen Alter. Ich dachte sofort, dass ich auch so sein will. Seitdem ist sie mein großes Vorbild[12]. Die Übung setze ich übrigens regelmäßig im Mentoring ein."

**Übung: Wofür stehen diese Persönlichkeiten?**

„Lass uns weitermachen", sagte Sylvia. Sie schaute auf meinen Zettel. Neben die Namen aller Persönlichkeiten hatte ich in ein paar Worten, manchmal auch in zwei, drei Sätzen, geschrieben, wofür sie aus meiner Sicht standen:

- **Albert Einstein.** Erfinder der Relativitätstheorie. Physiker. Genie.

- **Mahatma Gandhi.** Die 'große Seele'. Anführer der indischen Unabhängigkeitsbewegung. Vom Anwalt zum Kämpfer für Unabhängigkeit. Pazifist.

- **J. F. Kennedy.** US-Präsident. Kennedy-Clan, Ehefrau Jacqueline Kennedy. Wurde erschossen. Hat den ersten Flug zum Mond möglich gemacht.

- **Mutter Theresa.** Gutmensch. Kampf für die Armen und gegen Lepra.

- **Elon Musk.** Selfmade-Milliardär. Tech-Unternehmer. Mobilität neu denken, Tesla. SpaceX, private bemannte Raumfahrt. Bringt mit einem Wort 'indeed' auf Twitter Kurse von Kryptowährung bitcoin zum Crashen.

- **Bill Gates.** Gründer von Microsoft. Erfinder von Windows. Von der Garagenfirma zum Imperium. IBM besiegt. Stiftung zusammen mit Ex-Ehefrau Melinda. Scheidung. Angefeindet während Corona-Pandemie als Feind Nr. 1 ('gates' noch?).

Sylvia blickte auf. „Spannend, besonders wie du Elon Musk und Bill Gates siehst", bemerkte sie. „Zu letzterem habe ich einen persönlichen Bezug. Klar, ich war bei Microsoft, da ist das logisch. Ich kannte Bill Gates zwar nicht persönlich, aber ich habe Mitarbeiter getroffen, die ihn noch persönlich kennengelernt haben, in den Anfangstagen, lange bevor Microsoft so groß wurde. Als ich damals anfing, hatte die Firma schon 90.000 Beschäftigte. Weil ich neugierig war, habe ich diese Mitarbeiter dann gefragt, wie sie Bill Gates erlebt hatten. Zwei Antworten sind mir im Kopf geblieben.

- **Erstens:** Obwohl er damals schon aus dem operativen Geschäft bei Microsoft ausgeschieden und längst in seiner Stiftung tätig war, hatte er einmal an einer Entwicklerkonferenz teilgenommen. Es ging um eine neue Version der Software. Die Entwickler hatten den neuen Code an die Wand geworfen. Und obwohl Bill Gates schon Jahre nicht mehr selbst programmiert hatte, sagte er plötzlich: 'Stopp. An der und der Stelle stimmt etwas nicht.' Das hatte er mit einem einzigen Blick auf den Code erfasst, erzählte mein Ansprechpartner. Er hat Recht behalten: Er hatte etwas gefunden, das die anderen übersehen hatten.

- **Zweitens:** Mein Kontakt erzählte mir von den allerersten Konferenzen aus den Anfängen von Microsoft, die damals noch in einer überschaubaren Größe waren. Bill Gates war ihm damals durch die menschliche Nähe aufgefallen, die er zu seinen Gesprächspartnern zeigte. Er hörte ihnen aufmerksam zu, legte ihnen die Hand auf den Arm, war freundlich und nahbar.

„Enorm", sagte ich beeindruckt. „Ja", stimmte Sylvia zu. „Die zweite Geschichte finde ich sogar noch beeindruckender. Es ist kaum zu glauben, wenn man Fotos von ihm aus den Gründungszeiten anschaut, oder? Darauf sieht er aus wie der klassische Nerd, der eines bestimmt nicht sonderlich gut kann, nämlich kommunizieren." Sie zuckte die Schultern. „Ich kann nicht beurteilen, ob diese Geschichten stimmen, aber interessant fand ich sie allemal.

# Erfolgreiche Unternehmer unter der Lupe

**Zu den Persönlichkeiten.** Was fällt dir auf, wenn du deine Liste betrachtest?" Ich schaute mir die Namen noch einmal der Reihe nach an. „Außer Elon Musk und Bill Gates sind alle diese Menschen tot", sagte ich gedehnt. „Stimmt." Sylvia nickte. „Trotzdem kennst du ihre Namen. Warum ist das so? Weil sie uns mit ihrem Lebensweg inspiriert haben. Weil sie ein Lebenswerk geschaffen haben, an das wir uns erinnern. Weil sie für Ideen stehen, für die sie sich eingesetzt und die alles überdauert haben.

**Die Impact-Unternehmer.** Ich nenne solche Persönlichkeiten 'Impact-Menschen'. Es gibt sie auch bei Unternehmern, wie das Beispiel von Elon Musk und Bill Gates zeigt. Quer durchs Unternehmertum gibt es Männer wie Frauen, die eine Lebensaufgabe und damit ihre ganz persönliche Vision gefunden und verwirklicht haben. Mit ihrer Biografie sind sie ein Vorbild für Menschen heute. Spannend ist, dass sie alle Gemeinsamkeiten im Werdegang haben. Wir können sie wie eine Anleitung für uns nutzen. Dazu später mehr." Sylvia schob meinen Zettel beiseite. „Lass uns nochmal zu Bill Gates zurückkehren. An seinem Beispiel sieht man ganz gut, was ich meine.

→ **Eine große Vision.** Bill Gates hat Microsoft 1975 zusammen mit Paul Allen in der berühmten Garage gegründet. Sein Ziel war damals sicher noch nicht, irgendwann der reichste Mann der Welt zu werden. Aber er hatte eine Vision, die sich auf eine einfache Formel bringen ließ: 'Ein Computer auf jedem Schreibtisch und in jedem Haus'. Seine Überzeugung war, dass man den Menschen die richtigen Werkzeuge an die Hand geben und sie produktiver machen müsse, dann könnten auch Inhaber von Kleinunternehmen auftreten und handeln wie große Firmen. Sein Betriebssystem Windows gab jedem Nutzer Zugang zu der neuen Technologie. Tools wie Word, Excel und Powerpoint ermöglichten ein ganz neues Aufschließen zur Riege der Großen. Wenn wir heute Disruption in allen möglichen Geschäftsmodellen sehen, dann hat Microsoft damals mit Sicherheit einen der Grundsteine dafür gelegt. Übrigens ist Bill Gates über die ganzen Jahren hindurch immer ein Visionär geblieben. 1999 kam sein Buch '@ the Speed of Thought' heraus. Die Kernidee: Durch den Austausch von digitalen Informationen können Unternehmen schneller denken und reagieren und so künftig in einer temporeichen digitalen Wirtschaft erfolgreich sein." Sylvia grinste. „Klingt heute noch ganz schön modern, oder? Übrigens sehe ich im Werdegang von Bill Gates zwei Erfolgsfaktoren, auf die wir später auch noch bei dir kommen werden.

1. **Eine geeignete Rolle finden.** Bill Gates hat eine passende Position für sich im Unternehmen geschaffen. So wurde er im Jahr 2000 Chief Software Architect und kümmerte sich nur noch um die Entwicklung der nächsten Generation von Windows Internetplattformen und -services.

2. **Die Unternehmensleitung überließ er anderen wie Steve Ballmer.** Wenn ich mir überlege, was mein Ansprechpartner damals bei Microsoft über ihn erzählt hatte - dass er auch nach Jahren ohne direkte Einbindung in die Programmierung genau wusste, wo der Hase im Pfeffer lag -, dann hatte er seine eigenen Stärken genau richtig erkannt und darauf reagiert."

Spannend, dachte ich. Das hatte ich nicht gewusst. „Ist das der 'Zweck der Existenz', den John Strelecky meint?", überlegte ich laut. „Genau", bestätigte Sylvia. „Wenn wir nachher an deinen Themen arbeiten, dann kommen wir darauf zurück. Eine Speiche von meiner Rad-Methodik ist, dass du das richtige 'Ökosystem' für dich findest. Das heißt, dass du klar die Rollen benennen kannst, in denen du am meisten Mehrwert bringst und die dich zufrieden machen. Du kannst angeben, welches Umfeld du brauchst. Bill Gates ist schon einmal ein ganz gutes Vorbild."

Wir machten eine Pause, bei der ich eine kurze Runde ums Gebäude drehte, um Luft zu schnappen. Erfrischt kam ich zurück, bereit für die nächste Runde.

# Die Zukunft braucht: Impact-Menschen

„Wie machen wir weiter?", fragte ich, nachdem wir mit einigen Minuten Smalltalk gestartet waren. Vor uns dampfte diesmal eine frische Tasse grüner Tee. In der Pause war die Assistentin von Sylvia hereingekommen und hatte aufgeräumt. Alle Arbeitsergebnisse vom Morgen hingen fein säuberlich an den Wänden. Sylvia zeigte auf die kleine Agenda, die sie am Morgen mitgebracht hatte. „Lass uns diesen Block abschließen", schlug sie vor. „Nach dem Mittagessen übertragen wir dann die gewonnenen Erkenntnisse auf deine Situation. Ok? Dazu arbeiten wir mit dem Bild vom Rad und nehmen uns im ersten Schritt die Nabe, sprich: deinen Kern, vor. Nach dem, was wir heute morgen schon erarbeitet haben, wird das bestimmt spannend."

Beim kurzen Gang um den Block war mir noch eine Frage in den Sinn gekommen. „Ich habe auf deiner Website etwas gelesen", sagte ich, „und im ersten Gespräch hast du es auch gleich erwähnt: Das Motto, das du verwendest, lautet 'Wie gute Unternehmer großartig werden'. Eben hast du von Impact-Menschen gesprochen. Elon Musk oder Bill Gates zählst du dazu, oder?"

**Verantwortung übernehmen.** „Hm." Ich sah, dass Sylvia zögerte und kurz überlegte. „Wie sage ich das jetzt?", meinte sie. „Also, nochmal zurück. Würde ich Elon Musk dazu zählen? Klar, er ist einer der großen Visionäre unserer Zeit. Im Grunde erfindet er Mobilität neu, mit konkreten Visionen für innovative digitalisierte Lösungen. Impact hat er damit jede Menge. Weitere mit ihm vergleichbare Unternehmer sind zum Beispiel Marc Zuckerberg von Facebook oder Jeff Bezos von Amazon. Aber was ich mit 'großartig werden' meine, ist noch etwas anderes. Ich meine damit auch noch eine menschliche Komponente, die über das hinausgeht.

In Zeiten, in denen wir so dringend feste Leitplanken und Orientierung brauchen, übernehmen solche Unternehmer Verantwortung für die Probleme im Alltag. Sie zeigen 'Haltung in haltlosen Zeiten', wie es einmal ein IT-Unternehmer aus meinem Umfeld, Frank Roebers von Synaxon, ausgedrückt hat. Er ist Vorstandsvorsitzender der Synaxon AG, der größten IT-Verbundgruppe Europas." Um ihre Mundwinkel zuckte es. „Frank war mir übrigens erstmalig bei einer Microsoft-Partnerkonferenz aufgefallen, weil sein Vortrag einen so radikalen Titel hatte: 'Ich sprenge meinen Laden lieber selber in die Luft, bevor es andere tun.' Seine Thesen waren so gut, dass ich alle Hebel über mein Netzwerk in Bewegung gesetzt habe, um ihn zu treffen.

Einen Monat später saß ich dann bei ihm in der Bibliothek an seinem Firmensitz bei Bielefeld und habe tatsächlich einen sehr inspirierenden Unternehmer erlebt, der immer wieder Neues in der Führung und im Umgang mit Mitarbeitern ausprobiert. Für mich ist er damit ein Vorbild für diesen neuen Typus, den unsere Zeit so dringend braucht. Ein weiterer Vortrag von ihm lautet übrigens 'Wegducken ist nicht mehr: die Verantwortung der Unternehmen für die Gesellschaft und unseren Planeten'. Auch bezeichnend, oder? Bill Gates zähle ich tatsächlich auch dazu, und zwar nicht wegen Microsoft, sondern weil er durch seine Stiftung einen Beitrag leistet. Er hat die Gates Library

Foundation zusammen mit seiner Frau Melinda 1997 gegründet, um dringende Probleme der Welt zu lösen. Dafür sucht er den größten Hebel für das jeweilige Thema und ist so seinerzeit auf das Impfen gekommen, das ihm ja während der Corona-Pandemie so große Kritik eingebracht hat." Sie fasste noch einmal zusammen. „Wenn ich also von großartigen Unternehmern spreche, gehört 'Verantwortung übernehmen' für mich dazu. Bei uns in Deutschland sehe ich als Vorbilder in diesem Bereich Unternehmer wie Michael Otto, Dirk Rossmann, Götz Werner oder, nicht ganz so bekannt, Michael Marhofer von der ifm Unternehmensgruppe.

Einmal: Mit ihren Produkten haben sie Einfluss auf unser tägliches Leben. Parallel stehen sie aber immer auch für etwas ein und sind damit sichtbar. Michael Otto ist zum Beispiel für sein Engagement für Nachhaltigkeit und eine eigene Umweltstiftung bekannt." Sylvia schmunzelte. „Lustig war übrigens neulich eine kleine Begebenheit in meinem Unternehmernetzwerk. Es stellte sich heraus, dass die 35-jährige Assistentin vom Netzwerk diese Unternehmer gar nicht auf dem Radar hatte, als wir nach Vortragsrednern aus Unternehmerkreisen gesucht hatten. Sie sagte ganz überrascht, 'Stimmt, die könnte man auch einladen. Das sind ja die alten Herren, die alte Riege.'

So ganz stimmt das Wort 'alte Riege' übrigens nicht, denn diese Unternehmer haben ja meistens Nachfolger, die ihr Lebenswerk in der gleichen Haltung weiterführen. Bei Götz Werner ist das dessen Sohn Christoph oder bei Dirk Roßmann dessen Sohn Raoul. Ein Beispiel für eine Unternehmerin in dieser Kategorie ist für mich Sarna Röser. Kennst du sie? Sie ist nicht nur Nachfolgerin der väterlichen Zementfirma Karl Röser & Sohn und damit schon die vierte Generation, sondern sie ist auch noch Vorsitzende bei den Jungen Unternehmern." Sylvia suchte kurz etwas auf dem Laptop und zeigte mir ein Foto aus einer Telco mit ihr. „Ich habe sie im letzten Jahr kennengelernt, weil wir beide als Speaker für ein Innovationsevent geplant waren. Sie hat mich auch menschlich beeindruckt. Ihr Engagement beim Verband der Familienunternehmer führt sie übrigens eng abgestimmt mit ihrer Familie aus, denn natürlich hat sie dadurch viel weniger Zeit für die heimische Firma. Noch ein Name aus dieser Riege: Kennst du Christian Miele, als Vertreter der Miele-Familie? Er ist ein Urenkel des Gründers vom Hausgerätehersteller und Neffe des derzeitigen geschäftsführenden Gesellschafters Markus Miele. Auch er engagiert sich nebenher, ist Präsident Bundesverband Deutsche Startups e.V.

Er vergibt Venture Capital, hat sich aber dabei ein gutes Maß an Bodenständigkeit bewahrt. In einem Artikel wurde er mal mit den Worten zitiert 'Wir sind Staubsaugervertreter für Venture Capital.'[13] Fand ich sehr amüsant." „Die kenne ich alle", sagte ich, erstaunt über das fehlende Bewusstsein bei der Assistentin vom Unternehmernetzwerk für diese Namen. „Na klar. Sarna Röser ist ja oft in Talkshows zu sehen." „Ja", bestätigte Sylvia, „manche dieser Unternehmer stehen stark in der Öffentlichkeit, über andere findest du kaum etwas in den Medien. Grundsätzlich schauen wir aber leider in unserer Gesellschaft viel zu oft nur auf das, was in Konzernen passiert. Oder wir richten den Blick auf ein paar gehypte Startups, in der Hoffnung, mit ihnen das 'nächste Unicorn' zu erleben. Dabei vergessen viele die Hidden Champions im Mittelstand, die aber immer noch das Rückgrat der deutschen Wirtschaft ausmachen.

Unternehmer im Mittelstand haben immer noch die meisten Beschäftigten. Trotzdem engagieren sie sich. Ich habe ein gutes Beispiel. Du kennst den dm-Gründer Götz Werner?" Ich nickte. Sylvia fuhr fort. „Wusstest du, dass er bekannt ist für seine betont antiautoritäre Unternehmensfuhrung? Er war Gastprofessor an der Alanus Hochschule bei Bonn und hatte bis 2010 sogar einen Lehrstuhl fur Entrepreneurship an der Uni Karlsruhe. Als ich 2010 eine Doktorarbeit angefangen hatte, bin ich bei meiner Forschung auf ihn gestoßen. Es gab damals einen neuen Managementansatz, das Dialogische Management, für das er sein Unternehmen bereitwillig als Experimentierfeld zur Verfügung gestellt hatte. So hatte er für die dm-Azubis interdisziplinäre Fächer wie Schauspiel in den Ausbildungsplan aufgenommen. Auch in Punkto Eigenverantwortung ging er ganz neue Wege, indem er die Leitung von dm-Märkten für eine begrenzte Zeit an die Auszubildenden übertrug. Das hat mich damals beeindruckt, ebenso wie der Fakt, dass er bekennender Anthroposoph ist und sich für das bedingungslose Grundeinkommen einsetzt.

Zu diesem Thema hat er sogar Bücher geschrieben: 'Sonst knallt's!' wurde zum Bestseller. Übrigens ist auch Dirk Roßmann mit einem Ökothriller in diese Riege aufgeschlossen. In 'Der neunte Arm des Oktopus' beschreibt er die Folgen des Klimawandels", schloss Sylvia ab. „Verstehst jetzt, was ich mit 'großartig werden' meine, wenn also ein Unternehmer die ganze Power seiner Rolle in die Waagschale wirft, um Themen für die Gesellschaft voranzubringen?" Ich nickte. Langsam wurde mir klar, was Sylvia damit meinte. Und ich verstand rückblickend auf mein Gespräch mit Ulrich plötzlich, was ich damals nur unterbewusst registriert hatte: Genau in diese Richtung ging er auch. Ich war elektrisiert. Bisher hatte ich nur meine eigenen Firmen ans Laufen gebracht, aber noch nichts außerhalb davon gemacht. „Ich finde das schon toll", gab ich zu. „Wie kann denn für mich der Weg dahin aussehen?" „Warte noch einen Moment", erwiderte Sylvia. „Wir nehmen uns das gleich nach dem Mittagessen vor, wenn wir ausführlich am Rad und deinem Kern arbeiten. Für den Anfang reichen ein paar Fragen, die dich in diese Richtung führen:

☐ Was will das Leben von dir?

☐ Was sollst du in diese Welt bringen?

☐ Welche Spuren willst du hinterlassen?

Und hier noch zwei prägnante Fragen. Sie stammen von Sohan Anne Boeing, die gleichzeitig Unternehmerin und spirituelle Lehrerin ist:

☐ Wenn Gott dich aus drei Zutaten gebacken hätte, welche wären das?

☐ Für was würdest du dich ans Kreuz nageln lassen?

Schreib das doch nochmal kurz für dich auf, damit wir nachher damit arbeiten können." Sie reichte mir einen Zettel mit diesen Fragen herüber. Ich nahm mir eine halbe Stunde Zeit, um meine Antworten aufzuschreiben. Sylvia war derweil ins untere Stockwerk gegangen. Die Fragen hatten einen eigenartigen Effekt auf mich. Was das Leben von mir wollte? So herum hatte ich es nie betrachtet. Ich hatte immer nur auf das geschaut, was ich erreichen wollte. Ich kaute gedankenverloren auf der Kappe von meinem Stift herum. Und was ich in diese Welt bringen sollte? Zuerst fiel mir nichts ein, dann plötzlich kam mir ein Geistesblitz. Wie von selbst flog der Stift übers Papier.

Na, das würde spannend werden nach dem Mittagessen. Sylvia kam wieder hoch. „Und, hat es geklappt?" kommentierte sie, als sie das vollgeschriebene Blatt sah. „Schön, freut mich. Bevor wir gleich in die Kantine gehen, möchte ich noch zwei Sachen machen: Einmal dir einige Beispiele geben, um konkret zu machen, warum diese Fragen wichtig sind und was dahinter steckt. Dann möchte ich dir noch einige Vorbilder aus meinem direkten Unternehmerumfeld zeigen, die vielleicht greifbarer als die der ganz Großen sind. Und dann will ich dich auch noch vor einer Gefahr warnen, die auf deiner Reise auf dich lauern kann. Passt?"

# Was will das Leben von dir?

Sie setzte sich mir gegenüber. „Ok, erstmal zum Hintergrund der Fragen. Dahinter steckt die Idee, dass du auf diese Welt kommst, weil du einen Sinn verfolgen sollst. Sie ist nicht neu. Schon Platon hat dieses Phänomen beschrieben. Er spricht von einem 'Dämon', mit dem du auf diese Welt kommst. Es ist der Zweck, den du in diesem Leben bewirken sollst, oder, wenn du es spiritueller magst, der Grund, warum du in dieses Leben geschickt wurdest. Dieser Lehre nach hast du dein Leben mit dem Ziel begonnen, eine nächste Bewusstseinsstufe zu erreichen.

Aber: Du hast diesen Zweck nach deiner Geburt vergessen. Trotzdem ist er da und will sich dein ganzes Leben hindurch bemerkbar machen. Wie ein Freudscher Versprecher blitzt er immer wieder durch. Kennst du das? Dir kommen Gedanken oder Ideen, bei denen du dich fragst: 'Wo kommen die denn jetzt gerade her?', die vielleicht in den jeweiligen Umständen absurd und unpassend wirken. Oder aber du befindest dich in einer ganz neuen Situation, und trotzdem kommt sie dir seltsam vertraut vor, so als hättest du sie schon einmal erlebt. Das sind dann solche unbewussten Anspielungen auf deinen vergessenen Zweck. Dahin zu kommen, ihn wiederzufinden, das triggern diese Fragen."

„Das ist ja mal interessant", sagte ich und dachte direkt an einige Situationen, bei denen mir genau so etwas früher schon einmal passiert war. Ich blickte auf meine Notizen auf dem Blatt vor mir. Tatsächlich. Das, was ich eben aufgeschrieben hatte, war mir so manches Mal früher zwischendurch wie aus dem Nichts in den Sinn gekommen. Nein, oder? Von Platons Dämon hatte ich noch nie vorher gehört, beschloss aber, gleich nach unserer Session alles darüber nachzulesen.

**Spuren hinterlassen.** Sylvia sprach schon weiter. „So, und jetzt wie versprochen einige Beispiele. Zuerst möchte ich eine Erinnerung aus meiner Kindheit mit dir teilen. In der Grundschule hatte ich eine Lehrerin, die ich sehr verehrt hatte. Ich mag damals so acht, neun Jahre gewesen sein, als sie mir in mein Poesiealbum schrieb: 'Gehe nicht nur die glatten Straßen. Gehe Wege, die noch niemand ging, damit du Spuren hinterlässt und nicht nur Staub.'" Sie wischte nachdenklich einen Krümel von der Tischplatte. „Das ist ewig her. Damals habe ich das gar nicht richtig verstanden, was sie meinte. Heute ist das anders.

Ihr Spruch ist fast eine Leitlinie für mein Leben geworden, und im Grunde hat sich mein Leben auch so entwickelt, wie es der Spruch nahelegt, mit vielen Brüchen und überhaupt nicht glatt. Aber, und das weiß ich heute und möchte ich dir mitgeben: Deine Vision, die Botschaft, die du in die Welt bringen sollst, kristallisiert sich durch Reibung heraus. Du siehst etwas in der Realität, das anders ist als wie du denkst, dass es sein müsste. Daraus entwickelst du dann die Energie, etwas zu tun.

Morgen, wenn wir die Übertragung aufs Business machen und an der Vision für dein Unternehmen arbeiten, schauen wir uns das genauer an. Macht das Sinn für dich? Es geht in deinem Leben nicht darum, durchzukommen ohne aufzufallen. Sondern darum, diese Welt besser zu hinterlassen. Größe zu zeigen, Verantwortung zu übernehmen, Spuren zu hinterlassen und hoffentlich trotzdem diese Dinge mit Freude zu tun und persönlich zu wachsen." Sie lächelte. „Das heißt nicht, dass du dich nicht anstrengen musst, um das zu erreichen."

# Gemeinsamkeiten großartiger Menschen

„Die großen Persönlichkeiten in der Geschichte hatte alle etwas gemeinsam. Sie waren sich vollkommen klar, was sie erreichen wollten. Was gab ihnen die Kraft, dafür zu kämpfen? Immerhin setzten sie sich standhaft für eine zukünftige Wirklichkeit ein, die es noch nicht gab und mit der sie aneckten. Das Feedback, das sie von ihrer direkten Umwelt bekamen, war oftmals desaströs. Trotzdem kämpften sie.

**Unerschütterlicher Einsatz für die große Vision.** Warum? Weil sie das, worauf sie tagtäglich hin arbeiteten, schon vorher in ihrem Inneren sahen. Weil sie ihre Vision schon als eine Realität vor Augen hatten, an die sie fest glaubten und die genau deshalb Wirklichkeit werden konnte. Ihr Denken eilte somit im wahrsten Sinne des Wortes ihrer Zeit voraus. Nimm zum Beispiel Jeanne d'Arc bzw. Johanna von Orleans, wie sie auf deutsch heißt.

Sie ist eine französische Nationalheldin, weil sie die Engländer zwang, die belagerte Stadt Orleans aufzugeben. Und das 1430 - als Frau. Zu ihr habe ich eine ganz besondere Beziehung, weil mich einmal ein Kollege als 'Jeanne d'Arc für mein Thema' bezeichnet hat. Jeanne d'Arc wurde als verrückt bezeichnet, weil sie eine Vision hatte, die so ganz anders war als ihre damalige Lebenswirklichkeit. Sie stellte die vorherrschenden Überzeugungen ihrer Zeit in Frage. Damit wurde sie zu einer Bedrohung des politischen Systems. So mancher ihrer Zeitgenossen bezeichnete ihre Vision als unrealistisch, als undenkbar.

Stimmt - sie war 'Unsinn', im wahrsten Sinne des Wortes, weil völlig außerhalb von allem, was damals gemeinhin als sinnvoll angesehen wurde. Trotzdem hat sie standhaft dafür gekämpft und letztlich, wenn auch nicht zu Lebzeiten, den Lohn eingefahren. Sie wurde später als tugendhaft und rechtschaffen gefeiert. Warum ich sie so mag: Sie ist unverrückbar für ihre Überzeugungen eingestanden. Das ist einer meiner Kernwerte. Als ich damals zu Microsoft gegangen bin, dachte ich, dass Rebellen in der einstigen Garagenfirma von Bill Gates genau richtig sind - von wegen. Damals zumindest war Microsoft von der Unternehmenskultur her ein Tanker, bei dem die gleichen Prozesse in Südkorea wie in Deutschland angewendet werden mussten. Das mag heute anders sein, aber im damaligen System bin ich mehr als einmal angeeckt, so sehr dass besagter Kollege mich zwischenzeitlich mit Jeanne d'Arc verglich. Er hatte sogar Recht: Wenn es um meine unverrückbaren Überzeugungen geht, halte ich dagegen - auch wenn das manchmal nicht klug ist.

Auch ich musste lernen, dass man manche Kämpfe, gerade mit Ranghöheren in Hierarchien, nicht gewinnen kann. Es macht mehr Sinn, sich aus solchen Umgebungen herauszuziehen. Das ist zum Glück heute anders als früher bei Menschen wie Jeanne d'Arc, die für ihre Überzeugungen bis auf dem Scheiterhaufen gelandet sind. Das passiert uns heute nicht mehr. Mittlerweile gibt es andere Wege und Möglichkeiten zu reagieren. Die gleiche Überzeugung war zu sehen bei Gandhi. Auch er hatte eine Vision. Wenn auf ihn ein Wort zutrifft, dann ist das Beharrlichkeit. Er ließ sich durch die äußeren Geschehnisse nicht von seiner Vision weglotsen.

Die Ängste, die er sicherlich hatte, ließ er jedenfalls nie so stark werden, als dass sie ihn vom Weg abgebracht hätten. Auch war es ihm im Grunde egal, wie lange es dauern würde, seinen Traum von Freiheit in die Wirklichkeit umzusetzen. Er hat Jahrzehnte darauf hingearbeitet. Sein Glaube daran, dass er sein Ziel irgendwann erreichen würde, blieb unerschütterlich. **Sie sind Beispiele dafür, wie starke Überzeugungen wirken.** Aber gerade in der US-amerikanischen Ratgeberliteratur wird dieses Denken zu stark auf die Spitze getrieben.

# Warum es keine Abkürzungen gibt

Nicht wenige Unternehmer schwören auf Gedanken wie in 'The Secret' von Rhonda Byrne[4] oder in 'Ein neues Ich' von Joe Dispenza[14]. Letzteres Buch hat übrigens den Untertitel: 'Wie Sie Ihre gewohnte Persönlichkeit in vier Wochen wandeln können'. Der Untertitel ist dabei Programm. Nach dieser Auffassung hast du es in der Hand, was dir im Leben widerfährt. Die Kernthese ist, dass deine Gedanken dein Leben erschaffen. Dahinter steht das Gesetz der Anziehung: Gleiches zieht Gleiches an. Sprich: Wenn du auf der Frequenz von Angst schwingst, trägst du dazu bei, dass deine schlimmsten Befürchtungen eintreten. Wenn du innerlich einen Mangel fühlst, wird er sich erst recht in deinem Außen manifestieren.

Also wenn du beispielsweise einen finanziellen Engpass hast und dich um deine Zukunft sorgst, wird das Geld auch weiterhin nicht bei dir sprudeln. Umgekehrt besagt dieses Gesetz: Wenn du furchtlos bist und nur fest genug an dein Ziel glaubst, dann wirst du auch schon erfolgreich. Das geht nach Lesart solcher Autoren soweit, dass du selbst für einen freien Parkplatz in der Innenstadt sorgst, wenn du dir nur deiner Sache sicher genug bist. Das mächtigste Gesetz im Universum, behaupten Autoren wie Byrne, sei eben das Gesetz der Resonanz.

**Aufs Business bezogen heißt ihr Ratschlag:** Wundere dich also nicht, dass nichts so richtig klappt, wenn deine Gedanken noch nicht weit genug sind. Damit könntest du Kunden sogar rein durch deine Einstellung von dir wegschieben. Ich habe so ein Gedankengut selbst vor einigen Jahren, zu Beginn meiner Selbständigkeit, erlebt. Nach einem Netzwerktreffen hatte ich eine gemeinsame Rückfahrt mit einer Familienunternehmerin. Sie fragte, wie es bei mir gerade laufen würde. Ich erzählte offen davon, dass ich mir noch weitere Kunden wünschen würde. Sie schaute mich daraufhin an, runzelte die Stirn. Für mich damals völlig überraschend meinte sie: 'Was machst du falsch, dass du immer noch nicht die richtigen Kunden anziehst?' Ich war wie vor den Kopf geschlagen und habe zuerst überhaupt nicht verstanden, was sie meinte. Sie musste meine Verwirrtheit bemerkt haben und erklärte: 'Für alles, was im Außen entsteht, bist du selber verantwortlich. Wenn du jetzt noch nicht genug Kunden hast, dann ist eben noch etwas falsch in deinem Denken falsch.' Ich weiß noch wie heute, wie empört ich war und wie übergriffig ich ihre Worte fand. Das ist starker Tobak. Das Beispiel der Unternehmerin zeigt klar, wie verstörend ein solches Gedankengut wirken kann - insbesondere dann, wenn der andere sie seinem Gegenüber ungebeten aufs Auge drückt. Schauen wir uns einmal genauer an, was dahinter steckt.

**Starke Überzeugungen funktionieren.** Immerhin enthält auch diese Sichtweise ein Körnchen Wahrheit. Es ist tatsächlich so: Starke Überzeugungen wirken. Wenn du zuversichtlich bist und an eine Sache glaubst, dann hast du eine größere Chance auf einen erfolgreichen Ausgang. Du wirst eine Verhandlung eher gewinnen, wenn du von deinen Produkten oder deiner Leistung überzeugt bist. Bist du beispielsweise Vertriebler, steigt deine Chance auf einen Abschluss. Warum?

- **Du strahlst Selbstsicherheit aus.** Dein Gegenüber wird das spüren.

- **Wenn du an etwas glaubst, dann gibst du auch nicht so schnell auf.** Du wirst unweigerlich auf Widerstände stoßen, wenn du auf eine größere Sache hinarbeitest. Mit einer starken Überzeugung bleibst du bei der Stange und startest mit größerer Wahrscheinlichkeit selbst dann noch weitere Versuche, wenn die ersten schief gehen.

- **Wenn du ein klares Ziel hast, dann weißt du, wohin du willst.** Du verschwendest deine Zeit weniger mit unnötigen Dingen und verzettelst dich nicht. Ein klares Ziel diszipliniert dich also und gibt dir einen Maßstab an die Hand, um Wichtiges von Unwichtigem zu unterscheiden.

- **Zusammengefasst: Das stimmt im Kern an Thesen wie 'The Secret'**
  - dein Fokus richtet sich auf ein Ziel
  - sie können dich zu Schlagzahl, Fleiß, Disziplin, Durchhalten motivieren.

„Ich kenne 'The Secret'. Ich habe sogar schon den Film angeschaut", erklärte ich. „Ich fand den allerdings reißerisch, und mir hat er nicht so viel gegeben. Vielleicht bin ich ja viel zu nüchtern für solche Themen." Es musste ja auch Vorteile haben, spann ich den Gedanken innerlich weiter, wenn mich manche wie einen Freak empfanden, eben weil ich anders war als sie. Zwischen meinem Geschäftsführer und mir war es jedenfalls tatsächlich erst besser geworden, als ich ihm in einer ruhigen Stunde zwischendurch einmal meine Besonderheit erklärt hatte. „Jetzt verstehe ich es", hatte er anschließend gesagt, und seitdem lief es tatsächlich besser zwischen uns. Ich kehrte aus meinen Tagträumen zurück und richtete meine Aufmerksamkeit wieder auf das Hier und Jetzt.

# Ziele, die du nicht erreichen kannst

Sylvia trank einen Schluck von ihrem Tee. „Bevor wir noch auf eine weitere Gefahr kommen: Erstmal finde ich klasse, dass du auch in die Richtung vom nachhaltigen Unternehmer gehen willst", lobte sie. „Du sitzt jetzt hier und machst dich damit auf den Weg, da hinzukommen. Das heißt, dass du also nicht nur redest, sondern bereit bist, ernsthaft an dir zu arbeiten. Du hast das richtige Mindset, und du hast dir die nötige Zeit freigeschaufelt. Deshalb habe ich keinen Zweifel, dass es klappen wird. Aber: Auf eine Sache solltest du bei deiner Suche allerdings achten. Im Vorgespräch hatte ich dir ja versprochen, dass wir nochmal näher auf das Bild vom Feuervogel eingehen. Ich denke, das passt jetzt an dieser Stelle.

**Warum Goldgräberzeiten auch nicht nur glücklich machen.** Heute haben viele schon zu einem relativ frühen Zeitpunkt ihres Lebens einiges erreicht. Das trifft ja auch auf dich zu, oder? Gerade für pfiffige Unternehmer, die neue Geschäftsmodelle erkannt und ihre Chancen genutzt haben, waren die letzten Jahre Goldgräberzeiten. Sie konnten sehr schnell ziemlich wohlhabend werden. Jetzt sind sie dann wie du Mitte 30 und merken nach den ersten, oft sehr erfolgreichen Jahren:

Irgendwie macht sie ihre unternehmerische Tätigkeit nicht wirklich zufrieden. Einen größeren Sinn sehen sie nicht darin. Dann fragen sie sich: Was jetzt? Welchen Weg sollen sie gehen? Hinzu kommt, dass sie ihr privates Leben oft komplett aufgeschoben haben. Eine Bekannte von mir ist typisch dafür. Sie hat alle sonstigen Themen wegen ihrem geplanten Exit für ein paar Jahre nach hinten geschoben. So hat sie keine Beziehung. Ihr Traum, im Ausland zu leben, ist erstmal auf Eis gelegt, denn die Investoren fordern ihre physische Vor-Ort-Präsenz in der Firma. Ihre sonstigen Wünsche hat sie verschoben auf später, wenn es dann mit dem Exit geklappt hat. Dann will sie in exotische Länder reisen, vom Pool aus arbeiten, nur noch Projekte machen, die ihr Spaß bringen, sich dann auf die Suche nach einer neuen Partnerschaft machen.

Jeder von uns muss sich die Frage stellen, was er bereit ist, in Kauf zu nehmen. Diese Unternehmerin hat ihr Leben zurückgestellt für etwas, von dem sie gar nicht wirklich weiß, ob es dazu kommt, denn so einen Exit hast du ja nicht in der Tasche. Es kann klappen, muss es aber nicht. Die Lebenszeit kommt jedenfalls nicht wieder. Für mich wäre das nichts. Ich habe auf drastische Art und Weise durch Krankheit und Schicksalsschläge gelernt, dass ich gar nichts mehr auf die lange Bank schiebe. Aber wie gesagt, das muss jeder für sich selbst entscheiden." Sylvia blickte vor sich hin.

**Achtung: Noch eine Gefahr.** „Auf der anderen Seite kann die Suche nach einer neuen Lebensausrichtung auch fast verzweifelt wirken. Ich habe ein anderes Beispiel von einer Unternehmerin, die in der Vergangenheit sehr erfolgreich war. Seit einem Jahr besucht sie Seminare zur Persönlichkeitsentwicklung. Aber nicht nur eines oder zwei, sondern sie verbringt den Großteil ihrer Zeit damit. Im Grunde ist sie geradezu krampfhaft auf der Suche nach einem Deckel für alle ihre Aktivitäten, nach ihrer großen Vision.

Sie ist ein heller Kopf, aber sie ruht überhaupt nicht in sich und kann deshalb auch nicht sagen, wofür sie steht. Angetrieben ist sie von einem Mangel in ihrem Inneren und könnte deshalb zumindest im Moment überhaupt noch nicht nichts an die Gesellschaft zurückgeben. Mittlerweile vernachlässigt sie sogar ihre derzeitigen Kunden. Sie hängt relativ vagen Träumen für ihr weiteres Leben nach, von denen aber noch gar nicht klar ist, ob sie erreichbar und für sie zielführend sind. Ihr fehlen dafür wichtige Voraussetzungen in ihrem Innern. Was steckt hinter so einer Suche?

**Viele Hochleister jagen einem Feuervogel nach.** Das ist ein Bild, das wir im Kopf haben und das uns so zeigt, wie wir sein wollen. Der Begriff 'Feuervogel' stammt ursprünglich aus einem Ballett von Igor Strawinsky[15]. Er nimmt Bezug auf eine Legende, bei der ein Vogelfänger in einem Wald nach dem sagenumwobenen Gelbschopf-Feuervogel sucht. Nur: Diesen Vogel gibt es gar nicht. Er existiert nur auf Bildern und in der Fantasie vom Vogelfänger. Trotzdem lässt er nicht von seiner Suche ab. Im Gegenteil, er sucht so verzweifelt, dass ihm komplett entgeht, was eigentlich für prächtige lebendige Vögel ringsum unterwegs sind. Übertragen auf Unternehmer heißt das, dass uns manchmal die unmittelbare Erfahrung des Lebens entgeht. Der Feuervogel ist unser Ideal-Ich. Es besteht aus unbewussten Vorstellungen über uns selbst, also darüber wie wir denken, dass wir schon sind. Das ganze Leben lang sammeln wir Erfahrungen und Gefühle an, die diese Vorstellungen formen. Damit haben wir emotional stark aufgeladene Bilder im Kopf. Und wie beim Vogelfänger suchen wir in allen Situationen sozusagen ein schillerndes, verloren gegangenes Selbst, von dem wir denken, dass es uns glücklich machen wird. Die meisten Menschen sehen in dieser Idealvorstellung das Beste von sich.

In der Folge sind sie nicht zufrieden mit ihrem heutigen Ist-Zustand, weil er dem Vergleich mit ihrem Ideal nicht standhält. Aber, und das ist bitter: Wie beim Feuervogel ist das Ideal-Ich eine Illusion, die uns nur weiter weg von der Wirklichkeit bringt und letztlich von unserem eigenen Glück entfernt. Unweigerlich kommen Momente, in denen wir scheinbar stranden, weil das Leben ganz anders läuft als in unserer Vorstellung. Wir scheitern bei wichtigen Themen, werden mit unserer relativen Bedeutungslosigkeit konfrontiert, erleben uns als schwach und vergänglich, merken, dass wir nur wenig wirklich kontrollieren.

**Wie kannst du dem vorbeugen?** Erstmal: Indem du überhaupt erkennst, was da eigentlich passiert. Wenn du unrealistische Vorstellungen vom Ideal-Ich hast, indem du diese durchschaust. Indem du deinen unbewussten Bildern auf die Spur kommst, verstehst du, woran du deinen Erfolg eigentlich misst. Das Stärkste, was du tun kannst, ist hin zur unmittelbaren Erfahrung zu kommen.

Du solltest authentisch und im Hier und Jetzt leben. Sei dankbar für das, was du schon hast. Und wenn du wieder Gefahr läufst, dich kritisch zu beurteilen: Versuche dich zu entspannen. Wir sind nicht perfekt. Authentisch zu leben heißt, dass du dich mit all deinen Schwächen akzeptierst und dir verzeihst, wenn du etwas nicht so gut gemacht hast. Beim nächsten Mal machst du es eben besser. Die Situationen im Leben sind deine Spielwiese, deine Lernplattform. Zwei Eigenschaften helfen dir dabei:

- **Erstens: Humor.** Mit nichts wappnest du dich so gut, als wenn du auch mal über dich selbst, über deine Irrwege und Fehler lachen kannst.

- **Zweitens: Demut entwickeln.** Das ist mehr eine Haltung als eine Eigenschaft. Ultimativ, wenn wir ehrlich sind, kontrollieren wir eigentlich gar nicht soviel im Leben. Das zu akzeptieren kann schmerzen. Aber mit der Erkenntnis kommt oft auch die Erleichterung. Du musst nicht ständig irgendeinem Feuervogel nachjagen. Damit ist der Weg frei für etwas viel Besseres: Für die Zuversicht, dass du bewältigen wirst, egal was kommt. Und für ein gesundes Urvertrauen, dass am Ende etwas Gutes für dich herauskommen wird. Nichts entspannt mehr.

Es entstand eine Pause. Sylvia sah mich prüfend an. „Das war jetzt ziemlich philosophisch, oder?", kommentierte sie. „Aber keine Sorge, wir werden gleich sehr konkret. Aber dieser Punkt ist wirklich wichtig, eben weil viele so krampfhaft nach etwas suchen und gefühlt niemals ankommen. Das tut mir immer in der Seele weh." „Keine Sorge", sagte ich, „mit dem Philosophischen kannst du mich nicht schocken. Das fand ich jetzt richtig gut. Außerdem verstehe ich das Bild vom Feuervogel nochmal viel besser als im Vorgespräch."

**Dankbarkeits-Tagebücher und ähnliche Tools.** „Freut mich", merkte Sylvia an. „Viele Tools, die von Coaches heute gelehrt werden, sollen dir genau diese Suche erleichtern und Zugang zu deinen unterbewussten Bildern geben. Am Bekanntesten ist vielleicht in den letzten Jahren

das Dankbarkeits-Tagebuch geworden. Das kennst du, oder?" Ich nickte. „Klar." „Dann nur noch mal kurz dazu, was es mit deinen inneren
Bildern zu tun hat. In dein **Dankbarkeits-Tagebuch** schreibst du täglich, entweder gleich morgens oder am Abend, drei, fünf oder mehr
Dinge auf, die dir über Tag oder am vergangenen Tag begegnet sind
und für die du dankbar bist. Das sind nicht nur große Sachen, es können auch Kleinigkeiten sein. Über die Zeit siehst du dann eine Entwicklung. Es gibt auch noch andere Varianten von Dankbarkeits-Ritualen,
aber das ist das Grundprinzip. Letztlich geht es darum, dass du dich
umprogrammierst und einen positiven Blick auf deine Umstände entwickelst.

Denn was du schwarz auf weiß aufgeschrieben hast, kannst du
auch selbst nach einem Jahr nicht mehr wegdiskutieren. Alle diese
Übungen bringen dich also weg von Bildern, die nur in deinem Kopf
existieren." Sylvia lächelte. „Weg vom Feuervogel also." Sie öffnete die
Schreibmappe, die vor ihr lag, und zog ein weiteres Blatt heraus. „So.
Bevor wir uns noch zwei Fallbeispiele von Unternehmern anschauen,
die gerade den Weg zum nachhaltigen Unternehmer gehen, habe ich
hier noch eine kleine Übung.

Teste doch einmal, ob du auch einem Feuervogel folgst. Hier sind die
Fragen."

## *Teste dich selbst: Jagst du etwas Unerreichbarem nach?*

Wie stark strebst du einem Ideal-Ich nach? Hast du das Gefühl, dass

☐ du öfter eine Fassade aufsetzt?

☐ dir dein Image nach außen sehr wichtig ist?

☐ du dich ständig beweisen musst?

- ☐ du im Beruf erfolgreich sein musst?

- ☐ du gut aussehen musst?

- ☐ du dich mit Glamour umgeben solltest?

- ☐ du Bewunderung von anderen brauchst?

- ☐ du ein klares Bild von dir hast, dem du aber nicht entsprichst?

Ich nahm mir ein paar Minuten Zeit und dachte über diese Fragen nach. So ganz frei davon bin ich nicht, stellte ich fest. Ehrlicherweise war mir schon wichtig, dass mich mein Umfeld als den erfolgreichen Shooting Star sah, der sich aus dem Dorf in eine andere Welt vorgekämpft hatte. Wenn ich in mein Elternhaus zurückkehrte, genoß ich es, durch die Straßen zu gehen und die prüfenden Blicke der Dorfbewohner zu spüren. „Sie denken, dass ich es geschafft habe", war mir öfters durch den Kopf gegangen. „Ich bin derjenige, der weggegangen ist und was aus sich gemacht hat."

Das hatte mich jedesmal fast mit Triumph erfüllt, stellte ich jetzt fest. Bisher hatte ich mir nie darüber Gedanken gemacht. Ertappt lächelte ich und dachte, wie wichtig mir das doch war. War das mein Feuervogel? Ging es mir um meine Außenwirkung als 'der Erfolgreiche', als 'der Unnahbare', dem niemand etwas anhaben konnte? Wie sehr brauchte ich dieses Image? Sylvia war schon einen Schritt weiter gegangen. „So, und jetzt zwei tolle Vorbilder von Impact-Unternehmern, die dir vielleicht vom Alter und Geschäftsmodell her näher sind als Dirk Roßmann oder Götz Werner. Es sind übrigens junge Frauen, Nachwuchs-Unternehmerinnen, was mich besonders freut. Bei ihnen", schloss Sylvia, „kann man wirklich davon sprechen, dass sie für ihre Sache brennen."

→ **Speiseeis ohne Kuh**. Rebecca Göckel ist erst 25 Jahre alt, hat aber mit ihrer veganen Eiscreme „NOMOO" (steht für: Eis ohne

Kuh) schon eine echte Marke im Lebensmittelmarkt aufgebaut. Ihr Anliegen, etwas für die Umwelt zu tun, hatte sich schon während ihres Studiums zum Bachelor in Medien und Kommunikation herauskristallisiert, als sie und ihr Mitgründer Jan Grabow die Dokumentation Cowspiracy gesehen hatten. Sie wollten CO2-Emissionen einsparen und Menschen die Möglichkeit geben, sich nachhaltiger und genussvoller zugleich zu ernähren. Gerade erst 20 Jahre alt, hatte sie sich mit ihrem künftigen Mitgründer die Lebensmittel im Supermarkt unter diesem Fokus angeschaut - und war schließlich bei Eiscreme gelandet. Ihre Vision: Ein Lebensmittel neu zu erfinden, das sehr gut schmeckt und gleichzeitig die Umwelt weniger belastet als die bisherigen Vorgänger-Produkte.

Persönlich zeichnet sich Rebecca vor allem durch Ehrgeiz, Disziplin und Optimismus aus. Schon im frühen Kindesalter hat sie zahlreiche Preise bei großen Klavierwettbewerben erspielt. Seit sie 15 Jahre war, hat sie die Moderationsakademie von Carmen Thomas besucht, die in den 70er Jahren als erste Frau das aktuelle Sportstudio moderierte und fortan zu ihrer Mentorin wurde. Aktuell expandiert Rebecca mit ihrer Marke ins Ausland. Nach wie vor ist ihr Lebensstil minimalistisch, denn Nachhaltigkeit bedeutet für sie auch, den eigenen Konsum zu reduzieren.

Ob es das Fahrrad in der Stadt ist, der grüne Strom oder Kleidung, die über mehrere Jahre hält: Ihre Überzeugung ist, dass jeder einzelne einen Beitrag leisten kann, auch privat. Beruflich möchte Rebecca ein großes Zeichen setzen und den gesamten Markt für Milchspeiseeis verändern. Sie ist sich sicher, dass pflanzliches Eis in 10 bis 20 Jahren der neue Standard sein wird und findet, dass jede Kategorie im Lebensmittelbereich nachhaltiger, gesünder und gleichzeitig genussvoll werden sollte.

REBECCA GÖCKEL, NOMOO

→ **Hautarzt per App.** Dr. Alice Martin und Dr. Estefanía Lang sind Gründerinnen von Dermanostic, einem Startup, das telemedizinische Behandlungen für Patienten mit Hauterkrankungen anbietet. Zusammen mit ihren Ehemännern - alle vier sind ausgebildete Ärzte - betreiben sie seit Herbst 2019 ein Portal für solche Anfragen. Es war nicht ihre erste unternehmerische Erfahrung: Bereits vorher hatten sie Online-Weiterbildungskurse für Ärzte entwickelt. Die Idee war entstanden, als immer mehr Freunde und Familienmitglieder Nachrichten via Whatsapp aufs Handy schickten, mit der Bitte, doch mal eben eine Meinung zu Hautveränderungen abzugeben und eine Behandlung zu empfehlen. Heute ist ihr System ausgereift und setzt auf künstliche Intelligenz, um immer bessere Diagnosen stellen zu können. Die Dermatologie als visuelles Fach eignet sich besonders für die digitale Mustererkennung und ist, je größer die zugrunde liegende Datenmenge ist, sogar dem menschlichen Auge überlegen. Das machen sich die Gründer zunutze und bauen eine umfangreiche KI-Datenbank auf. Ihre App zählt im Apple Store zu den meistgeladenen in der Kategorie Medizin. Die Patienten senden drei Bilder ihrer Hautveränderung zusammen mit einem Fragebogen an das Hautarztteam. Innerhalb von 24 Stunden erhalten sie eine Einschätzung. Die gesamte Übertragung geschieht anonym und verschlüsselt. Alice Martin und Estefanía

Lang sehen Dermanostic nicht als Ersatz für niedergelassene Hautärzte, sondern als Ergänzung. Sie wollen sich vor allem an Menschen wenden, die keinen Zugang zum Hautarzt haben wie beispielsweise aus Alten- und Pflegeheimen oder im Urlaub bei plötzlich auftretenden Hautveränderungen. Für 80% ihrer Nutzer ist kein weiterer Termin beim Hautarzt mehr nötig. Dermanostic ist über mehrere Business Angel investmentfinanziert.

**Hindernisse und Vorurteile auf dem Weg.** Der Weg dahin war dornig. Als Ärzte mussten sie sich bei Präsentationen vor potenziellen Investoren immer wieder die Frage nach ihrer betriebswirtschaftlichen Kompetenz gefallen lassen. Und als Mutter von zwei Kleinkindern schlugen Estefanía Lang Zweifel an ihrer Verfügbarkeit entgegen. Ihr Erfolg heute beweist, dass Hartnäckigkeit, Idealismus und eine klare Vision den Sieg davontragen. Das Start-up erfährt viel Beachtung. Die überregionale Wirtschaftspresse hat berichtet, und in der Wirtschaftswoche wurden die beiden Gründerehepaare in einem Artikel zeitgleich mit den Biontech-Gründern porträtiert, die den Corona-Impfstoff entwickelt hatten. Das Handelsblatt hat Alice Martin in einer gemeinsamen Initiative mit der Boston Consulting Group mittlerweile zur Vordenkerin in E-Health gekürt.

« *Dermanostic ist aus dem Bedarf heraus entstanden. Die Menschen brauchen so etwas. Unser Whatsapp war so voll mit Bildern, und jetzt können wir sagen haben wir die Vision. Aber ganz am Anfang war es nur dieses Gefühl.[...]*
*Zuerst war es die Vision, dass man so etwas entwickelt. Dann kam die Vision, dass wir gesagt haben, wir wollen es auf Englisch. Jetzt haben wir das, jetzt kommt der nächste Schritt, die weitere Expansion nach Europa. Die darauf folgende Vision, die wir gerade pla-*

*nen, ist tatsächlich, dass wir ein intelligentes System entwickeln, das die Ärzte nochmal in der Befundung entlastet. Und auch noch eine Vision von uns: Aktuell behandeln wir helle Haut. Wie ist das bei dunkler Haut? »*

— Dr. Alice Martin, Interview im August 2021

DR. ALICE MARTIN,
DERMANOSTIC

**Be the change you want to see in the world.** „Finde ich klasse", kommentierte ich spontan, beeindruckt von diesen beiden Beispielen. „Ja", sagte Sylvia, „es wird spannend zu beobachten, wie sie sich weiter entwickeln. Mit den Dermanostic-Gründerinnen habe ich einen Workshop zum Markteintritt durchgeführt, als sie noch am Anfang standen. Es freut mich sehr, dass sie heute so durch die Decke gehen. Eine ihrer Visionen ist übrigens, dass sie irgendwann nach Afrika expandieren und Menschen dort Hautarztbehandlungen ermöglichen, die hierzu noch nie Zugang hatten.

Bei Vorbildern wie ihnen fällt mir immer der Spruch ein 'You must be the change you wish to see in the world'. Der stammt übrigens auch von Mahatma Gandhi. Wenn ich sehe, dass immer mehr solcher Unternehmer, Frauen wie Männer, ihre Visionen auf Märkten von morgen umsetzen, dann ist mir nicht bange um die Zukunft", schloss Sylvia ab. Sie stand auf. „So. Und jetzt gehen wir rüber in die Kantine, was hältst du davon?"

## Nach dem Mittagessen

Wir hatten gut gegessen. Auf dem Firmengelände gab es ein Bistro, das ein einfaches Mittagsgericht und ein Salatbuffet anbot. Passt, dachte ich. Das Essen war genauso unprätentiös und bodenständig wie das ganze Gelände vom Weltkulturerbe. Wieder im Büro, dehnte ich mich auf dem Stuhl, erwartungsvoll. Sylvia hantierte noch im unteren Geschoss mit einigen Materialien, die sie jetzt einsetzen wollte. Gleich würden wir an meinem Kern arbeiten - was wohl herauskommen würde? Ich nahm mir noch einmal die Notizen zur Hand, die vor mir auf dem Tisch lagen und blätterte kurz durch das, was wir heute Morgen schon erarbeitet hatten.

Sylvia kam die Treppe hoch und lächelte, als sie mich lesend sah. Sie nahm mir gegenüber Platz und deutete auf das Chart mit meinen Zielen, das an der Wand hing. „So", sagte sie, „von der Agenda her arbeiten wir jetzt für den Rest des Tages an diesen drei Punkten

- Du willst wissen wofür du stehst.

- Du möchtest deine wirkliche Leidenschaft entdecken.

- Du möchtest eine Strategie für dein weiteres Wachstum.

Anschließend kümmern wir uns dann darum, wie du die verschiedenen Bereiche in deinem Leben in Balance bringen kannst. Morgen übersetzen wir dann all deine Ergebnisse auf deine Firmen. Passt?" Ich nickte, hatte aber doch noch eine Frage, die mir während des Essens in den Sinn gekommen war. „Du hast heute Vormittag schon viel über Firmenwachstum gesprochen. Dabei hast du gesagt, dass Wachstum nicht linear verläuft, sondern dass es ein Wachstumspfad ist. Du hast erzählt, dass es typische Wachstumshürden bzw. -schwellen gibt und dass jede davon wiederum mit Wachstumsschmerzen verbunden ist. Und dass mein Firmenwachstum zu mir passen muss, dass ich eine Strategie dafür brauche. Kannst du das nochmal näher erklären?" Sylvia überlegte kurz und klappte dann den Laptop auf, der vor ihr stand. „Ich zeige dir mal ein Chart, das sollte es klar machen." Sie drehte den Computer zu mir hin, so dass ich den Bildschirm sehen konnte. In Powerpoint war eine kleine Grafik geöffnet, die zwei verschiedene Phasen zeigte.

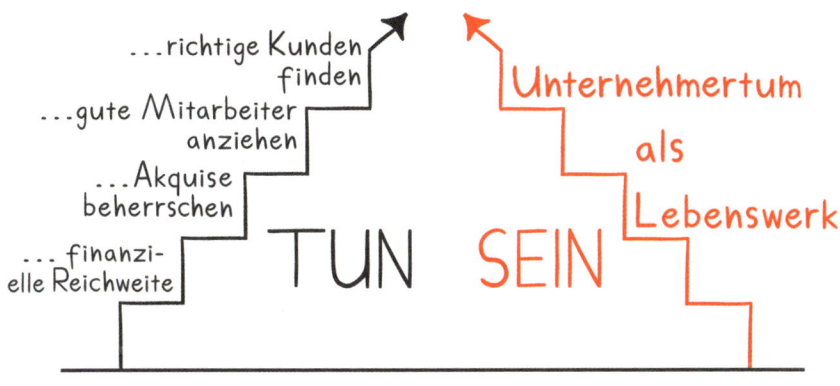

**ABBILDUNG 4.1: DIE ZWEI LEVEL VOM UNTERNEHMER-WACHSTUM**

„Ich fange mal von vorne an", sagte Sylvia. „Es gibt verschiedene Stufen bei deinem Wachstum als Unternehmer. Nicht jeder muss allerdings zwangsläufig alle Stufen erklimmen. Aber der Reihe nach."

# 5
# Grundlagen

## Unternehmer am Anfang: TUN

„Wie geht es einem Unternehmer typischerweise am Anfang, direkt nach der Gründung?", fragte Sylvia. „Ich sage das mal mit den Worten von Georg. Er ist IT-Unternehmer aus Stuttgart, Anfang 30, ein Kunde von mir. Er hat das mal sehr gut beschrieben: 'Wir haben einfach gearbeitet. Wir wussten gar nicht, dass es Unternehmertum gibt.' Sprich: Am Anfang deiner Laufbahn als Unternehmer geht es also meistens um Begrenzung – du stößt immer wieder auf den nächsten Engpass, der dein Wachstum hemmt. Zum Beispiel:

- Wie findest du die richtigen Kunden?

- Wie gute Mitarbeiter, um die Aufträge abzuarbeiten?

- Wie machst du Akquise?

- Wie baust du finanzielle Reichweite auf?

Ständig gilt es also, irgendeinen Mangel zu beheben und dafür eine Lösung zu suchen. In der Regel fordert das einen enormen Zeiteinsatz von dir. 60 Stunden plus jede Woche sind mehr Regel als Ausnahme. Das Facebook-Profilbild eines befreundeten Unternehmers bringt das auf den Punkt:

Entrepreneurship

Is
living a few years of your
life like most people won't,
So
that you can spend the
rest of your life like most
people can't.

**ABBILDUNG 5.1: ENTREPRENEURSHIP**

Das kann dich zermürben, besonders weil es für viele heißt: Egal welche Themen in deiner Firma anfallen, du bist daran beteiligt und fühlst dich verantwortlich. Bei Georg ist das seit fünf Jahren so. Damals wurde er zum alleinigen 100%-Gesellschafter, weil sein einstiger Mitgründer aus der GmbH ausgeschieden war. 'Ich bin überfordert', hat er mir offen gestanden. Sein größter Wunsch? 'Mich endlich nicht mehr täglich selber um die großen Akquisen zu kümmern.' Bei ihm löste das aktuelle Wachstum unterschwellig Ängste aus, ohne dass er genau sagen konnte, warum.

Ich erinnere mich noch gut an seine Worte." Sylvia malte unbewusst einige Kringel auf das Blatt vor ihr. „Er hat mir gesagt: 'Wir wachsen ja. Eigentlich sollte alles gut sein. Es fühlt sich aber nicht so an.' Sprich: Vieles war eben dann doch nicht gut", ergänzte sie. „Was Georg erlebt, ist typisch für Unternehmer am Anfang. Vielleicht kennst du das Gefühl auch noch von früher? Manchmal ist es nur ein diffuses

Gefühl à la 'Ich wünsche mir etwas anderes, weiß aber nicht so genau, was das ist' oder 'Etwas muss sich verändern, aber was?'" Sylvia hielt inne. „Sprich: Wenn du in dieser Situation bist, stimmt eine Grundfeste nicht. Du solltest erst einmal vorab festlegen, wohin du überhaupt willst. Dann erst kannst du 'die Tür suchen', sprich: an deinen Engpässen arbeiten." Sie öffnete die Schreibmappe vor ihr und holte eine Checkliste heraus:

## Teste dich selbst: Bist du in der Falle vom Unternehmer am Anfang?

☐ **Kannst du beantworten, wohin der Kurs von deinem Unternehmen führen soll?** Wo willst du in einem Jahr mit deinem Unternehmen stehen? Wo in drei, wo in fünf Jahren?

☐ **Erhältst du manchmal das Feedback von außen: "Bei mir ist nicht wirklich angekommen, was ihr macht."** Sprich: Wird potenziellen Neukunden euer Angebot klar, wenn sie von außen auf euch schauen? Kannst du deine Dienstleistung oder deine Produkte in zwei, drei Sätzen so beschreiben, dass sie jeder sofort versteht?

☐ **Hast du eine Story, mit der du deine Dienstleistung oder dein Produkt verkaufst?** Warum bist du der beste Anbieter für diese Leistung? Warum sollte ich dich anrufen?

☐ **Bist du gefühlt in jede Tätigkeit, die in deiner Firma anfällt, selbst eingebunden?** Hast du das Gefühl, dass es ohne dich nicht mehr rund läuft bei deinen Mitarbeitern?

☐ **Kannst du auch mal längere Zeit abwesend von deiner Firma sein,** zum Beispiel auch drei, vier Wochen Urlaub am Stück machen?

☐ **Sagst du Dinge wie: „Ich verbringe nur 20% meiner Zeit mit Kunden, die ich mag.** Die bringen mir aber keinen Umsatz. 80% arbeite ich dagegen mit Kunden, die ich nicht mag?" Das ist ein Alarmzeichen.

☐ **Wenn du auf deine Zielgruppe schaust:** Handelt es sich um eine homogene Zielgruppe, die den gleichen Bedarf / die gleichen Bedürfnisse hat? Bedienst du mit deiner Leistung den drängendsten Bedarf oder Engpass deiner Zielgruppe?

☐ **Kann diese Zielgruppe deine Dienstleistung oder deine Produkte auch zahlen?** Und ist überhaupt die Bereitschaft bei ihnen vorhanden, dafür zu zahlen?

☐ **Kannst du den Zeitpunkt der größten Aufmerksamkeit benennen,** sprich: wann diese Kunden deine Leistung am nötigsten brauchen? Wann kommen sie gar nicht an deinem Angebot vorbei?

Ich legte die Checkliste beiseite. „Für meine eigenen Firmen, die Digital Companys, war das alles klar", sagte ich. „Aber wenn ich jetzt an ein neues Unternehmen denke? Da sieht es dann ganz anders aus. Diese Antworten habe ich ehrlicherweise jetzt noch nicht." „Das glaube ich dir", stimmte Sylvia zu. „Und die brauchst du auch an dieser Stelle auch noch gar nicht. Lass uns nochmal zu Georg zurückkehren, der ja für sich selbst gefühlt zu schnell zu stark gewachsen ist. Üblicherweise kommst du als Unternehmer in dieser Situation ziemlich schnell zu der Frage: 'Welches Wachstum ist überhaupt richtig für mich?' Soll ich mal erklären, was dahintersteckt?" Ich lächelte. „Ich bitte darum."

# Welches Wachstum ist für mich richtig?

„Du weißt zum Beispiel noch gar nicht, wie stark du wachsen willst", begann Sylvia. „Vielleicht macht es dir unterschwellig Angst, weitere Mitarbeiter einzustellen. Du befürchtest: Damit hast du einen größeren Kostenblock und einen höheren administrativen Aufwand, und am Ende bleibt für dich mehr oder weniger gleich viel übrig. 'Will ich das überhaupt?', fragst du dich.

**Wenn du eine Wagenladung Champagner ankarren lassen solltest.** Ist das gerechtfertigt? Ja, auf jeden Fall. Denn weiter zu wachsen muss nicht für jeden die richtige Lösung sein. Ich gebe dir ein Beispiel. So war der Inhaber von einem Outdoorgeschäft gut gewachsen. Er hatte seinen Umsatz in den letzten vier Jahren in etwa verdoppelt, von 550 TEUR auf 1,3 Mio. Dafür hatte er acht neue Mitarbeiter eingestellt. Wie hatte ein Freund von ihm das kommentiert?" Sylvia schmunzelte. „Den Spruch habe ich nicht vergessen, weil ich ihn so gut fand. 'Herzlichen Glückwunsch. In deiner Situation würden andere eine Wagenladung Champagner ankarren lassen.' Das mochte ja angehen, nur empfand der Unternehmer es selbst nicht so. Was erst einmal nach außen hin gut klang, bereitete ihm schlaflose Nächte. Er sah nämlich: Gewinntechnisch hatte er sich durch dieses Wachstum verschlechtert.

Sein Personalkostenblock war stark von vorher 150 TEUR auf jetzt 350 TEUR gestiegen. 'Es ist ist zuviel', empfand es der Inhaber. Er fühlte sich gefangen im Hamsterrad. Denn das kann die Folge sein", sagte Sylvia. „Mehr Mitarbeiter heißen gleichzeitig auch steigende Kosten. Ich kenne das selbst noch aus meiner eigenen IT-Firma. Wir hatten Anfragen für große Beratungsprojekte, und um sie zu bedienen, haben wir eingestellt. Aber sobald es eine Delle bei den Aufträgen gab, hat uns das unter Druck gesetzt. In der Beratung gibt es einen nicht sehr schmeichelhaften Ausdruck für Mitarbeiter, die du nicht beim Kunden einsetzt. Wir nennen das 'on the bench' sitzen. Die Kosten für die Gehälter laufen weiter, aber es gibt keine Arbeit für sie, weil ihre Kernaufgabe ja gerade ist, die Projekte bei Kunden abzuarbeiten." Sylvia schüttelte den Kopf. „Beim Inhaber vom Outdoorgeschäft blieb ein ungutes Gefühl. 'Ich tue und mache so viel und will nicht nur 10 TEUR Gewinn machen', hatte er damals unglücklich zugegeben. Wie wir früher im IT-Beratungsgeschäft stand auch er unter dem verstärkten Druck, seine neuen Arbeitskräfte auszulasten und ihr Gehalt herein zu wirtschaften, ohne dabei nennenswert im Gewinn zu steigen." Sylvia hielt inne und sah mich an. „Die große Frage ist also: Wie sollen Unternehmer wie er weitermachen? Wachsen oder nicht wachsen?

**Deinen Zwiespalt auflösen.** Für meinen Kunden Georg, den IT-Unternehmer, ist diese Frage zu einer echten Zerreißprobe geworden. Er war geprägt von einer schlechten Erfahrung in seiner Kindheit. Seine Eltern konnten nicht gut mit Geld umgehen, und in seinem Mindset hatte sich das Gefühl von ständigem Geldmangel bis heute als riesiger Angstfaktor festgesetzt. Ich erinnere mich gut an unsere erste Mentoring-Sitzung", blickte Sylvia zurück. „In ihr hat er sich selbst als extrem risikobewusst und sicherheitsorientiert bezeichnet. So hat er auch seine Selbständigkeit aufgebaut.

Er war zunächst auf kleinem Level gestartet. Sein Büro in einem Technologiezentrum kostete ihn nicht einmal 500 Euro im Monat. Neben einer Minimalausstattung an Festangestellten arbeitete er überwiegend mit Freelancern, auch um die Kosten nicht zu erhöhen." Sylvia lächelte. „Es ist an für sich eine Erfolgsgeschichte. Denn er hat irgendwann gemerkt: Das Unternehmer-Dasein macht ihm Spaß. Er hat eine Anzahl an lokalen Kunden, die ihn immer wieder buchen. Dazu gehört eine Startup-Unternehmerin, die einen Geschenkeshop im Internet aufbauen wollte oder ein Hersteller von Massagegeräten. Für sie baut er einfache Websites, setzt CRM-Systeme auf, administriert die IT. Georg liebt seine Kunden, und in der Arbeit mit ihnen blüht er auf. Neben der reinen IT-Dienstleistung entwickelt er für sie kreative Ideen, die sie weiterbringen. Beispielsweise hat der Massagegeräte-Hersteller einen bekannten Fußballprofi als Werbepartner unter Vertrag genommen. Ein großer Coup, den Georg von vorne bis hinten gefilmt und marketing-technisch für Social Media aufbereitet hat, mit der Folge, dass jetzt weitere lokale Sponsoren von Fußballspielern mit ihm arbeiten. 'Für meine Ansprüche verdiene ich gut', sagt er.

In seiner Stadt ist er politisch aktiv und überlegt, für den Stadtrat zu kandidieren. Trotzdem befand sich Georg in einem Zwiespalt, der ihn zu mir ins Mentoring gebracht hat: Zwar war er zufrieden, 'dann aber irgendwie auch wieder nicht', wie er gestand. 'Ich fühle mich zwar wohl in dem lokalen Umfeld, in dem ich unterwegs bin, aber irgendwie will ich dann ja doch noch mehr.' Georg hat sich im Kreis gedreht - und sich in einem Netz aus nicht geklärten Widersprüchen verfangen:

- **'Ich müsste wachsen',** sagte er, traute sich aber nicht, weitere Mitarbeiter einzustellen.

- **'Ein größeres Büro müsste her',** hatte er erkannt, weil er Besprechungen mit Neukunden nicht gut im bisherigen Büro im Technologiezentrum durchführen konnte. Aber: 'Das kostet mich ja dann alleine um die 1.000 Euro im Monat mehr, dafür bräuchte ich erstmal wieder zwei neue Kunden.'

- **'Ich biete viel zu billig an.'** Ihm war klar, dass das ein Problem war. Aber er zweifelte: 'Ich weiß nicht, ob meine Kunden eine Erhöhung mitmachen.'

- **Wie operativ will er künftig selbst arbeiten?** Offen gab er zu: 'Mir macht die Arbeit mit den Kunden riesig Spaß. Die können mich auch um 22:00 Uhr nachts anrufen, und ich gehe ran.' In der Folge war er quasi rund um die Uhr für seine Kunden im Einsatz.

- **Wieviel Vertrieb möchte er künftig machen?** Georg hasste es, selbst Vertrieb zu machen. Bislang kam das Gros seiner Kunden aus Empfehlungen. Er fürchtete aber, dass er bei weiterem Wachstum noch viel stärker in die Vertriebsrolle schlüpfen müsste.

- **'Will ich bei meinem lokalen Geschäft bleiben?'** fragte er sich. In Summe hat ihn die anstehende Entscheidung fast zerrissen: 'Irgendwie reizt es mich ja dann doch, ein richtig großes überregionales IT-Haus zu werden. Deutschlandweit aktiv zu sein.'

„Klar", schloss Sylvia ab, „dass Georgs Kunden angesichts dieses Top-Services bei ihm blieben. Besser geht's ja nicht für sie. Sie haben einen Dienstleister, der Tag und Nacht für sie erreichbar ist, der sich ein Bein für sie ausreißt, und das zu kleinem Geld. Ich fasse jetzt noch einmal die wichtigsten Punkte bei seiner Geschichte zusammen.

- **Was ist das Georgs Hauptproblem? Es ist sein zögerliches Mindset.** Im Grunde ist sein Denken noch zu klein - das verhindert große Erfolge. Er hat noch keine Entscheidung getroffen, wohin er eigentlich möchte. Du kennst bestimmt das berühmte Sprichwort vom Philosophen Seneca: 'Wer den Hafen nicht kennt, in den er segeln will, für den ist kein Wind der richtige.' Deshalb hat er auch noch keinen seiner Widersprüche aufgelöst, sprich: Er hat also den sprichwörtlichen Knoten noch nicht durchgehauen.

- **Was braucht Georg jetzt? Persönlich wachsen um zu wachsen.** Eine typische Erkenntnis bei Unternehmern wie ihm lautet: Sie sind persönlich noch nicht genug dafür gewachsen, dass ihre Firma so schnell wächst. Bevor er deshalb weiter auf seinem Wachstumspfad gehen kann, muss er erst einmal klären, wohin er eigentlich will. Bei ihm geht es also um das klassische 'Why', das berühmte 'Warum' von Simon Sinek. Der klare Ratschlag an ihn an dieser Stelle lautet: 'Bevor du das für dich nicht geklärt hast, gehe nicht hinaus in die Welt. Triff Entscheidungen erst danach. Du kannst dir viel Zeit und Energie sparen.'

Was genau ist nötig? Zwei Aspekte sind es. Georg sollte zwei Dinge für sich klären. Erstens, wie eben angesprochen: Er sollte sein 'Why' klären. Um es mit anderen Worten zu sagen: Er benötigt ein 'Hin zu' bzw. sollte ermitteln 'Für wen oder was er eigentlich tut, was er macht'.

**Hilfreiche Fragen für ihn im Mentoring an diesem Punkt sind:**

☐ Worum genau geht es ihm?

☐ Was will er in die Welt bringen?

☐ Wofür steht er?

Dann zweitens: Er sollte herausfinden, welcher Typ Mensch er ist und was ihm liegt und was weniger. Ich selbst habe als Unternehmerin gute Erfahrungen mit dem Reiss-Profil gemacht, das ich durch einen externen Dienstleister habe erstellen lassen. Damals leider nur für mich selbst - im Nachhinein denke ich heute, dass ich mir viele Konflikte im Führungsteam hätte ersparen können, wenn wir vor Beginn der Zusammenarbeit eine solche extern moderierte Analyse gemacht (und unsere Profile gegenseitig offengelegt) hätten.

So ein Profil gibt konkrete Hinweise, in welchem Setting du als Person gut aufgehoben bist und wo du möglicherweise noch nachlegen solltest. Neben Reiss gibt es noch viele weitere gute Persönlichkeitsanalysen, wie zum Beispiel das **Insights-Profil** oder den **Myer Briggs Type Indicator** oder das **DISG-Profil**. Welches Tool du wählst, bleibt dir selbst überlassen. Sie funktionieren alle gut, mit kleineren Unterschieden von Tool zu Tool. Aber gerade wenn ihr im Führungsteam zu mehreren seid, finde ich wichtig, eure Profile untereinander zu teilen. Ihr werdet in der Zusammenarbeit von der gegenseitigen Transparenz profitieren. Das rate ich heute eigentlich jedem meiner Kunden, gerade Gesellschaftern und Geschäftsführern."

**Unzufriedenheit in Aktivität verwandeln.** „Und wenn jemand wie Georg all das geklärt hat?", wollte ich wissen. „Was ist dann?" Sylvia lächelte. „Erstmal ist der vielleicht wichtigste Effekt: Wenn du ein 'Hin zu' hast, motiviert dich das noch einmal ganz anders. Ein guter Coach oder Mentor wird dir außerdem helfen, deine bisherige seelische Unzufriedenheit direkt in Energie umzusetzen.

Ich fasse es mal relativ salopp so zusammen: Wenn dein Deckel klar ist, kannst du auch gewünschte Veränderungen umsetzen. Die nächsten Schritte sind dann vergleichsweise einfacher. Anschließend geht es darum, das Unternehmertum als Handwerk zu lernen. Dafür gibt es viele gute Workshops, in denen du deine Grundlagen nachschärfen kannst. Wünschst du dir weniger zu arbeiten, lerne zum Beispiel den **Unterschied zwischen den Rollen Fachkraft - Manager - Unternehmer** kennen. Triff die Entscheidung, welche Rolle du selbst künftig ausüben willst. Wenn du Fachkraft bleiben willst, dann darfst du gar nicht über eine bestimmte Größe wachsen. Das ist die Entscheidung, die Georg letztlich für sich getroffen hat. Er hat sich dafür entschieden, keine weiteren Mitarbeiter einzustellen und in der Region zu bleiben.

Seinen Traum von der deutschlandweit tätigen IT-Firma hat er begraben, weil er erkannt hat, dass er viel zu gerne selbst Hand anlegt und weiter persönlich mit seinen Kunden zusammenarbeiten will. Einige bisherige handwerkliche Fehler hat er allerdings ausgebessert. Unter anderem arbeitet er mit einem guten Vertriebler zusammen. Der Inhaber vom Outdoorgeschäft hat sich übrigens für einen anderen Weg entschieden. Ihm wurde dann klar, dass er tatsächlich Unternehmer sein und 'am Unternehmen' statt operativ im Unternehmen tätig sein wollte. Er hat sehr stark an sich gearbeitet, um dahin zu kommen. Mit der Folge", sagte Sylvia, „dass er seine Arbeitszeit deutlich von über 70 Stunden in der Woche auf 50 reduziert hat. Immerhin, oder?" „Ist das wieder das Gleiche", überlegte ich laut, „was du vorhin schon mal gesagt hast? Wie immer gibt es hierfür keine pauschale Antwort, und es hängt von dem ab, was einer will und kann?" Sylvia nickte hocherfreut. „Genau. Georg hat sich letztlich mit Partnern zusammengetan, über die er weitere Dienstleistungen anbieten kann. Er selbst baut aber keine eigenen Mitarbeiter in diesen Bereichen auf. Heute steht er zu seiner Entscheidung. Er wird vermutlich nie die wirklich großen Umsätze machen, aber er geht eben auch kein großes Risiko ein. Bislang, in den anderthalb Jahren seit unserem Mentoring, hat ihn kein Kunde mehr verlassen. Und das, obwohl ständig Konkurrenten von Georg bei ihnen anklopfen. Aber sie sind immun gegen diese Abwerbeversuche, eben weil dieser seine Kunden so zuverlässig bedient und im Notfall auch Tag und Nacht erreichbar ist." Sylvia zuckte mit den Schultern. „Vielleicht auch, weil er selbst genauso bodenständig wie seine Kunden ist. Er hat letztlich ein grundsolides lokales Geschäft aufgebaut, für das er keine großen Investitionen in Werbung mehr braucht. Alleine über die Empfehlungen seiner Kunden wächst er stetig."

**Handwerkszeug für Firmenwachstum.** Ich hatte noch eine Frage. „Du hast eben von Handwerkszeug gesprochen, das ich als Unternehmer in dieser Situation lernen sollte. Kannst du dazu nochmal mehr sagen? Wann brauche ich genau was?"

„Das ist einfach erklärt", nickte Sylvia. „Wenn du dich bei all diesen oder auch nur bei einigen von Georgs Themen angesprochen fühlst, geht es bei dir genau um ein solches Handwerkszeug, das du dir aneignen solltest, zum Beispiel

- ☐ **wie du den dringendsten Bedarf - den Engpass - bei deinen Kunden erkennst.** Das findest du beispielsweise heraus, indem du eine klassische Engpassanalyse an einer Metaplanwand, mit Kärtchen oder ähnlichem, durchführst.

- ☐ **wie du den Zeitpunkt der größten Aufmerksamkeit bei deiner Zielgruppe findest.** Zum Beispiel ist ein Vertriebstrainer in meinem Umfeld auf CEOs von mittelständischen Firmen spezialisiert. Er kann in diesem Bereich viele erfolgreich durchgeführte Vertriebsprojekte vorweisen. Das größte Gehör findet er bei CEOs, die gerade ihren Job angetreten haben. Dafür hat er Google Alerts gesetzt, weil er durch viel Ausprobieren herausgefunden hat, dass er zu diesem Zeitpunkt am ehesten an einen Termin mit ihnen herankommt. Er versendet jetzt direkt zu ihrem Einstieg einen Brief zusammen mit einem Goodie, zum Beispiel einem Whitepaper, einem Buch mit Tipps & Tricks etc. Nach rund 14 Tagen hakt er nach und meldet sich mit der Frage: 'Konnten Sie schon reinschauen?' Bitte beachte: Bis zu diesem Zeitpunkt geht es ihm nur darum, ins Gespräch zu kommen. Nach weiteren 14 Tagen ruft er dann wieder persönlich an, und erst dann macht er einen Termin für einen Vor-Ort-Besuch aus. Mit diesem Vorgehen ist er sehr erfolgreich.

- ☐ **wie du zu einem Geschäftsmodell kommst, hinter dem du wirklich stehst.** Typischerweise finden Unternehmer ihr Geschäftsmodell gerade am Anfang mehr durch Zufall als durch Absicht. Das gilt besonders dann, wenn sie sich neu an einen Bereich heranwagen. Sie machen sich da breit, wo sie schon einmal ein erstes Projekt erfolgreich umgesetzt haben:

→ Eine Digitalagentur mit rund 20 Mitarbeitern war zufällig bei der Einführung von Berechtigungssystemen gelandet. Sie hatte ein erstes Projekt mit dieser Aufgabenstellung durch Kontakte gewonnen und erfolgreich beim Kunden, einem Verlag, umgesetzt. Heute kommt ihr Geschäft zu 70% aus diesem Umfeld. Sie haben viele weitere Verlage als Kunden gewonnen. Bis dato ist das ein solides Standardgeschäft für den Inhaber. Reicht es aus, um weiter zu wachsen, um richtig groß zu werden? Vermutlich nicht. War das der Traum, die große Vision, mit der dieser Unternehmer ursprünglich angetreten war? Nein, auch nicht. Ist er damit zufrieden? Dieser Inhaber ist es. Wie du ja eben selbst gesagt hast, es hängt immer von dir als Unternehmer ab. Wo willst du persönlich hin? Reicht dir so ein solides Standardgeschäft? Auch Georg war damit zufrieden, aber bei manchem ist das anders.

→ Ein Unternehmensberater führte Innovationsprogramme in Konzernen durch, die meist über einige Monate liefen. Die Beauftragung erfolgte über den Einkauf, und sein Kunde im Konzern war meist der jeweilige Head of Innovation. Hat ihn seine Beratung zufrieden gemacht? Nur bedingt, denn es kam oft genug vor, dass sich seine Auftraggeber nach dem initialen Kickoff überhaupt nicht mehr persönlich beim laufenden Innovationsprogramm sehen ließen. Beim Berater entstand der Eindruck, dass seine Programme für sie mehr Alibiveranstaltung und Feigenblatt waren als der ernsthafte Wunsch, Innovation nachhaltig im Unternehmen zu verankern. Das tat weh. Konnte er damit leben? Schließlich verdiente er gutes Geld. Aber genau dieser Widerspruch stürzte ihn in eine so große Krise, dass er zu mir ins Mentoring kam - mit dem festen Wunsch, den Kundenkreis zu wechseln. Er wünschte sich Kunden, die seine Leistung aufrichtig wertschätzen würden. Dafür nahm er in Kauf, eventuell weniger gut zu verdienen. Und schlussendlich hat er sich auf einen ganz neuen Kundenkreis außerhalb vom Konzernumfeld verlegt.

☐ **wie du ein bestehendes Geschäftsmodell veränderst.** In diesem Fall muss dir klar sein: Der Weg dahin kann dornig sein. Zuerst einmal solltest du dir deiner neuen Vision sehr sicher sein. Gerade wenn du noch keine Erfahrung im neuen Feld gesammelt hast, besteht die Gefahr, dass die Vorstellungen in deinem Kopf nicht der Realität entsprechen. Deshalb macht es meistens überhaupt keinen Sinn, das bestehende Geschäft von heute auf morgen einzustampfen, sondern die Richtung nach und nach zu verändern. Entscheidend: Du findest dein neues funktionierendes Geschäftsmodell in der Regel nur über Trial & Error. Du solltest immer zuerst mit Pilotprojekten, Proof of Concepts, *friendly customer*-Projekten starten und ausprobieren, ob alles sich wirklich so verhält, wie du es dir vorstellst und ob es dir überhaupt auch Freude macht. Selbst wenn du diese ersten Schritte in das neue Terrain als unbezahlte Dienstleistung oder zum Selbstkostenpreis durchführst, mach es auf jeden Fall. Es erspart dir spätere Irrwege.

☐ **Den Engpass finden.** Vor allem geht es für dich auch darum, das dringendste Problem deiner neuen Zielgruppe zu finden und zu testen, ob deine Lösung wirklich funktioniert. Erfahrungsgemäß triffst du das dringendste Bedürfnis der neuen Kunden eigentlich nie im ersten Schritt, eben weil du neu im Markt bist. Nur wer lange genug in einem Segment unterwegs ist, hat das Gespür für die Kunden. Herausfinden wirst du es nur im direkten Kontakt mit ihnen oder noch besser, in der direkten Zusammenarbeit.

☐ **Wie du deine Dienstleistung oder Produkte nach außen an den Mann (oder die Frau) bringst,** sprich: wie du die Story dahinter formulierst. Du verkaufst deine Leistung nicht über die Merkmale vom Produkt, sondern über Emotionen und die Energie, mit denen du sie transportierst. So verkaufst du nicht Gesichtsserum oder dessen Zutaten wie Retinol, Q10 oder Hyaluron, sondern du verkaufst Schönheit. Deine Creme sorgt dafür, dass deine Kundinnen um zehn Jahre jünger aussehen. An dieser Stelle zählen also nicht die nüchternen Fakten, sondern das Marketing. Es geht darum, wie du mit deiner Botschaft Emotionen weckst und deine Kunden zum Kauf bewegst.

**Bezogen aufs Mentoring geht es bei solchen Fragen um Grundlagen** - darum, wie du das Business zum Laufen bekommst. Coaches oder Mentoren können dir weiterhelfen, wenn sie dir handfesten Rat geben. Ziel ist, von ihrer Erfahrung zu lernen. Ein Coaching geht damit viel stärker in Richtung einer Lehrer-Schüler-Beziehung und zielt weniger auf die Metaebene ab. Deshalb sollten Coaches oder Mentoren selbst Unternehmer sein und Erfahrung haben und gerne zusätzlich über eine Ausbildung im Coaching oder in verwandten Bereichen wie NLP verfügen. Und: Sie sollten sogar am besten noch aus deiner Branche kommen, weil sie dir nur so klare Empfehlungen für deine nächsten Schritte geben können.

**Branchenerfahrung sticht.** Nimm jemanden, der in B2B unterwegs ist und Kunden aus Ingenieursbranchen mit Geschäftsmodellen wie Heizungssteuerungen oder Wärmepumpen berät. Er wird dir kaum ein guter Ratgeber sein, wenn du Babytragetücher vertreibst und es darum geht, die neuesten Influencer auf Instagram für dein Produkt zu begeistern. Ich ziehe in so einem Fall gerne spezialisierte Coaches für meine Mentoringkunden hinzu, gerade neulich wieder geschehen bei einer Kundin, die Infos zur Vernetzung in der Chemiebranche brauchte. Es ist absolutes Spezialwissen, über solche Themen aus dem Nähkästchen zu plaudern oder den Kontakt zu Branchenverbänden wie dem VCI Verband der chemischen Industrie e.V. oder zu einem Expertennetzwerk für chemische Technik und Biotechnologie wie der DECHEMA herzustellen. Beantwortet das deine Frage?" Ich nickte. Sylvia öffnete noch einmal die Schreibmappe vor ihr und suchte einen Zettel heraus. „Das gebe ich dir für heute Abend mit. Es ist ein Merkblatt mit einigen Eckpunkten zum Thema Firmenwachstum. Es erleichtert dir vielleicht die Entscheidung, in welche Richtung du künftig gehen willst."

## *Teste dich selbst: Warum willst du wachsen?*

1. **Wachsen wachsen wachsen - warum eigentlich?** Reines Wachstum nach BWL-Kennzahlen ist nicht für jeden Unternehmer passend. Es gibt auch **wachstumsneutrale Unternehmen**, bei denen Inhaber ihre Firmen nicht zu groß werden lassen möchten. Solche Unternehmer setzt sich oft andere Ziele: „Wir wollen kein Geld scheffeln, sondern der Umwelt dienen." Manchmal steht dahinter soziale Verantwortung, die sie übernehmen wollen, oder eine bewusste Entscheidung, beispielsweise dass sie die persönliche Entwicklung ihrer Mitarbeiter fördern möchten. Achtung: Wofür du dich entscheidest, hat massive Auswirkungen darauf, wie du dein Geschäft führst. Mitarbeiterfreundliche Unternehmer legen zum Beispiel Gewinne immer zurück, damit sie in schlechten Zeiten niemanden entlassen müssen.

   Also: Welches Wachstum ist für dich richtig?

2. **Immer ganz wichtig: Du musst das Wachstum passend zu deinen Zielen ausrichten.** Deswegen ist es so wichtig, deine persönliche Motivation kennenzulernen. Manche Unternehmer wie der IT-Dienstleister Georg sagen: „Ich will auch weiterhin operativ arbeiten." Oder: „Ich will mich künftig auch immer noch selbst um Kunden kümmern."

→ **Solide wachsen.** Regional aufgestellt bleiben. Ein Familienunternehmer aus dem Emsland - dritte Generation, produzierende Branche - ist sehr gerne Fachkraft. Nach der klassischen Unternehmerlehre dürfte er das bei seiner Firmengröße - er hat rund 60 Mitarbeiter - gar nicht mehr sein. Demnach müsste er konsequent nur noch am Unternehmen arbeiten und sich aus dem Operativen zurückziehen. Muss er wirklich? Nein. Denn es funktioniert gut. Er hat einen operativen Geschäftsführer eingestellt, der ihm die Arbeit am Unternehmen abnimmt. Die Firma wächst solide weiter - aber langsam, gemächlich und so, dass der Unternehmer sich selbst treu bleiben und vor allem weiter das machen kann, was ihm Spaß macht.

Kritik und Unverständnis von anderen Unternehmern gibt es genug. „Du musst doch endlich mal Gas geben." Von wegen - er muss gar nichts. Sein Modell funktioniert für ihn, und das ist das Wichtigste. Nicht jeder muss seinen Umsatz exponentiell vergrößern, muss Europaführer werden, muss Marktanteile ausweiten. Gerade wer im regionalen Geschäft stark ist, hat oft treue Kunden, die seine Leistungen immer wieder beziehen. Das Geschäft ist auch deswegen stabil, weil diese Kunden eben gerade aufgrund der langjährigen Geschäftsbeziehung immun gegen Abwerbungsversuche von Konkurrenten sind. Für diesen Typ Unternehmer funktioniert so mancher Standardrat überhaupt nicht, der aktuell in den Social Media oder in der Wirtschaftspresse grassiert: „Schalte Werbung auf Instagram, um in großem Stil weitere Kunden anzuziehen." Oder: „Du musst künftig auch noch zusätzlich online Kunden gewinnen." Wozu? Das Geschäft vom Unternehmer aus dem Emsland läuft. Seine bisherigen Vertriebswege funktionieren. Digital ist er gut aufgestellt, denn er investiert Zeit und Aufwand in die Digitalisierung seiner Prozesse, wie soeben geschehen mit einem cloudbasierten ERP-System. Erst kürzlich hat er einen Onlineshop angebunden und bietet seine Produkte jetzt auch im Internet bestellbar an. Also: Alles bestens.

→ **Wenn dein Wachstum explodiert:** Am anderen Ende der Skala stehen stark wachsende Unternehmen. Besonders neue Geschäftsmodelle ermöglichen manchmal eine Auftragslage, die geradezu explodiert. Das bringt dir völlig andere Herausforderungen als dem Unternehmer oben. So müssen überhaupt erst einmal die Strukturen in deinem Unternehmen Schritt halten. Du hast dann Themen wie: Die Kompetenzen in deiner Firma sauber abzugrenzen, Verantwortlichkeiten und Berichtswege nachzuziehen. Mit Hinblick auf das Team musst du euren Mitarbeitereinsatz angesichts der großen Nachfrage planen sowie ausreichend Bewerber finden, damit du die Vielzahl an Anfragen überhaupt bedienen kannst.

**Wachstumsschmerzen lindern.** So starkes Firmenwachstum beherrschst du nur, wenn du vorausschauend unterwegs bist und die Pläne für dein weiteres Wachstum schon in der Schublade liegen. Als jemand, die mit ihrer eigenen Firma in wenigen Jahren von anfangs zwei auf über 30 Mitarbeiter angewachsen ist und die heute noch viele stark wachsende Unternehmer berät, kann ich ein Lied davon singen. Die große Gefahr: Schon mit Hinzunahme nur eines weiteren Faktors wächst die Komplexität gerade in kleineren Unternehmen exponentiell.

Ein Beispiel: Du willst dich im Vertrieb besser aufstellen und stellst deshalb zwei neue Mitarbeiter ein. Deine Erwartung ist: „Das sind erfahrene Profis. Die brauchen keine Einarbeitungszeit, sie werden sofort performen." Schön wär's. Oft ist die Realität dann eine ganz andere. Anstelle dass sie sich nahtlos eingliedern, geht die Leistungsfähigkeit gerade bei kleineren Unternehmen erst einmal sogar herunter. Die Fixkosten sind höher, die Qualität sinkt, die Komplexität in der Führung nimmt zu. Das alles sind typische Wachstumsschmerzen von stark wachsenden Unternehmen. Zusätzlich besteht die große Gefahr, dass du neben dem alles dominierenden Tagesgeschäft keine strategischen Themen mehr umgesetzt bekommst. Genau die brauchst du aber, um dich gut für die Zukunft aufzustellen.

Deshalb: Du solltest bei starkem Wachstum immer parallel an Vereinfachungen arbeiten, beispielsweise an

- schlanken Prozessen
- optimierten Interaktionen
- Konzentration auf wenige Kernprodukte.

→ **Sonderfall investmentfinanzierte Company - auf einen Exit hinarbeiten:** Gerade wenn du ein investmentfinanziertes Startup bist, musst du die Finanzierung für euer weiteres Wachstum sicherstellen. Dabei ist der Aufwand für das sogenannte Fundraising nicht zu unterschätzen. Ein Geschäftsführer im Deep Tech-Bereich, der auf einen größeren Exit hinarbeitet, ist zum Beispiel selbst mindestens 60-70% seiner Arbeitszeit nur mit Fundraising beschäftigt, ein CFO sogar mit 90%. Für Unternehmer bringt das bis zum Exit eine Doppelbelastung mit sich, da ja alle anderen Arbeiten im Unternehmen nach wie vor anfallen. Oft stellen sie ihr sonstiges Leben außerhalb der Company hintan. „Nach dem Exit hole ich dann alles nach", so lautet der typische Antritt solcher Unternehmer.

☐ Also: Wo willst du hin? Welches Wachstum passt für dich? Das Beste, was du tun kannst, ist zeitig eine klare Entscheidung zu treffen.

## Ist dein Mindset verhindern oder Attacke?

„Gerade am Anfang ist noch eine Sache wichtig", ergänzte Sylvia. „Ich würde sie auch zum Handwerkszeug zählen. Vielleicht ist sie sogar der wichtigste Punkt von allen. Es geht um dein Mindset, das entscheidet, ob du Erfolg hast oder nicht. Ich stelle dir mal ein paar Fragen. Überprüfe doch bitte, ob dir etwas davon bekannt vorkommt.

☐ **Sagst du manchmal Dinge wie 'Ich müsste eigentlich um 18:00 Uhr gehen'**, 'Ich müsste die Dinge nur noch abarbeiten', 'Ich habe unter der Woche zu wenige Termine'? Diese Äußerungen sind interessant, denn sie zeigen zweierlei. Erstens, dass du ein gutes Bewusstsein dafür hast, was notwendig ist (bei diesen drei Punkten: Mehr Willenskraft, mehr Schlagzahl, mehr Aktivität im Vertrieb). Zweitens aber auch, dass du es nicht tust, obwohl es dir an für sich klar ist - warum? An dieser Stelle macht Sinn, innezuhalten und genau zu überlegen, was dich hindert. Was steckt wirklich dahinter? Oft ist es etwas, vor dem du unbewusst Angst hast oder das dich überfordert. Aus irgendeinem Grund ist es sicherer für dich, dein bisheriges Verhalten beizubehalten. Nur bringt dich das nicht weiter. Auch schwierige Dinge auf deinem Weg sind wert, in Angriff genommen zu werden, wenn du damit deinem Ziel näher kommst.

☐ **Kommt dir eine Sichtweise bekannt vor wie: 'Die konterkarieren mich'?** Auch das ist verräterisch, denn hier nimmst du eine Opferperspektive ein. Im Klartext heißt es, dass du etwas mit dir machen lässt, obwohl du es selbst bist, der die Entscheidung dazu trifft. Also du selbst lässt dich konterkarieren und wählst, wie du dich verhältst. Mach dir klar, dass du dich ebenso gut auch anders entscheiden kannst. Das gibt dir mehr Spielraum. Gleiches gilt, wenn du sagst, 'Ich bin völlig fertig.' Auch das heißt nichts anderes als dass du dich selbst fertig machst, anstatt es anzugehen. Die Lessons Learned ist: Achte darauf, was du sagst. Schon deine Wortwahl zeigt, ob du dich im Driver Seat siehst oder ob du dich eher abwartend verhältst und Dinge geschehen lässt.

☐ **Siehst du in allem Probleme?** Sagst du manchmal 'Wir wachsen eigentlich'? Warum das 'eigentlich'? Vielleicht verzeichnest du jedes Jahr einen größeren Auftragseingang, Umsatz und Gewinn entwickeln sich gut. Warum dann diese vorsichtige Wortwahl? Ein Beispiel zeigt das gut. Eine Kundin von mir hatte sich Ziele fürs neue Jahr gesetzt. Das waren vor allem die Suche nach Personal und der Bau einer weiteren Produktionshalle. Aber auch sie blieb sehr zögerlich in ihrer Sprache. Mit den Worten 'Ich müsste eigentlich eine neue Halle bauen' hatte sie mir angekündigt, welche Ziele sie sich setzen wollte. Und mit Hinblick auf die Personalsuche: 'Vielleicht wollen wir den einen oder anderen Mitarbeiter einstellen.' Als wir uns dann das nächste Mal trafen, hatte sie tatsächlich nichts weiter in diese Richtung unternommen.

Ich sprach sie darauf an. Sie sagte: 'Wer weiß, was alles noch so kommt? Ich will mich nicht mit zusätzlichen Fixkosten binden. Eventuell passiert etwas Unvorhergesehenes, und ich kann mir das gar nicht mehr leisten.' Sprich: Ihre Worte hatten also genau gezeigt, wo der Hase im Pfeffer lag. Immer war da ein 'eigentlich', das ihr Handeln verhindert hat. Sie war gefangen im Zweifel. Überleg dir, ob das manchmal bei dir auch so ist.

☐ **Macht es dir Angst, Risiken einzugehen?** Ich erinnere mich an einen Unternehmer, der sich so beschreibt: 'Risiko ist kein Wert für mich. Egal was ich mache, ich springe immer direkt rein. Gehe es frontal an. Ich fühle mich an nichts gebunden. Ebensogut könnte ich alles, was ich gerade habe, sofort hinter mir lassen und morgen nochmal von vorne starten.' Wie fühlst du dich, wenn du ihm zuhörst? Bist du ebenso oder scheust du das Risiko? Für welchen Kurs hast du dich in der Vergangenheit entschieden?

☐ **Bist du bereit, den Preis zu zahlen?** Das Unternehmer-Dasein fordert Durchhaltevermögen von dir, gerade am Anfang oder wenn du dich auf unbekanntes Terrain vorwagst. Alles hat einen Preis. Der Inhaber der Digitalagentur aus dem Beispiel von vorhin sieht jetzt Land - nach zehn Jahren 'Blut, Schweiß und Tränen', wie er selbst sagt.

Lass auch mal dieses Beispiel auf dich wirken. Zwei Führungskräfte sind gleichzeitig aus einem Tech-Konzern in München ausgestiegen. Der eine hat eine Firma gegründet, sozusagen 'from scratch'. Das hieß in den Anfangstagen, dass er fast jede Woche eine Nacht durchgearbeitet hatte. An den anderen Tagen ging er um 19:00 Uhr nach Hause, um Zeit mit Frau und den beiden Kindern zu verbringen. Aber ab 21:30 Uhr, wenn sie schlafen gegangen waren, ist er dann nochmal ins Büro gefahren. Heute ist er erfolgreich, seine Firma ist auf über 300 Mitarbeiter angewachsen.

Die zweite Führungskraft, die damals zeitgleich mit ihm aus dem Angestelltendasein ausgestiegen war, ist heute bei ihm angestellt. Sie sagt nüchtern: 'Ich hätte das auch haben können, aber ich habe mich nicht getraut. Das war der Unterschied.' Wie ist das bei dir? Wieviel Einsatz investiert du ins Erreichen deiner Ziele?

☐ **Fehlt dir noch die innere Klarheit?** Weißt du, bis wann du was tun musst, um dein Ziel zu erreichen? Dann ist deine Zielerreichung nur noch eine Frage von Disziplin und Planung. Wenn du zum Beispiel eine neue Halle bauen willst, musst du wahrscheinlich zuerst mit der Stadt sprechen, anschließend Genehmigungen beantragen, das Grundstück erschließen lassen etc. Das ist der einfache Fall, und wenn dir Kenntnisse fehlen, findest du für die allermeisten Themen kompetente Berater. Aber es kann auch sein, dass du gar nicht offen für Planung und Lösungsansätze bist, weil du im Kopf überhaupt noch nicht soweit bist. Vielleicht fehlt dir entweder Mut oder der Glaube, dass du dein Ziel wirklich erreichen kannst, so wie im Beispiel der Unternehmerin beim Bau ihrer nächsten Produktionshalle.

# Do it-Attitude gepaart mit Hartnäckigkeit

Ich fasse nochmal zusammen", sagte Sylvia. „Nirgendwo zeigt sich dein aktuelles Mindset besser als in deiner Sprache. Deine Worte nehmen vorweg, was Wirklichkeit wird. Hinter zögerlichem Verhalten steht oft ein fehlender Glaube, dass du dein Ziel auch wirklich erreichen kannst. Eines meiner Lieblingszitate bringt es auf den Punkt:

«*Until one is committed, there is hesitancy, the chance to draw back, always ineffectiveness. Concerning all acts of initiative and creation, there is one elementary truth, the ignorance of which kills countless ideas and splendid plans: that the moment one definitely commits oneself, then providence moves too.*

*All sorts of things occur to help one that would never otherwise have occurred. A whole stream of events issues from the decision, raising in one's favour all manner of unforeseen incidents, meetings and material assistance which no man could have dreamed would have come his way.*

*Whatever you can do or dream you can, begin it. Boldness has genius, power and magic in it. Begin it now.* »
— William Hutchison Murray

„Das gefällt mir", bemerkte ich spontan. „Klasse gesagt." „Vor allem", ergänzte Sylvia, „hört es nie auf. Dein Mindset wirkt sich immer auf deine Entscheidungen aus, auch wenn du noch so erfolgreich bist. Ein Familienunternehmer leitet ein sehr großes Unternehmen mit einem ziemlich bekannten Namen. Auf die Frage: 'Wie geht es dir abends, wenn das Licht ausgeht?' erzählt er etwas sehr Interessantes. Seine Ingenieure hatten gerade über mehrere Jahre hinweg eine neue hochautomatisierte Maschine entwickelt, die ihre Produktion vom Output her in eine ganz andere Dimension katapultierte.

Für diese Maschine hatte er in großem Stil investiert. Natürlich war er finanziell sehr gut abgesichert, aber Fakt ist auch, dass er sich für diese Neuerung hoch verschuldet hatte. Gerade litt er wieder unter Existenzängsten, obwohl er ja ein großes Privatvermögen hat. Sprich: Deine Ängste hören nie auf. Jedes neue Level bringt wieder Risiken mit sich, die du eingehen musst. Und von Stufe zu Stufe werden die Gefahren und Unwägbarkeiten immer größer. Du musst jedes Mal wieder 'all-in' gehen und läufst Gefahr, zu scheitern. Wusstest du, dass selbst ein Richard Branson 50mal pleite war, bis er dahin kam, wo er heute ist?" Sylvia kniff die Augen zusammen. „Das macht jedem von uns Angst, immer wieder, eben weil wir alle auch nur Menschen sind. Und als Menschen haben wir Ängste, Sorgen. Es ist ein Irrtum, dass du sie los wirst, wenn du erfolgreich bist. Vielleicht werden sie gerade dann größer."

**Wenn du etwas Neues anfängst.** „Klingt nicht so gut", gab ich etwas unbehaglich zu. „Was kann ich also tun?" „Ein Patentrezept habe ich nicht für dich. Aber vielleicht einen Rat, wenn du etwas Neues beginnst und Angst hast. Wir haben ja schon gesehen, dass die Buddhisten vom Anfängergeist sprechen. Ihrer Meinung nach solltest du neue Dinge wie ein unbeschriebenes Blatt mit großer Offenheit anfangen." Sylvia schaute mich an. „Ich weiß, dass es abstrakt klingt.

Einen sehr guten Ratschlag habe ich mal von Konstantin Guericke gelesen, dem Mitgründer vom Businessnetzwerk LinkedIn. Heute arbeitet er als Mentor und Investor. Er sagt: 'Seit 35 Jahren lebe ich jetzt im Silicon Valley und habe in dieser Zeit viele Unternehmer kennengelernt. Die guten unter ihnen verbinden zwei Eigenschaften, die auf den ersten Blick gegensätzlich scheinen: Sie halten an ihrer Idee fest, auch wenn sie nicht auf Anhieb funktioniert. Und sie sind Menschen, die gute Fragen stellen, zuhören und bereit sind, dazu zu lernen. Sie sind also fokussiert und veränderungswillig zugleich.'[16]

Sprich: Du brauchst Hartnäckigkeit und Offenheit gleichzeitig", fasste Sylvia noch einmal zusammen, „und du solltest dich um gute Diskussionspartner bemühen." Sie grinste. „Oder natürlich um gute Mentoren, die dich stützen und kritisch hinterfragen."

Sie richtete sich auf und schaute mich direkt an. „Letztlich", erklärte sie, „ist es immer die klassische **Heldengeschichte.** Der Protagonist

- macht sich auf den Weg, sein Ziel zu erreichen

- stößt auf scheinbar unüberwindliche Schwierigkeiten

- kämpft sich durch alle Widrigkeiten hindurch

- nimmt Rückschläge hin

- erreicht sein Ziel schließlich doch.

Heißt also: Du musst dich aufmachen, heraus aus deiner Komfortzone gehen. Man kennt das beispielsweise auch sehr gut von Starköchen, die irgendwann im Sternerestaurant kochen wollen. Bei ihnen heißt es dann, 'Oh, geh du erstmal nach Frankreich, lerne bei einer bekannten Größe wie früher bei Paul Bocuse.' Sie durchlaufen ihre Wanderjahre und kommen irgendwann zurück in die Heimat. Und weil sie ihren Horizont in dieser Zeit so erweitert haben, können sie dann etwas Großes machen. Du solltest dich fragen: Bist du dazu bereit?

Dein Weg wird garantiert nicht ohne Rückschläge und Durststrecken ablaufen. Du kannst zwischendurch auch schon mal verzweifeln. Mancher entscheidet dann, dass er das nicht mehr in Kauf nehmen will und bleibt, wo er ist." Ich nickte, etwas erschöpft. Sylvia rückte den Sessel ab. „Komm, das ist doch ein guter Zeitpunkt. Lass uns eine kurze Pause machen, bevor wir uns das nächste Level im Firmenwachstum anschauen."

# Das nächste Level: Kein Tun ohne Sein

Wir hatten eine kleine Runde auf dem Gelände gedreht und die alten Zechengebäude angeschaut. Jetzt saßen wir wieder im Büro. Ich fühlte mich erfrischt und bereit für die Fortsetzung. Erwartungsvoll streckte ich die Beine von mir und setzte mich bequemer hin. „Was ist das denn jetzt das nächste Level im Unternehmer-Wachstum?", fragte ich. Vor allem brannte ich darauf, mich selbst einzuordnen und zu verstehen, an welchem Punkt ich gerade stand. „Jetzt", sagte Sylvia und baute bewusst einen kleinen Spannungsbogen auf, „wird es interessant.

Bisher haben wir über Grundlagen gesprochen. Darüber, wie du am Anfang dein Unternehmen erfolgreich machst. Wenn es dann erst einmal läuft, kommen ganz andere Themen. Du bist selber ein gutes Beispiel dafür. Also, um es vorwegzunehmen: Es gibt eine Menge Unternehmer, die trotz bisheriger Erfolge und gutem Firmenwachstum nicht zufrieden sind. Denk an das Beispiel vom Inhaber der Digitalagentur, der rein zufällig in sein Geschäftsmodell, die Berechtigungssysteme für Verlage, hineingewachsen ist. Ist das eine Lebensausrichtung? Nein. Er hat ein Geschäftsmodell gefunden, das ihn und seine Mitarbeiter gut ernährt."

**Eine Lebensaufgabe finden.** Manchen, die an diesen Punkt kommen, reicht das nicht aus. Gerade diejenigen, die sehr leistungswillig und -fähig sind, wollen jetzt noch einen Schritt weitergehen. Meist sind sie erfolgreich, und es geht ihnen finanziell gut. Jetzt wollen sie nochmal andere Wege gehen, größer denken, sich ganz machen. Im Grunde wollen sie vom 'Tun' ins 'Sein' kommen - so haben es spirituelle Lehrer wie der berühmte Benediktinerpater Anselm Grün oder Eckhart Tolle formuliert[17]. Anselm Grün war als ehemaliger Cellerar der Abtei Münsterschwarzach für die wirtschaftliche Führung der Abtei zuständig und kennt also beide Seiten. Dazu gehört auch, die persönliche Seite in Einklang zu bringen. Erinnere dich an den Spruch vom Facebook-Profil, den ich dir vorhin gezeigt habe. Wenn du dich jahrelang nicht um Freunde gekümmert oder deine Familie vernachlässigt hast, stehst du jetzt vielleicht alleine da. Zwar magst du wieder mehr Zeit haben. Aber was sollst du mit dir anfangen?" Ich blickte Sylvia an, denn ich fühlte mich ungemütlich ertappt. Stimmt, das war so. Darum ging es bei mir. „Meine Erfahrung im Mentoring ist, dass an diesem Punkt oft wieder Träume von früher hochkommen", fuhr Sylvia fort. „Solche Unternehmer sagen Dinge wie: 'Ich möchte wieder das und das machen.' oder: 'Ich träume davon, dass ich...' Im Grunde suchen sie eine neue Lebensaufgabe. Bislang hatten sie sich entweder das Träumen abgewöhnt oder es sich selbst gleich ganz verboten.

Wenn ich sie jetzt frage: 'Du sagst, dass du von diesem oder jenem träumst. Warum tust du es nicht einfach? Was genau hindert dich daran?', dann werden sie sehr nachdenklich. Denn eigentlich erleben sie sich ja als Macher, als Menschen, die immer gleich angehen, was sie sich vornehmen. Bei diesen Themen ist das anders. Das geht so tief, dass sie oft den Wald vor lauter Bäumen nicht sehen. Manchmal haben sie einen massiven blinden Fleck in Bezug auf sich selber. Aber sie wünschen sich, in diese Richtung zu gehen. Man merkt es daran, wenn wir darüber sprechen. Meistens wird ihre Stimme dann ganz weich. Ihr Gesichtsausdruck verändert sich. Wir sind hier wirklich an ihrem Kern dran. Es geht auch um Erfolg, aber um einen ganz anderen.

> «To win the respect of intelligent people and the affection of children, to leave the world a better place, to know even one life has breathed easier because you have lived, this is to have succeeded. »
> — Ralph Waldo Emerson

Das hat der Dichter Emerson Anfang des 19. Jahrhunderts gesagt, und es stimmt heute mehr denn je. Ich selbst messe Erfolg heute anders als früher. Nachdem ich jahrelang auf dem unterwegs war, was man gemeinhin als Erfolgsschiene definiert - weltweit gereist fürs Microsoft-Management, mit der eigenen Firma stark gewachsen -, weiß ich: So-was ist nur äußerlich. Das ist nur die eine Seite. Darum geht es nicht bei Lebenserfolg. Es geht darum, welchen Beitrag jemand als Mensch auf den verschiedenen Spielfeldern des Lebens für andere leistet. Privat und im Business.

## Unternehmer-Dasein als Lebenswerk

In kurz: Den Unternehmern, die sich Lebenserfolg wünschen, geht es um Wachstum in die eigene Kongruenz hinein. Sie wollen Stimmigkeit für alle Bereiche in ihrem Leben gewinnen. Das ist ihr Leitmotiv. Dafür sind sie auch bereit, an sich zu arbeiten. Sie wollen

- an ihren inneren Prozessen und an ihrer Firma arbeiten

- auf Basis von einer geklärten Persönlichkeit für neue Themen brennen

- noch einmal andere Wege in Richtung Ganzheitlichkeit gehen.

**Echt wohlhabend werden.** Dabei ist ihr Fokus nicht, mehr Geld zu verdienen. Der Geldcoach Philipp J. Müller spricht in seinem Buch 'Geld-richtig' davon, auf eine echte Art wohlhabend zu werden und sich als wohlhabender Mensch zu verhalten."[18] Sylvia lächelte. „Spannend, dass gerade ein Geldcoach so etwas sagt, oder? Ein hohes Einkommen kann Bestandteil davon sein. Der Wohlstand, den er meint, geht aber tiefer und ist deshalb nachhaltiger. Es geht darum, ein Leben nach hohen Werten zu führen und dabei moralisch zu handeln, soziale Verantwortung für die Familie und die Mitarbeiter zu übernehmen, auf ein faires Miteinander zu setzen, sich sozial zu engagieren und ökologisch zu agieren. 'In unserer Gesellschaft liegt ganz viel Potenzial in Richtung wohlhabend sein und sich als wohlhabender Mensch verhalten'[19], sagt Müller." Sylvia sah mich prüfend an. „Macht das Sinn für dich? Jeder muss in Einklang mit seinem Kern definieren, was das für ihn oder sie heißt. Diese Fragen können dir dabei weiterhelfen:

☐ **Stichwort 'deinen Traum leben':** Was würdest du tun, wenn du frei von allen Zwängen nur noch das du machst, was du liebst?

☐ In welche Richtung würdest du gehen, wenn du dein Unternehmen heute verkaufst und 20 Millionen auf dem Konto hast?

☐ Was muss in dieser Welt unbedingt getan werden?

**Unternehmer-Dasein als Lebenswerk.** Es gibt hier also wirklich um das nächste Level im Unternehmertum, sozusagen um ein Unternehmertum 2.0 - oder vielleicht schon 4.0? Oder '10x', angelehnt an das Buch '10x DNA: Das Mindset der Zukunft' von Frank Thelen?"[20] Sie lächelte. „Wir brauchen heute immer gut klingende Verpackungen für Dinge, die eigentlich ganz einfach sind. Aber es stimmt schon: Ich sehe, dass sich gerade auch Unternehmertum in unserer Gesellschaft erneuert. Wir gehen hin zu einem neuen nachhaltigen Unternehmertum. Es ist auch eine Chance für dich: Wer diese Reise macht, kann zum Leuchtturm werden. Es sind immer noch Goldgräberzeiten für Menschen, die pfiffig sind, eben weil so vieles in unserer Gesellschaft im Umbruch ist. Es ist deine Chance, 'Spuren zu hinterlassen und nicht nur Staub'. Denk an den Spruch im Poesiealbum meiner Grundschullehrerin, von dem ich dir ja schon erzählt habe. Von außen bist du dann nicht mehr angreifbar. Egal was passiert, du stehst fest. Im Grund ist das deine Superkraft. Aber alle Standfestigkeit geht auf deinen Kern zurück - in meiner Methodik vom Rad ist es das Innere, die Nabe, die das Rad antreibt. Nur wenn du im Inneren fest bist und das Rad rund läuft, kommst du in deine volle Kraft." Sie lächelte. „Auf diesen Kern gehen wir jetzt ausführlich ein."

# 6
# Wer bist du? Deinen Kern finden

## Glänzen vs. Leuchten

> «To know others is knowledge. To know oneself is wisdom. »
> — Laotse, chinesischer Philosoph

**Aufzuhören zu glänzen. Anfangen zu leuchten**. „Das Sprichwort von Latose trifft es auf den Punkt. Volatile, uncertain, chaotic, ambiguous - in der VUCA-Welt von heute ist es aus meiner Sicht der Faktor, über den du dich behauptest. Wie gut du dich kennst und das im Business auslebst, macht für mich den Unterschied vom guten zum großartigen Unternehmer - darüber wirst du zum Nr 1. Unternehmer", fuhr Sylvia fort. „Den Begriff VUCA habe ich das erste Mal um das Jahr 2010 gehört. Heute, wo sich alles immer schneller dreht, wo eine Technologie schon morgen wieder veraltet ist, ist er selbst fast schon wieder überholt. Umso mehr brauchen wir heute Konstanten. Wir brauchen Leitplanken, an denen wir uns orientieren, etwas, an dem wir uns festhalten können, um nicht vom immer schneller drehenden Strudel aus Veränderung mitgerissen zu werden. Klingt poetisch? Vielleicht.

Es ist aber nötig. Und diese Leitplanke ist dein Kern. Es ist dein innerer Kompass, die Basis für Entscheidungen.

**Always respect yourself.** An dieser Stelle kommt Laotses Sprichwort ins Spiel. Damit du Halt findest, damit du fest im Kern bist, musst du dich selbst kennen. Meinen Leitspruch kennst du ja schon: 'Always respect yourself. Ein Kreis passt in kein Quadrat.' Die volle Power deiner Persönlichkeit kannst du nur in die Waagschale werfen, wenn das von einer festen Mitte aus geschieht. Dann wird es richtig stark. Deshalb: Du solltest an dieser Stelle richtig viel Energie hineinstecken, um Klarheit über deinen Kern zu bekommen. Dann fällt dir hinterher vieles leichter. Ich zeige dir jetzt einige grundlegende Konzepte, dann Beispiele, wie andere ihren Kern gefunden haben, und zum Schluss gebe ich dir einige Übungen an die Hand, mit denen du bei diesem Thema weiterkommst. Passt?"

DEINEN KERN FINDEN

# Die Theorie vom Essential Self

**Wer bist du?** Wenn du diese Frage nicht klar beantworten kannst, verbringst du vermutlich 90% deiner Zeit mit Dingen, die dich nichts angehen. Ohne besonders christlich zu sein: Im Mentoring sage ich immer 'Mit dieser Übung trägst du dich in Gottes Adressbuch ein. Dein Name in Gottes Adressbuch - damit er weiß an, an wen er sich zu wenden hat, wenn er einen Job zu vergeben hat.' Auch das habe ich vor langer Zeit mal irgendwo gelesen, und ich fand es so gut, dass ich es behalten habe. Es ist eine andere Bezeichnung für deinen Kern. Die große Managementliteratur der Neuzeit greift das in allen möglichen Spielarten immer wieder auf. Wir hatten ja schon über 'The One Thing' von Gary Keller gesprochen. Im Buch beschreibt der Autor sehr anschaulich seine eine große Sache:

«*Mein Zweck besteht darin, anderen Menschen dabei zu helfen, mithilfe meiner Schulungen, meines Coachings und meiner Texte das bestmögliche Leben zu leben.*»*Wie wirkt sich das auf mein Leben aus? Schulung ist meine EINE Sache, und das seit fast 30 Jahren. Zunächst vermittelte ich meinen Kunden Wissen über den Markt und darüber, wie man herausragende Entscheidungen triffst.*

*Als Nächstes schulte ich Verkäufer in Kursen, Verkaufskonferenzen und mithilfe von persönlichem Coaching. Später waren es Schulungen für Geschäftsleute und Manager. Daraus wurden Schulungen für Hochleister, und in den letzten zehn Jahren sind es Seminare über spezifische Lebensprinzipien gewesen. Den Stoff, den ich vermittle, ist Inhalt meines Coaching, und beides wird von meinen Texten unterstützt.*»
*aus: Gary Keller. The One Thing*[5]

**Porsche oder Demeterhof?** Das Konzept vom Essential Self. Um herauszufinden, wer du wirklich bist, kann dir eine interessante Unterteilung weiterhelfen. Sie eröffnet dir noch einmal eine neue Perspektive, um dich zu hinterfragen. Ich mache das mal an einem sehr plakativen Beispiel konkret. Ein Kontakt von mir hat sich kürzlich in einem Post auf LinkedIn mit seinem neuen E-Porsche gezeigt. Er hat sehr nett zum Foto kommentiert, dass er schon sein ganzes Leben lang von so einem Auto geträumt habe, dass er aus kleinen Verhältnissen komme, dass er stolz darauf sei, sich den Wagen jetzt aus eigener Kraft erarbeitet zu haben.

Der Post hat eine Saite in mir angerührt, aber trotzdem, frag dich einmal: Würdest du in den Social Media so neben deinem offensichtlich teuren neuen Sportwagen posieren? Das ist ein interessanter Punkt. Schauen wir uns das einmal näher an. Was drückt der Post aus? Erstmal: Er zeigt, dass mein Kontakt erfolgreich in dem ist, was er tut. Das kommt deutlich heraus, und das will er offensichtlich auch nach außen zeigen. Ihm ist also wichtig, was andere von ihm denken. Dr. Martha Beck, eine bekannte Autorin von Lebenshilfe-Büchern aus den USA, unterscheidet zwischen einem Social Self und einem Essential Self.

**Das Essential Self** ist dein Kern. Es umfasst die unverbrüchlichen Prinzipien, nach denen du handelst. Es beinhaltet deine Werte. Sie sind in der Regel über einen langen Zeitraum, wenn nicht über dein ganzes Leben hinweg, stabil.

**Dein Social Self** beschreibt dagegen dein anerzogenes Wesen. Es umfasst deine Vorlieben, die durch Erziehung, Sozialisierung und dein Umfeld geprägt werden. Beim Social Self geht es immer darum, das soziale Spiel mitzuspielen, dich an offensichtliche und ungeschriebene Regeln zu halten, Erwartungen von anderen zu erfüllen. Wenn ich mir heute die ganzen Dubai-Influencer anschaue, würde dazu auch das teure T-Shirt für 200 Euro plus gehören, die Luxusuhr am Handgelenk und dass du ein Selfie-Video von dir am Pool auf den Malediven aufnimmst. Das Bild, das dahinter steht, ist oft: Erfolg wird am Umsatz gemessen."

Sylvia machte eine Pause. „Versteh mich nicht falsch", sagte sie. „Ich habe nichts gegen einen E-Porsche. Ich weiß, dass viele Männer technikbegeistert sind und solche Autos auch deshalb lieben." Ich nickte. „Das stimmt", bestätigte ich. „Und du hast Recht: Ich habe mir auch gerade vor drei Monaten einen neuen dunkelroten Tesla gekauft. Er macht mir einfach Freude." Sylvias Gesicht hellte sich auf. „Jetzt kommt die spannende Frage: Würdest du dich in den Social Media mit ihm zeigen?" Ich brauchte nicht zu überlegen. „Nein. Ich mache sowieso in den Social Media fast gar nichts. Du findest mich nur über meine GmbH-Beteiligungen bei Portalen wie Northdata oder Companyhouse. Ansonsten will ich aber gar nicht in die Öffentlichkeit. Ich halte mich da raus."

„Auch spannend", kommentierte Sylvia. „Also hier liegt ein deutlicher Unterschied von dir zu meinem Kontakt, der auf LinkedIn gepostet hat. Ihm ist wichtig, seinen Status nach außen zu zeigen, und dir nicht. Du magst deinen Tesla aus anderen Gründen, weil du Spaß am Auto hast. Mancher, den ich kenne und der wie du einen solchen Wagen zuhause stehen hat, postet dann aber trotzdem lieber über Themen, für die er sich einsetzt. Meistens sind Menschen, die aus ihrem Essential Self heraus handeln, sogar noch erfolgreicher, weil sie damit auf Resonanz bei anderen stoßen und eine Saite in ihnen zum Schwingen bringen. Übrigens: Vielen richtig Reichen aus meinem Bekanntenkreis ist das Materielle gar nicht mehr so wichtig. Sie sind dann eher wie die 'Wohlhabenden', über die Philipp J. Müller geschrieben hat.

Das Materielle besitzen sie zwar auch, aber es ist für sie nicht der Rede wert. Ihren Wert bemessen sie an etwas anderem.

**Social oder Essential Self?** Keines von beidem ist besser oder schlechter. Du kannst durchaus mit dem Social Self erfolgreich sein, wenn du zielstrebig bist, dich an Regeln hältst, das soziale Spiel mitspielst, ein funktionierendes Geschäftsmodell hast, das dir ein sehr gutes Einkommen sichert. Gewichtest du es aber hoch - und das zeigt sich an deinem Auftreten nach außen wie eben bei jenem LinkedIn-Post -, dann bist du eher im Monetären verhaftet, und Status nach außen ist dir wichtig. Übrigens: Ich selber würde mich nicht mit so einem Porsche in den Social Media zeigen. Manche Autos mag ich zwar auch. Seit meiner Zeit, als ich in London gearbeitet hatte, habe ich eine Schwäche für alte Jaguar."

Sylvia schmunzelte. „Die Sorte, bei der du gleich die Werkstatt und den Mechaniker mit einkaufen musst. Aber ich würde ihn unbemerkt kaufen und mich daran freuen und mich nicht daneben stellen und das auf LinkedIn posten." Das konnte ich nur bestätigen. „Bis vor drei Monaten hatte ich tatsächlich auch nur einen alten Kasten-Volvo", fügte ich hinzu. „Er hatte Hagelschäden im Lack, aber ich habe ihn geliebt. Er war zuverlässig und ein treuer Begleiter. Irgendwie war es mir dann doch lange nicht so wichtig, mit was ich fahre. Autos mag ich schon, wegen der Technik. Erst vor drei Monaten habe ich mich dann durchgerungen." Ich grinste. „Jetzt macht mir der Tesla echt Spaß. Ist schon etwas anderes."

**Eine neue Gesellschaft.** „Vielleicht sehen wir auch gerade so etwas wie eine Zeitenwende", sagte Sylvia nachdenklich. „Früher waren die Eigenschaften des Social Self wichtiger. In der neuen Welt gewinnen die Eigenschaften des Essential Self an Gewicht. Weil du heute flexibler reagieren musst, weil du manchmal nur noch intuitiv vorgehen kannst, weil Menschen dich als Persönlichkeit erleben wollen. Du kannst dich mehr hinter Äußerlichkeiten verstecken. Es geht vielmehr darum, dich echt und auch mal mit Fehlern zu zeigen. Der Weg dahin führt über deinen Kern, darüber, wer du bist. Wie heißt es so schön - Diamanten entstehen unter Druck? Zwei Beispiele zeigen das:

→ **Nicht nur höher - schneller - weiter. Dein Kern als Gegenreaktion.** Ein Familienunternehmer war schon als Kind bei allen Gesellschafterversammlungen mit dabei. Sein Vater stand oft unter Druck. Es war zu merken, dass es ihm nicht gut ging. Der Sohn hat ihn vor allem als abwesend erlebt - und manchmal auch als 'echtes Arschloch'. Irgendwann in den 90er Jahren war er dann mit der ersten Firma insolvent gegangen und hat alles wieder neu aufgebaut. Später dann noch einmal. Als er schwer krank wurde, ist der Sohn von heute auf morgen als Nachfolger in die Bresche gesprungen. Ihm sind heute ganz andere Werte wichtig. Er arbeitet am Miteinander im Unternehmen, legt viel Wert auf eine gesunde und respektvolle Unternehmenskultur. Aus der Reibung am früheren Auftreten vom Vater ist sein Kern entstanden: Er möchte in der Firma ein Gegenbild in früheren Zeiten setzen. Und privat möchte er für seine eigenen Kinder als Familienvater da sein.

→ **Besonderheiten in der Persönlichkeit machen deinen Kern aus.** Ich habe dir ja schon von meinem Asperger erzählt", nahm Sylvia den Faden wieder auf. „Früher habe ich es nicht nach außen getragen, heute sage ich: 'Ich habe Asperger. Und ich finde es gut.' Aber es so offen zu sagen und anzuerkennen, dass das sogar meinen Kern ausmacht, war ein weiter Weg. Es bringt einige Besonderheiten im Alltag mit sich. Gesichter kann ich mir nur sehr schlecht merken. Wenn du mir nachher in der Stadt wieder über den Weg läufst, erkenne ich dich wahrscheinlich nicht. Oder ich konzentriere mich so sehr auf unser Gespräch, dass ich gegen einen Laternenpfahl laufe, wenn wir währenddessen spazieren gehen. Multitasking kann ich überhaupt nicht. Auf der anderen Seite hat es Vorteile. Ich kann mich extrem tief auf eine Sache konzentrieren und alles andere ausblenden. Meinen Kunden kommt das zugute. Was sie kompliziert finden, ist es für mich meistens nicht. Ich sehe immer den roten Faden, egal wie verworren ihre Situation auch scheint. Für meine Kunden ist das oft ein Aha-Moment, weil sie dadurch plötzlich wieder Wege für sich erkennen. Ich kann ihnen damit helfen, auch wenn ich vielleicht nicht der emotionalste Mensch bin." Sie nickte nachdenklich mit dem Kopf. „Ich denke manchmal, dass ich in einem anderen Leben vielleicht Napoleon gewesen wäre. Garantiert hätte ich auch da einen Schlachtplan ausgearbeitet. Aber gerade diese Nüchternheit ist ganz klar mein Kern. Ein Persönlichkeitstest vor einigen Jahren ergab einen Realitätssinn von 98%. Damit blieb für den Gegenpol auf der Skala, den Idealismus, nur noch ein Anteil von 2% übrig - war also quasi gar nicht bei mir vorhanden. Heute kann ich dazu stehen."

Sie schloss ab. „Also, was ich damit sagen will. Jede deiner Eigenschaften hat Vorteile, bringt aber auch Nachteile mit sich. Deswegen ist es so wichtig, dass du dich selbst gut kennst. Und dass du deinen Frieden mit dir machst." Sylvia kramte in ihrer Dokumentenmappe und suchte einige Papiere heraus. „Hier sind einige Übungen, mit denen du deinen Kern herausarbeiten kannst. Nimm dir vielleicht einige Minuten Zeit und gehe sie einmal durch."

# Übungen: Deinen Kern finden

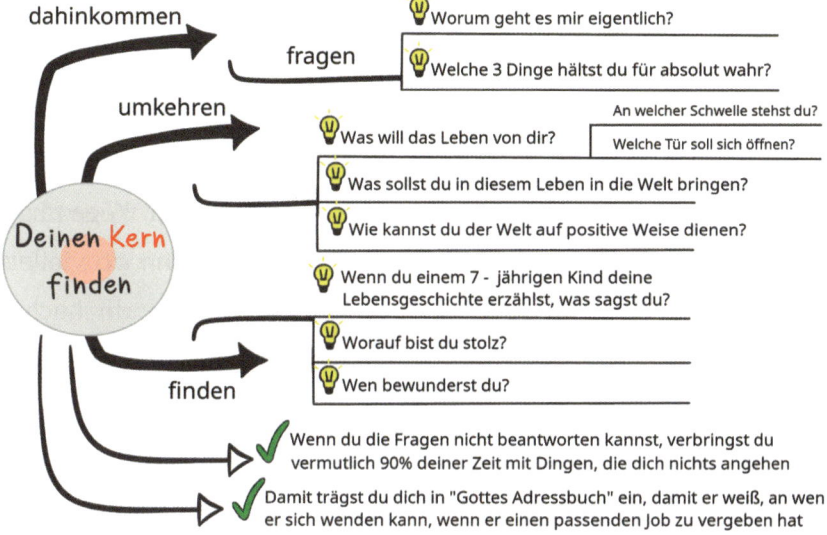

**ABBILDUNG 6.1: DEINEN KERN FINDEN**

1. Stell dir die Frage „**Welche drei Dinge hältst du für absolut wahr?**»

Sylvia erzählt. »Bei mir hat die Frage wirklich etwas getriggert. Ich weiß nicht wieso, aber manchmal kommt die Antwort direkt aus dem Unterbewusstsein. Ich hatte damals 2010 meine Ausbildung bei der GSA, der German Speakers Association, zum Excellence Speaker gemacht. Wir waren beim Block Persönlichkeit und hatten gerade das Insights-Profil erstellt, was eine Analyse aller persönlichen Eigenschaften ist, und hielten unsere sehr detaillierte Auswertung in der Hand. Es war ein Pamphlet von über 20 Seiten. Und dann haben uns die Trainer eine Frage gestellt, die für mich alles verändert hat. Sie ließen uns aufschreiben: 'Welche drei Dinge hältst du für absolut wahr?' Ich habe damals schon direkt in der Übung gemerkt, dass die Antwort etwas in mir triggert. In den fünf Minuten zur Vorbereitung kam sofort eine Antwort aus meinem Inneren, die mich selber verblüfft hat. Sie lautete 'Um zu blühen, bilde Wurzeln. Und dann finde die richtige Erde für dich. In der Folge wird das Universum den Regen beisteuern.' Ich weiß noch, wie die beiden Trainer, unter anderem Frank M. Scheelen, mich damals angestarrt hatten. Noch heute, über zehn Jahre später, beschreibt dieser Satz akkurater als jede Analyse, jede Mindmap die ich je gezeichnet habe, meinen 'Zweck der Existenz', also was ich für Menschen tue und worum es mir geht. Wieso konnte ich das damals schon formulieren, obwohl ich noch in einer ganz anderen Lebensrealität steckte? Damals war ich noch bei Microsoft, war Beraterin fürs Top-Management. Dieser Satz hatte nichts, aber auch gar nichts damit zu tun, was ich tagtäglich machte. Und trotzdem habe ich schon alles gewußt, wofür ich in diesem Leben gemeint war - was mein Kern war. Also: Ich kann dir nur sagen, diese Übung funktioniert. Ich habe einen großen Respekt vor ihrer Power, so winzig und unbedeutend sie auch wirkt. Versuch mal, was sie bei dir auslöst."

2. Weitere Fragen rund um deinen Kern. Es hilft, Sichtweisen auf dich einmal umzukehren. Anstatt dich zu fragen, was du erreichen willst, frage dich:

   ☐ Was will das Leben von dir?

   ☐ Was sollst du in diesem Leben erreichen?

   ☐ Was sollst du für andere bewirken?

   ☐ Was kannst du in diesem Leben tun, um anderen positiv zu nützen?

   ☐ An welcher Schwelle stehst du gerade?

   ☐ Welche Tür soll sich öffnen?

   ☐ Was ist das Beste in dir?

   ☐ Worauf bist du stolz?

☐ Was hast du bisher immer mit Leichtigkeit getan?

☐ Wann hat etwas gut geklappt, ohne dass du dich anstrengen musstest?

3. **Das Alternativen-Rad. Wie übersetzt du den Kern auf deine aktuelle Situation?**

- Nimm dir ein Blatt Papier und male ein Rad mit zehn Speichen drumherum.

- In die Mitte, bei der Nabe vom Rad, schreibst du die Worte: 'Kern', 'Vision für mein Unternehmen', 'Traum', was immer dir am meisten zusagt.

- Schau einmal, was dir inhaltlich direkt dazu einfällt und notiere es in kurzen Stichworten darunter.

- An die zehn Speichen schreibst du jetzt mögliche Alternativen. Und zwar bitte wirklich genau zehn, du solltest also nicht vorher aufhören. Es ist wichtig, dass du ins Nachdenken kommst.

- Am Schluss bewertest du die Alternativen danach, wie gut sie dir gefallen. Du kannst jeweils zwischen 0 und 10 Punkten vergeben. 0 heißt 'Kommt überhaupt nicht in Frage', 10 bedeutet 'Super, mach ich'. Die erste Alternative - die erste Speiche - heißt immer: 'Alles bleibt, wie es ist'. Das ist durchaus eine Möglichkeit, wenn du mit deiner aktuellen Situation zufrieden bist.

Stellen sich die gefundenen Alternativen als weniger attraktiv heraus als der Ist-Zustand, dann solltest du es dir gut überlegen, ob du etwas daran verändern willst. Noch ein Hinweis: Es hat Vorteile, die Übung zusammen mit einem Coach oder Mentor zu machen. Er oder sie kann dir blinde Flecken spiegeln und aufzeigen, an welcher Stelle du nicht kongruent mit dir bist. Meist haben Außenstehende intuitiv ein gutes Gespür für deinen Kern. Mir hat einmal eine gute Freundin gesagt: „Du sollst keine Begeisterungsfähigkeit haben? Neben dir komme ich mir vor wie ein Fisch." So ein wohlwollender Blick von außen kann dich ungemein weiterbringen.

4. **Deine Lebenskurve:** Lege ein großes Zeichenblatt im Querformat vor dich hin und unterteile das Blatt in eine Matrix.

Auf der y-Achse trägst du im unteren Drittel -5 ein ('Das Leben war schlecht'), in der Mitte bei 0 ziehst du eine durchgehende Linie, und oben trägst du +5 ein ('Das Leben war gut'). Auf der horizontalen x-Achse trägst du dein Alter in 10er Abschnitten ein, also von 0-10 Jahren, von 10-20, von 20-30 usw. Jetzt zeichnest du im nächsten Schritt die Wendepunkte in deinem Leben ein - wohlgemerkt nur die Ereignisse, die für dich auch wirklich Wendepunkte dargestellt haben. Es geht also um wichtige Situationen und Entscheidungen, die du unter den jeweiligen Umständen getroffen hast. Daneben schreibst du kurz in ein, zwei Stichworten, worum es sich dabei gehandelt hat. Jedem Ereignis ordnest du beim jeweiligen Alter einen Wert auf der vertikalen y-Achse von -5 bis +5 zu. Wichtig: Es handelt sich um deine eigene subjektive Bewertung, es gibt kein Richtig oder Falsch.

Der Clou: An den Wendepunkten erkennst du gut, worauf es dir in deinem Leben bisher ankam. Dein Kern tritt oft sehr deutlich hervor. Frage dich:

☐ Welche Geschichte erzählst du beim jeweiligen Ereignis?

☐ Worum ging es dir bei einer Entscheidung, die du getroffen hast?

☐ Welcher Grundwert liegt dahinter und hat deine Entscheidung in der Situation bestimmt?

☐ Kannst du bei jedem Wendepunkt dein darunterliegendes Lebensgefühl benennen? Kannst du Sätze bilden wie

    - Business ist wie…

    - Unternehmer-Dasein ist wie…

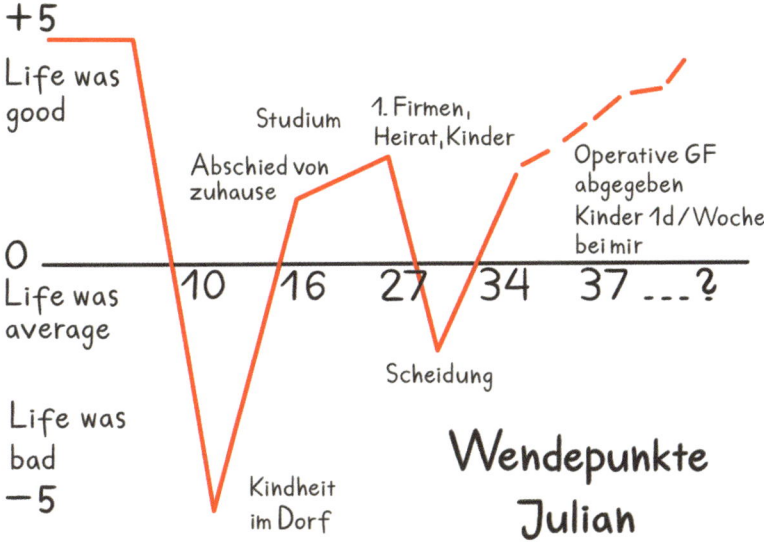

**ABBILDUNG 6.2: LEBENSKURVE - WENDEPUNKTE**

☐ **Externe einbeziehen.** Vielleicht nimmst du deine Lebenslinie auch und besprichst sie mit deinem Partner oder einem engen Freund. Frage explizit danach: Was sieht derjenige, wenn du über den jeweiligen Wendepunkt redest? Sieht dein Gegenüber eher, dass du in dieser Situation Spaß hattest, empfindet es dich kämpferisch, deprimiert, was sonst noch?

**Nach Werten suchen.** Wenn du die Lebenslinie mit einem Coach oder Mentor durchsprichst: Ein erfahrener Unternehmercoach wird nach starken Emotionen suchen, die deine Handlungen bestimmt haben. Es kann helfen, deine Werte und Aversionswerte herauszuarbeiten. Du solltest solche finden, die wirklich Auswirkungen auf dein Leben haben.

**Werte können zum Beispiel lauten**

- Grenzen überwinden
- Spitzenleistung bringen
- Verantwortung übernehmen
- für andere einstehen.

**Aversionswerte. Was möchtest du auf keinen Fall?** Oft steuern sie deine Handlungen sogar noch stärker. Sie können zum Beispiel lauten:

- „Ich will nicht unterlegen sein -> ich habe Angst, nicht bei den Besten zu sein."
- „Ich will keine Fehler machen - ich möchte hinterher nicht kritisiert werden."
  Sie zeigen sich immer dann, wenn du klar sagst: „Hierher und nicht weiter. Ich habe mich gegen das und das entschieden, weil…"

Ein guter Coach oder Mentor wird jeden Wendepunkt in deinem Leben hinterfragen:

- Wie bist du dazu gekommen?
- Welche Bedeutung hat für das für dich?
- Was genau hast du daran gut / schlecht gefunden?
- Hast du ein Beispiel dafür?
- Was war dir im einzelnen an dem Erlebnis so wichtig?
- Sind das Motive, die du auch wieder in deiner jetzigen Situation wiederfindest?
- Welche Gefühle hattest du in der Situation?

Mit dem Abstand von außen sieht ein Externer leichter, welche zwei, drei Werte oder Aversionswerte besonders hervorstechen. Ein geübter Blick darauf zeigt, ob noch etwas fehlt.

**In einer Reihenfolge anordnen.** Zu guter Letzt geht es darum, alle gefundenen Werte und Aversionswerte in eine Reihenfolge zu bringen. Wenn du zwischen zwei Werten schwankst, solltest du entscheiden, welcher von beiden dir wichtiger ist. Dazu solltest du noch einmal die getroffenen Entscheidungen auf deiner Lebenskurve betrachten. In der Regel findest du dann die Antwort.

Tipp: Wenn du tatsächlich weiter schwankst, solltest du künftig täglich ein Tagebuch oder ein Journal führen. Über die Zeit wirst du Muster in deinem Verhalten und in Bezug auf dich selbst erkennen. Es hat einen großen Vorteil, wenn du Aufzeichnungen direkt im Anschluss an eine Situation erstellst. Dein Gehirn kann sie hinterher nicht mehr verfälschen, oft trügt nämlich die Erinnerung. Im Journal steht festgeschrieben, wie du die Situation seinerzeit erlebt hast.

Ich ließ meinen Stift sinken. Eine Stunde war vergangen, und ich hatte mir erst etwas zu diesen Übungen aufgeschrieben, dann einzelne Punkte auf ein Flipchart gemalt. Zwischendurch war die Assistentin von Sylvia hereinkommen und hatte aufgeräumt. Jetzt nahm sie die Charts und hängte sie an die Wände. Sylvia hatte den Raum verlassen und kam jetzt wieder herein. „Und?", fragte sie gespannt. „Wie ist es dir mit den Übungen ergangen?" Ich breitete alle Zettel vor mir aus. „Die Übungen haben es echt in sich", sagte ich und schaute noch einmal der Reihe nach über meine Notizen herüber.

- Auf das Blatt mit dem Titel **Mein Grundwert** hatte ich 'Freiheit' und 'Unabhängigkeit' geschrieben. Bei meinem **Aversionswert** stand jetzt: 'Komplexität in meinem Leben reduzieren'.

- Auf die Frage: **Was will das Leben von dir?** hatte ich spontan geantwortet: „Ich möchte etwas zurückgeben."

**Erste Ideen für das nächste Level.** So vieles hatte ich in den letzten Jahren beim Aufbau meiner Firmen gelernt, dachte ich. Vielleicht konnte ich das jetzt anderen zeigen? Ich spürte ein kleines Flattern im Magen. Sylvia blickte ebenfalls auf meine Notizen herunter. Sie deutete auf das Alternativrad. „Du hast eine Variante mit 10 bewertet", stellte sie fest. „Magst du erklären, weshalb?" Ich zögerte und suchte nach Worten. „Vorhin hast du mir ja schon geraten, die Frage einfach mal umzudrehen.

Du hast gefragt, was das Leben eigentlich von mir will", erläuterte ich. „Da ist mir eine spontane Idee in den Sinn gekommen. Ich weiß wahrscheinlich wie wenige andere, wie man erfolgreich Digital Companys aufbaut. Immer wenn ich auf Netzwerktreffen darüber spreche, merke ich, wie mein Wissen andere geradezu elektrisiert. Sie kleben an meinen Lippen, wenn ich von meinen Erfahrungen berichte. Was wäre denn, wenn ich eine Art Schulungszentrum aufbaue und an Unternehmer weitergebe, wie sie es von vorne herein richtig machen?

Das Ganze gleich mit einer Lernplattform begleitet und organisiert in einer Mischung aus Präsenzphasen und Online-Angeboten?" Sylvia dachte kurz über meinen Vorschlag nach. „Es klingt an für sich logisch", sagte sie. Ich hatte schon weiter überlegt. „Es dürfte natürlich nicht so sein, dass ich dabei allen Kleinkram selbst organisieren muss. Ich hasse Komplexität und komme schlecht damit klar, wenn es nicht so läuft, wie ich es mir vorstelle. Ich weiß noch gut, wie ich einmal einen Campus mit artverwandten Firmen aufbauen wollte und das gründlich in die Hose gegangen ist, weil es in viel zu viel Koordinationsaufwand ausgeartet ist." Sylvia zuckte die Schultern. „Dafür gibt es Lösungen", stellte sie klar. „Das sollte dich nicht abhalten. Du kannst einen Assistenten oder eine fitte Assistentin einstellen. Ein befreundeter Unternehmer hat sich sogar jemanden von der Butlerschule geholt, der jetzt zur Hälfte als Butler, zur Hälfte als Personal Assistant bei ihm in der Firma arbeitet. Es ist gar nicht so teuer. Da sind viele Spielarten denkbar. Denk an Boris Feldmann, mit dem du ja vor dem Mentoring gesprochen hast. Er hat für eine ähnliche Idee einen gemeinnützigen Verein in Österreich gegründet." Sie blickte mich an. „Warum nicht? Es hört sich sehr spannend an." Sie zeigte auf die Grafik mit der Rad-Methodik.

„Dann werden dich gleich die nächsten Punkte besonders interessieren. Zuerst erhältst du einen Maßstab, mit dem du künftig Entscheidungen wie die Einstellung eines Assistenten beurteilen kannst. Das sind deine unverbrüchlichen Prinzipien bzw. Intangibles, wie ich sie nenne. Anschließend schauen wir uns an, wie du ein so großes Vorhaben wie ein Schulungszentrum realisieren kannst und trotzdem in deiner Balance bleibst. Morgen werden wir dann daran arbeiten, wie du deine Idee konkret in eine Vision übersetzt, die andere mitreißt." Sie blickte mich prüfend an. „So wie ich dich einschätze, hast du morgen Abend ein komplettes Bild, wie dein weiteres Leben aussieht. Und außerdem noch eine ausgereifte Geschäftsidee. Wetten?" Jetzt war es an mir, zu schmunzeln. „Na, da bin ich gespannt", sagte ich. „Lass uns weitermachen."

# Knowledge: Wer bist du?

„**Erkenne dich selbst!**". Der Spruch ist uralt. Der Überlieferung nach soll er einst im alten Griechenland am Eingang vom Apollontempel von Delphi gestanden haben. Die Bedeutung der Inschrift kennen dagegen weit weniger Menschen. Etwas philosophisch angehaucht steht dahinter: Deine individuellen Probleme und Fragestellungen kannst du auflösen, indem du dich mit deiner eigenen Persönlichkeit auseinandersetzt. Die Erkenntnis deiner Innenwelt dient dir damit als Schlüssel, um Probleme in der Außenwelt zu lösen.

Wenn du das mit heutigen Inhalten in der Persönlichkeitsentwicklung vergleichst, waren die alten Philosophen erstaunlich fortschrittlich unterwegs. Gab es das alles wirklich oder ist es eine Legende? Immerhin ist die Existenz dieser Inschriften bis heute nicht nur durch archäologische Funde, sondern auch durch schriftliche Überlieferungen belegt. So lässt zum Beispiel Platon den guten alten Sokrates im Phaidros und vor allem im Symposion über die Bedeutung dieser Inschriften referieren. Die Wenigsten wissen, dass am Apollontempel noch eine zweite Inschrift angebracht gewesen sein soll. Sie lautete *Nichts im Übermaß* bzw. *Alles in Maßen*. Was das heißt, schauen wir nachher in der Speiche vom Rad an: 'In Balance bleiben'.

Besonders für einen Typus Mensch ist der Rat der alten Griechen Gold wert. Ich treffe immer wieder hochsensible Unternehmer. Für sie gilt 'Nichts im Übermaß' ganz besonders, denn ihnen werden schnell alle Eindrücke zu viel. Psychologen sprechen von einem individuellen Stressfass, über das jeder von uns verfügt. Sprich: Es gibt nur eine begrenzte Menge an Stress, die dein Körper aushalten kann. Wenn das Fass überläuft, drohen gesundheitliche Probleme.[21] Hochsensible leiden oft besonders unter Stress - das hat einen handfesten Grund.

## *Teste dich selbst. Bist du der Typ hochsensibel?*

☐ **Bist du hochsensibel?** Bei vielen eher introvertierten Menschen kann das der Fall sein. Ich gebe dir ein Beispiel, was damit gemeint ist. Nimm an, dass du in einem wichtigen Meeting sitzt. Wenn du hochsensibel bist, hörst du nicht nur, was gesagt wird. Darüber hinaus nimmst du auch jede kleine Schwingung zwischen den Teilnehmern wahr. Für dich läuft also noch ein ganzer Film parallel mit. Oft kannst du als hochsensibler Mensch zusätzlich zur Unterhaltung noch ein komplettes zweites Drehbuch erzählen: „Der und der hat in diesem Moment den anderen böse angeguckt." „Bei der Bemerkung stand plötzlich eine Spannung im Raum." „Die Energie war plötzlich weg." Und so weiter. Oft fühlt sich der Hochsensible dafür verantwortlich, dass ein Meeting rund und harmonisch läuft. Dieser 'Film der Zwischentöne' läuft die ganze Zeit mit, ohne dass du ihn abschalten könntest. Dem Meeting zu folgen wird dadurch oft viel anstrengender für dich, als es die anderen im Raum empfinden. Es kann dich unter Druck setzen. O-Ton des hochsensiblen Unternehmers Daniel Weiner: „Ich komme raus aus dem Meeting und denke erstmal, jetzt müsste ich alles schlichten. Dass ich mit jedem einzeln reden muss, um es wieder geradezurücken." Das Interessante: Die anderen Teilnehmer haben das in der Regel gar nicht so empfunden und sehen überhaupt nicht den Bedarf dafür. Nach dem Meeting muss so ein Mensch erst einmal wieder herunterkommen. Wichtig: Wenn du auch zu dieser Gruppe gehörst, gilt für dich noch viel mehr: 'Always respect yourself - lass dich als Kreis von deiner Außenwelt nicht in ein Quadrat stecken.' Dir das richtige Umfeld zu schaffen, ist für dich noch wichtiger als für andere.

*«Also ich kann das nur bestätigen. Ich bin introvertiert, auch wenn ich nach außen extrovertierter wirke. Auch mich wollte man mal wie ein Quadrat in einen Kreis stecken. Alle sagen: Mach dies, mach das, du musst super viel Action machen. Und dabei habe ich für mich die Ruhe gesucht. Das bin ich gar nicht, sondern eben der Kreis. Ich kann's super bestätigen. Ein echt guter Ratschlag.»*

Daniel Weiner, CEO StudyHelp

# 7

# Die Nabe vom Rad - Deine unverbrüchliche Prinzipien

«*Ich wirke nach außen empathisch, nahbar. Das führt dazu, mich zu unterschätzen. Aber wo meine Werte verletzt sind, Ehre, Respekt, Wertschätzung, Ehrlichkeit, sobald dann die Grenze für mich überschritten wird zu diesem Unerschütterlichen: „Das mache ich nicht, da ist wirklich ein Wert von mir verletzt", dann handele ich konsequent aus dem Innersten heraus. Ich mache keine krumme Sachen.*

*Manchmal gerate ich damit in Konflikte. Die Leute sind überrascht, wie schnell ich dann plötzlich auch ganz anders sein kann und sagen: "Was hast du denn jetzt, du bist ja päpstlicher als der Papst." Ja, sage ich, aber mir ist es das andersherum nicht wert. Das passiert immer, wenn ich eine bestimmte Richtung gedrängt werde, die ich nicht will.*

*Wenn ich innerlich merke, mir widerstrebt das jetzt, meine Grenze ist überschritten. Klarheit über Werte, über meine unverbrüchlichen Prinzipien, ist ein ganz großer Faktor.*»

— *Familienunternehmer, 37 Jahre*

„Das ist ein wunderschön altmodisches Wort, oder?", sagte Sylvia. „Unverbrüchlich. Handeln nach Prinzipien." „Es klingt irgendwie gewaltig", stimmte ich zu. „Ich habe es noch nie so gehört. Was verbirgt sich genau dahinter?"

**Handeln nach klarem Maßstab.** „Dieser Punkt ist deutlich operativer als der Kern, um den wir uns eben gekümmert haben. Es geht darum, dass du einen klaren Maßstab hast, nach dem du in Situationen entscheidest", erklärte Sylvia. „Gemeint ist sozusagen ein eingebautes Frühwarnsystem, das sich immer dann meldet, wenn du von deinen unverbrüchlichen Prinzipien abweichst. Übrigens", sie lächelte. „Neulich hat sich eine Unternehmerin über den Begriff Prinzipien gewundert. Für sie klang das nach Prinzipienreiten, nach etwas Starrem. Das ist damit nicht gemeint. Aber es geht schon darum, standhaft zu bleiben, wenn die Welt um dich herum scheinbar zusammenbricht. Das englische Begriff ist besser geeignet: Dort heißt es 'intangibles' und bezeichnet etwas, was unangreifbar, was immateriell ist. Es geht darum

> *«...wie ich bei Verstand bleibe. Die Zahlen brechen ein. Wie kann ich dabei ruhig bleiben, schonend mit meinen Ressourcen umgehen, die wichtigsten drei Entscheidungen aus kühlem Kopf heraus treffen?»*

Das ist die Frage, die mir eine Unternehmerin vor einigen Jahren gestellt hat. Sie steckte mitten in einer Krise. Ihre Frage war für mich der Ausgangspunkt, diesen Part der Rad-Methodik zu entwickeln. Er lässt dich krisenfest auch angesichts der größten Anspannung bleiben." Sylvia sah mich prüfend an. „Das klingt noch abstrakt, oder?" Ich nickte. Sie dachte kurz nach. „Ich gebe dir mal ein Beispiel aus dem Alltag eines Unternehmers. Er hat sich in einer schwierigen Situation just von seinen unverbrüchlichen Prinzipien leiten lassen.

→ Mein Kunde Marek hat eine Beratung im Konzernumfeld. Er betreute schon seit Jahren einen Großkunden, einen Teilbereich im Konzern. Ein erheblicher Teil seines Geschäfts hing davon ab, und die Geschäftsbeziehung war über Jahre hinweg gut gewesen. Irgendwann allerdings wechselte sein Ansprechpartner auf Kundenseite. Der Nachfolger kam auf ihn zu und verlangte Veränderungen in der Auftragsabwicklung, die außerhalb des gesetzlichen Rahmens lagen. Es ging um klare Compliance-Verletzungen. Marek blieb sich in dieser Situation treu. Er machte nicht mit und hielt dagegen. Das hatte zur Folge, dass ihm der neue Ansprechpartner den Auftrag entzog, was aufgrund des Volumens ein herber Schlag für sein Geschäft war. Und damit nicht genug, sein Gegenüber überzog ihn auch noch rachsüchtig mit E-Mails, fingierten Vorfällen, Aufforderungen zur Stellungnahme jeweils knapp am Rande der rechtlichen Verfolgbarkeit. Marek wusste sich nicht anders zu helfen als über eine Vorstandsbeschwerde, die aber ins Leere lief und abgeschmettert wurde. Allmählich war er mit seinen Nerven am Ende. Er fühlte sich mittlerweile wie das sprichwörtliche Kaninchen vor der Schlange und wußte nicht mehr, was er noch machen sollte. Das Gefühl wurde so stark, dass er psychosomatische Beschwerden bekam, Atemnot fühlte, nachts schlecht schlief.

**Choose your fight.** Marek hat einen sehr hohen Preis gezahlt. War es also wert, so zu seinen unverbrüchlichen Prinzipien zu stehen? Ja. Trotz aller Konsequenzen: Er kann sich weiter ins Gesicht sehen. Wenn er mitgemacht hätte, wäre ihm vielleicht auch die Achtung vor sich selbst verloren gegangen." „Ich kann das gar nicht glauben", sagte ich atemlos. Sylvia nickte heftig mit dem Kopf. „Doch. Aus meinen eigenen Zeiten mit Großkunden kenne ich das auch noch: An manchen Stellen ging es unglaublich hart zur Sache. Du musst dir dann überlegen, welchen

Kampf du eingehst. 'Choose your fight' - diesen Rat hat mir eine gute Bekannte mit auf den Weg gegeben. Sie hat Recht. Nicht jeder Kampf ist es wert, dass du ihn führst. Besonders wenn du in einem toxischen Umfeld unterwegs bist, prasseln die Schläge permanent auf dich ein. Für dein eigenes Wohlbefinden solltest du diese Umgebung besser verlassen." „Wann genau ist ein Umfeld toxisch?", wollte ich wissen. Sylvia nickte. „Ich gebe dir nachher etwas zu lesen für heute Abend mit, was es erklärt. Jetzt darauf einzugehen würde zu weit vom Thema wegführen.

Also zurück zu deinen unverbrüchlichen Prinzipien. Ihr großer Vorteil ist: Wenn du sie kennst, weißt du genau, wo deine Grenzen liegen. Angriffe kannst du dann einfach an dir abprallen lassen. Oder dich eben auch entscheiden, eine Situation komplett hinter dir zu lassen. Es gibt eine schöne Erklärung von Dr. Joseph Murphy aus seinem Klassiker von 1962, 'Die Macht des Unterbewusstseins'. Ich zitiere ihn mal im Wortlaut, weil er sehr eindrücklich beschreibt, wie diese Mechanismen funktionieren.

*«Stellen Sie sich vor, Sie sagen während einer Seereise zu einem ohnehin verängstigt wirkenden Mitpassagier: 'Sie müssen doch krank sein. Wie blass Sie aussehen! Ihnen wird bestimmt gleich schlecht werden. Darf ich Sie nach unten bringen?'*

*Der Angesprochene wird sofort erblassen, denn die ihm suggerierte Seekrankheit verbindet sich in seiner Vorstellung mit den eigenen Ängsten.*

*Er wird sich dankbar auf Ihren Arm stützen und in seiner Kabine an den ihm eingeredeten Beschwerden leiden.[...] Stellen Sie sich vor, Sie machen auf der Seereise Ihr Experiment nicht mit einem Passagier, sondern mit einem Matrosen. Je nach*

*Temperament wird er über Ihr Hilfsangebot entweder lachen oder
verärgert sein.*

*In diesem Fall gerät nämlich Ihre Suggestion an einen un-
empfindlichen Seebären, der weiß, dass er gegen Seekrankheit
immun ist. Deshalb werden Ihre Worte ihn nicht verunsichern,
sondern wirkungslos an ihm abprallen.[...] Der Matrose im
Beispiel hatte keine Angst vor Seekrankheit. Er war sich seiner
Immunität sicher und deshalb konnte die negatives Suggestion
keine Angstgefühle in ihm wecken.»*
aus: Joseph. *Die Funktionsweise des Geistes*[22]

Auf die gleiche Art und Weise wirken unverbrüchliche Prinzipien:
Du bist dir deiner Sache sicher, egal was von der Außenwelt an dich
herangetragen wird", erklärte Sylvia. „Hier sind einige Ideen, worauf
du achten solltest und wie du weiter an dir arbeiten kannst."

**Tipps & Tools: Deine Intangibles = unverbrüchlichen Prinzipien er-
kennen**

- **Positive Rückmeldungen aus der Vergangenheit berücksichti-
  gen.** „Ich selbst habe so etwas erlebt in einer Abfindungsverhandlung mit einem Arbeitgeber", erinnerte sich Sylvia. „Wenn ich mir
  in den ganzen Jahren meiner Beratertätigkeit einer Sache sicher
  sein konnte, dann war das meine soziale Kompetenz. Immer war
  ich diejenige, die das Licht ausgemacht hat. Auch dann, wenn alle
  anderen Berater das Projekt schon längst verlassen hatten, war ich
  noch übrig geblieben, weil die Kunden mich dabei haben wollten. Sie vertrauten mir, für sie war ich oftmals wie ein Kapitän.
  Die Eigenschaft, die mich dahin gebracht hat, war emotionale Intelligenz. Und jetzt, in dieser Abfindungsverhandlung, kam ein

Manager und warf mir vor, ich sei zwar fachlich top, aber ich hätte überhaupt keine emotionale Intelligenz. Genau wie in dem Beispiel von Joseph Murphy ist diese Behauptung an mir abgeprallt, denn aus so vielen Jahren Bestätigung wusste ich, dass das nun wirklich überhaupt nicht mein Thema war. Sondern dass im Gegenteil hierin meine ganz besondere Stärke lag. Ich habe also ein Empfinden dafür gehabt, was meinen Kern ausmacht, für das, was für mich wirklich unverrückbar war. Und damit lief der Angriff ins Leere.

- Deshalb: Frage dich

  ☐ **was deine Stärken sind.** Worauf konntest du dich bisher immer verlassen?

  ☐ **wann es schon einmal Situationen gab, in denen du dir deiner Sache völlig sicher warst.** In der Regel kommt umgehend eine Antwort aus deinem Bauch, wenn deine Intangibles, deine unverbrüchlichen Prinzipien, verletzt werden. Psychologen sprechen von einer **stress response** aus deinem limbischen System.[23]

- **Deine Intangibles haben immer zwei Komponenten: Dass du**

  1. dir ihrer überhaupt bewusst bist
  2. merkst, wenn du sie verlässt.

  Für beides solltest du ein sehr feines Gespür entwickeln.

  **Ein Beispiel für 1.) Dir deiner Intangibles bewusst sein:** Viele Unternehmer reagieren allergisch, wenn ihnen ein anderer sagt: 'In dieser Situation musst du das und das tun.' In ihnen regt sich dann großer Widerstand. Sie sind meistens ja gerade Unternehmer geworden, weil sie sich nichts mehr sagen lassen wollen. Recht haben sie - sie müssen gar nichts. Ihr Erfolg oder Misserfolg wird sie bestätigen, und allein den sollten sie zu ihrem Maßstab machen.

**Ein Beispiel zu 2.) Merken, wenn du sie verlässt:** Hast du auch schon einmal heftig reagiert, wenn deine Intangibles verletzt waren? Wie gesagt erfolgt die Antwort oft postwendend aus deinem Inneren. Ich erinnere mich noch an meine Ausbildung zum Segelschein. Auf dem Ausbildungstörn hat mich mein Ausbilder einmal angeschnauzt, weil ich ihm etwas zu langsam gemacht hatte. Ich habe ihm daraufhin die Segelhandschuhe vor die Füße geworfen, weil ich mir so etwas nicht gefallen lasse, und bin unter Deck gegangen. Besonders klug war das nicht, denn es war der Prüfungstrip, und damit wäre ich durchgefallen gewesen. Meine Reaktion hatte ich aber nicht vorher abgewogen. Sie kam ganz direkt aus der großen Empörung heraus, dass für mich etwas Fundamentales verletzt war. 'So geht keiner mit mir um', war mein Intangible, nämlich mein Anspruch an einen guten gegenseitigen Umgang miteinander. Unbewusst hatte ich in dem Moment sogar in Kauf genommen, die Prüfung nicht zu bestehen. Zum Glück für mich nahm die Geschichte ein gutes Ende: Der Ausbilder hat wortlos meinen Platz eingenommen und ist für mich eingesprungen. Er hat mich trotzdem bestehen lassen. Entschuldigt hat er sich aber nie - wahrscheinlich konnte ich sein Verhalten als indirekte Entschuldigung werten. Auch das ist eine interessante Erkenntnis: Wenn du direkt aus deinem Inneren heraus handelst und dir treu bleibst, reagiert deine Außenwelt oft gut darauf. Deshalb: Bleibe ganz nah bei dir. Deine eigene Integrität zu bewahren ist ein hohes Gut.

- **Ein inneres Frühwarnsystem entwickeln.** Ein Unternehmer wollte seine Arbeitszeit verringern und suchte deshalb einen Geschäftsführer, der das operative Geschäft übernehmen sollte. Er hatte ein Bewerbungsgespräch mit einem sehr qualifizierten Kandidaten, das gut lief. Nach zwei Tagen Bedenkzeit hatte er die Arbeitsverträge in zweifacher Ausfertigung unterschrieben und wollte gerade zum Briefkasten gehen. Just in dem Moment meldete sich aber doch eine kleine innere Stimme, eine spontane Intuition, die ihm zuraunte: 'Komm, schlaf vielleicht doch besser nochmal eine Nacht darüber.' Er beruhigte sich damit, dass es ja keinen Unterschied machen würde, wenn er die Zusage nicht sofort abschickte. Der Briefkasten würde ja sowieso nicht vor dem kommenden Morgen geleert. Nachts gegen zwei Uhr wachte er dann auf, lag schlaflos im Bett und horchte in sich herein, was los war. Da war ein deutlich komisches Bauchgefühl, das ihm sagte, dass irgendetwas nicht stimmte. Er stand dann auf, setzte sich an den Rechner und googelte seinen Bewerber. Und richtig, er fand etwas, was dieser ihm verschwiegen hatte: Zwei frühere Positionen, bei denen er schon in der Probezeit gegangen war. Es war zwar nur eine Kleinigkeit, aber als er am nächsten Tag mit dem Bewerber telefonierte, sagte er ihm deswegen ab. Sein Gefühl war: 'Wenn der mir jetzt schon, bevor er überhaupt angefangen hat, Dinge verschweigt, wird das langfristig nicht besser.' Er ist also der kleinen leisen Stimme seiner Intuition gefolgt. Was kannst du daraus für dich mitnehmen? Deine Intuition ist mit das Wichtigste, was du hast. Es ist die Summe aller Erfahrungen, die du je im Leben gemacht hast, und umfasst besonders auch deine unbewussten Lektionen. Aber: Wie viele von uns schießen die leise Stimme der Intuition in den Wind, wenn sie sich meldet? Wenn du das auch schon einmal getan hast: Wer hat hinterher Recht behalten? Dein Kopf oder doch die leise Stimme in dir?

→ **Wie schulst du deine Intuition?** Ein Unternehmer sagt: 'Meditieren hilft mir zu sehen, was gerade passiert.' Jetzt muss nicht jeder meditieren, es ist aber eine von vielen Methoden, die dir helfen, im Moment zu bleiben. Denn darum geht es: Deine Intuition zu schulen heißt zu merken, was im jeweiligen Moment gerade passiert. Je genauer du deine aktuelle Befindlichkeit erkennst, je besser kannst du reagieren."

> «*Ich muss nicht ständig diesem oder jenem hinterherlaufen. Was ich nicht gut finde: Ich habe einen Freund, bei dem habe ich das Gefühl, der erfindet sich alle zwei Wochen neu. Ich beobachte das so von außen und frage ihn dann, was sind denn eigentlich deine unerschütterlichen Prinzipien, wo du weißt, die Welt um dich herum könnte zusammenbrechen und du stehst trotzdem fest?*
>
> *Und er sagt immer: „Ich passe mich an", und ich merke, wie ich das nicht könnte. Sobald dann die Grenze für mich überschritten wird zu diesem Unerschütterlichen, mache ich das nicht. Hier ist wirklich ein Wert von mir verletzt.*
> *Ich mache keine krumme Sachen, denn dann gerate ich in Konflikt mit mir selber. Mir ist es das nicht wert, ich will das nicht. Klarheit über Werte ist ein ganz großer Faktor.* »
> —*Familienunternehmer, 37 Jahre*

Sylvia reichte mir ein Blatt herüber. „Das gebe ich dir für heute Abend mit", sagte sie. „Es sind einige Ergänzungen zu toxischen Umgebungen. Wenn du morgen früh noch Fragen dazu hast, können wir die gerne klären. Es gibt aber eine Sache, mit der du dich wappnen kannst: Innere Stärke aufzubauen hilft dir bei allem, was auf dich einprasselt. Egal, was es ist. Lass uns deshalb mal anschauen, wie du innere Stärke trainieren kannst."

# Toxische Umgebungen vermeiden

- **Herausgehen wenn du nicht gewinnen kannst.** Aus eigener langjähriger Erfahrung mit Konzernkunden - als Berater des Topmanagements bei Microsoft hatten wir mit allem zu tun, was im weltweiten Geschäft schief ging -, kann ich sagen: Ich glaube fest daran, dass du in toxischen Umgebungen nicht gewinnen kannst. In einer solchen Situation zu bleiben und mitzumachen birgt eine große Gefahr für deine Gesundheit, und ich kann dir nur empfehlen, dich herauszuziehen. Die bereits zitierte Empfehlung 'choose your fight' nimmt es vorweg: Manche Kämpfe fordern einen hohen (zu?) hohen Preis. Du kannst vielleicht in einem solchen Kampf einen Teilsieg einfahren, aber du als Mensch bleibst auf der Strecke.

**Warum du dich aus toxischen Umgebungen fernhalten solltest.** Vielleicht am wichtigsten: Sie schaden deiner Gesundheit. Oft spüren Menschen in einer solchen Situation körperliches Unwohlsein. Ein Unternehmer aus Frankfurt bekommt Schnappatmung, wenn er seinen Bürostandort in der City betritt. Dort erwarten ihn immer neue Katastrophen. Eigentlich lacht er gerne, aber diese Seite kann er nicht ausleben. Er hat sich verändert, schläft schlecht, ist morgens mürrisch. Oft wirkt er niedergeschlagen, sieht fertig aus. Das Umfeld, in dem er unterwegs ist, tut ihm nicht gut. Der Verlust an Lebensqualität ist enorm.

**Muss der tägliche Kampfanzug sein?** Ich erinnere mich gut an ein Telefonat mit einem Bekannten von mir aus früheren Beratertagen. Er hatte sich vor einigen Jahren selbständig gemacht und führte jetzt im Auftrag von Konzernvorständen das Projektmanagement in Großprojekten durch. Im Telefongespräch sagte er plötzlich: „Weißt du, jeden Morgen, bevor es für uns zur Arbeit geht, sage ich zu meiner Frau: Jetzt ziehen wir wieder den Kampfanzug an." Ich war wie vor den Kopf geschlagen, weil seine Worte so bitter klangen. „Was meinst du?", fragte ich, unsicher, was er ausdrücken wollte. Er erklärte es.

„Ja, wir wir beide, meine Frau und ich, empfinden den Job als etwas, bei dem wir nicht gewinnen können. Es ist wie ein Rennen à la 'run antilope run', wie eine große anstrengende Jagd, bei der wir alles daran setzen, vorne zu bleiben. Ganz oft bleibt uns nur die Wahl zwischen Pest und Cholera." Wie klingt das auf dich? Dieser Bekannte wirkt nach außen erfolgreich. Ist er es aber wirklich? Es geht ihm nicht gut, weil er mitten im Feuer steht. Wie er selbst sagt, fängt er bereits an, schlecht zu schlafen. Ist es das wert? In einer solchen Situation solltest du überlegen, ob du nicht doch besser etwas ganz anderes machst. Kein Geld der Welt gleicht fehlendes Lebensglück aus.

- **Wovon hängt so eine Umgebung ab?** Einer Theorie zufolge ist das Ausmaß an Konkurrenz entscheidend. In Umgebungen mit starkem Konkurrenzdruck und knappen Ressourcen finden eher Kämpfe statt. Es gibt Rangeleien um den Status. Jeder versucht sich zu behaupten und den besten Platz zu ergattern. Anders ist das in 'neuen' Branchen. In der Software-Entwicklung beispielsweise gibt es aktuell eher zu viele als zu wenige Anfragen. Unternehmer in diesem Bereich geben daher Aufträge auch schon einmal an die Konkurrenz weiter, einfach um den Kunden gut zu bedienen - alleine schaffen sie es aufgrund ihrer Arbeitslast gar nicht. Diese Unternehmer kooperieren untereinander, teilen ihr Wissen, arbeiten firmenübergreifend an neuen Technologien. Warum? Aus dem einfachen Grund: Es ist ja mehr als genug für alle da.

Die Theorie, die das Phänomen beschreibt, ist die **Blue Ocean-Theorie** von Chan Kim and Renee Mauborgne. Sie ist ein Instrument aus dem Business Development und unterscheidet zwischen einem roten und einem blauen Ozean. 'Red Ocean' heißt: Im Wasser wimmelt es von Haien. Es ist tiefrot, von Blut gefärbt, weil die Haie zugebissen haben. Im Blue Ocean-Gewässer herrscht dagegen Weite, jeder hat genug Raum und findet seine eigenen Jagdgründe. Konkurrenz um die Nahrung ist Fehlanzeige, weil ja genug für alle da ist. Der Rat der beiden Erfinder der Theorie lautet deshalb, Nachfrage in noch nicht bedienten, konkurrenzfreien Märkten zu schaffen. Gerade neue Branchen, die heute entstehen, sind ein Blue Ocean.

Die Technologien sind so brandfrisch, dass nur wenige sie beherrschen. Es gibt Fördergelder für Neuentwicklungen. Insbesondere die ganz großen technischen Innovationen sind mittlerweile so komplex, dass eine einzelne Firma sie gar nicht mehr beherrschen kann. Kooperieren wird zur Notwendigkeit. Vor vielen Jahren hat mir eine Beraterin einmal den Tipp gegeben: „Gehe immer dahin, wo die Augen leuchten." Im Grunde kannst du das direkt auf die Blue Ocean-Branchen übertragen: Sie werden dir ein deutlich entspannteres Umfeld bieten als die klassischen konkurrenzgeprägten Branchen, in denen ein gnadenloser Verdrängungswettbewerb herrscht.

Wenn du mehr erfahren willst: Das Buch Mayday aus der Chefetage beschreibt ausführlich Strategien für Verhalten in Krisen und den Umgang mit toxischen Umgebungen.[24]

MAYDAY AUS DER CHEFETAGE

# 8

# Das Rad - Innere Stärke aufbauen

## Wie du deine Persönlichkeit veränderst

*«Zerstört hat mich ein Feedback aus dem Kreis meiner Unternehmerkollegen. Mein Hauptwert ist Herzlichkeit. Das bilde ich mir ein, auch nach außen auszustrahlen. Und jetzt kam die volle Breitseite. Die anderen in der Gruppe haben mir gesagt, dass sie das überhaupt nicht bei mir sehen. »*

— Unternehmer, 42 Jahre

„Das ist nicht untypisch", eröffnete Sylvia das nächste Themenfeld. „Kürzlich ist ein Unternehmer genau wegen so einem Widerspruch zu mir gekommen. Sein Problem hat er mir so beschrieben: 'Mein Team und meine Geschäftspartnerin haben mir neulich leider ein ziemlich ernüchterndes Feedback zu meiner Art zu kommunizieren gegeben. Jetzt möchte ich diesen Bereich für mich in Angriff nehmen. Meine Ziele sind:

- klarer und transparenter zu kommunizieren

- vorher die Erwartungshaltung vom anderen zu klären

- andere nicht zu verletzen

- mein Gegenüber besser verstehen

- mich in andere hineinversetzen können

- insgesamt empathischer zu werden."

**Bist du emotionslos?** Ich hatte mir diese Auflistung angehört und schluckte. „Das kann ich schon nachvollziehen", sagte ich. „Manchmal denke ich, dass ich zu emotionslos bin. Ich würde gerne mehr Gespür für andere bekommen. Und", dachte ich laut nach, „vielleicht auch mehr Mitgefühl mit ihnen entwickeln. Ehrlich gesagt fehlen in meinem Leben überhaupt die Emotionen." „Nur beruflich oder auch privat?", hakte Sylvia nach. Ich überlegte kurz. „Auch privat", antwortete ich. „Leichtigkeit zieht mich an. Ich würde gerne unbeschwerter an Themen herangehen. Irgendwie könnte ich auch einfach mehr Vertrauen ins Leben haben. Das fällt mir wirklich schwer, vielleicht weil ich ziemlich sicherheitsorientiert bin." Ich schaute Sylvia etwas unglücklich an. „Wie komme ich da heran? Kann ich da überhaupt was machen?"

Sylvia hielt meinem Blick stand. „Dann hole ich nochmal etwas weiter aus", setzte sie an. „Letztlich sind das alles Themen, die deine innere Welt und im Endeffekt deine innere Stärke betreffen. Für sie funktionieren keine Standardrezepte, und über Seminare alleine löst du diese Themen kaum. Der Unternehmer, der kürzlich zu mir gekommen war, hatte zuerst einen Workshop mit Videofeedback gebucht. Er wollte besser kommunizieren lernen. Aber: Es hat ihm nicht wirklich nachhaltig geholfen. Das Problem bei diesem Vorgehen ist, dass es sich zwar kurzfristig gut anfühlt - schließlich tust du ja etwas gegen dein Problem -, aber oft wirkt es nicht wirklich nachhaltig. Ich vergleiche das mit einer Tagescreme: Wenn du ganz faltige Haut hast, wird sich die Creme gut anfühlen und dich auch etwas glatter wirken lassen. Aber der Effekt bleibt oberflächlich und ändert deine Hautstruktur nicht von Grund auf, jedenfalls nicht kurzfristig. Die US-amerikanische Charisma-Forscherin Olivia Fox Cabane hat das Problem von rein oberflächlichen Verbesserungen gut beschrieben:

*«What these executives are lacking, I'm told, are social skills — and so people arrive expecting surface lessons [...] But what these executives need first and foremost are personal, internal skills. Individuals with strong internal skills are aware of what exactly is happening inside them and know how to handle it. They can recognize when their self-confidence has taken a hit and have the tools to get back to a confident state[...] »*
— *aus: Olivia Fox Cabane: The Charisma Myth*[25]

Wenn du wirklich weiterkommen willst, also zum Beispiel mehr Mitgefühl oder insgesamt mehr Emotionen entwickeln möchtest, hilft dir nur eines: Du musst deine Persönlichkeit entwickeln und an deinen inneren Fähigkeiten arbeiten. Das ist übrigens auch in sehr technischen Bereichen nötig. Dale Carnegie fand schon Mitte der 30er Jahre heraus: '...dass selbst in so technischen Berufen wie dem des Ingenieurs nur 15 Prozent des finanziellen Erfolgs auf Konto des technischen Könnens gehen, der ganze Rest von 85 Prozent aber dem Geschick im Umgang mit Menschen zuzuschreiben ist - der Persönlichkeit und den Führungseigenschaften.[26]

Was manchmal gerade technisch ausgerichteten Menschen fehlt, zeigt dieses Beispiel gut:

→ **Arrogant, autokratisch und in die Ecke gedrängt?** Der neue Vorstand einer süddeutschen Software-Company hatte ein Problem. Er war jetzt knapp über ein Jahr dabei, aber die ersten Mitarbeiter hatten schon wegen ihm gekündigt. Dabei hatte alles so gut angefangen. Der langjährige Vorstandsvorsitzende und Founder der Company hatte ihn von extern dazu geholt, als er in den Ruhestand ging. Die Softwarebranche kannte der Neue in- und auswendig. Er war selbst von Haus aus studierter Informatiker. Alle hatten sich auf ihn gefreut und ihm nicht geringe Vorschusslorbeeren gegeben, denn der Founder, der ihn ausgewählt hatte, besaß großes Vertrauen im Team. Die allgemeine Ansicht war: Wenn er jemanden auswählt, muss derjenige ja gut sein.

Aber bald nach Antritt seines Postens zeigte sich ein Problem. Der neue Vorstand kam just zu Beginn der Corona-Pandemie ins Unternehmen, als die Umsätze einen deutlichen Einbruch verzeichneten. Es gab also keine Schonfrist für ihn, keinen sanften Einstieg in seine neue Rolle. Leider zeigte sich jetzt: Wenn der Neue unter Druck geriet, wurde er unangenehm - wie ein Tier, das sich in die Ecke gedrängt fühlt. Mehr als einmal ordnete er einfach unbequeme Einschnitte an, ohne sich vorher mit der restlichen Führungsmannschaft zu beraten. Kritische Stimmen ignorierte er, indem er seine Führungskräfte einfach überbügelte und oft äußerst rüde behandelte, so dass sie schließlich ganz verstummten. Gerade in der demokratischen Unternehmenskultur einer Software-Firma mit lauter Freigeistern kam das überhaupt nicht gut an. In kurzer Zeit war die Stimmung im Team kurz vorm Kippen. Dem neuen Vorstand eilte der Ruf voraus, arrogant und autokratisch zu sein. Eine Lösung war erstmal nicht in Sicht, die Situation war verfahren.

**Instrumentarium lernen und auf Situationen anwenden.** Was hat hier geholfen? Der Founder hatte sich zu guter Letzt eingeschaltet und den neuen Vorstand zu einem Mentoring verpflichtet - so kam er zu mir. Er war reumütig und hatte den ehrlichen Wunsch, an sich zu arbeiten. Im Mentoring kam heraus, wie unsicher er sich während der Corona-Krise in der neuen Firma gefühlt hatte. Im Grunde hatte er nur versucht, seine Ängste durch besonders taffes Auftreten zu überspielen, was komplett nach hinten losgegangen war. Er selbst war mit seinem Latein am Ende und wusste sich nicht mehr zu helfen. Immerhin baute er soviel Vertrauen auf, dass er sich auf eine Mentoring-Begleitung über mehrere Monate einließ. Was in so einem Fall nötig ist, fasst der erfahrene Unternehmercoach und Inhaber der hok-Maschinenbau-Fabrik Stefan Thomm so zusammen: 'Nur noch so gut gemeinte Ratschläge helfen nicht. Du musst selber betroffen werden und ins Handeln kommen, dich von dem Scheiß trennen, den du dir über Jahre antrainiert hast.'

**Zu deiner Frage, was du machen kannst:** So ein Prozess dauert einige Monate. Mit einem erfahrenen Begleiter an deiner Seite arbeitest du viel tiefer an deinen inneren Fähigkeiten, als ein einzelnes Seminar das leisten kann. Im ersten Schritt lernst du ein Instrumentarium, das du auf künftige Situationen anwenden kannst. Gemeinsam mit einem Mentor oder Coach analysierst du regelmäßig, wie es damit in Alltagssituationen geklappt hat, und schärfst immer wieder nach. Es geht darum, dass du klar erkennst, warum du in einer bestimmten Art und Weise handelst und wo deine Grenzen liegen.

Du verstehst zum Beispiel, warum dich ein Ereignis überhaupt erst so negativ getroffen und du heftig reagiert hast. Solange du dich nicht aktiv damit beschäftigst, wirst du wahrscheinlich in vergleichbaren Situationen immer wieder ähnlich handeln. Durch das Instrumentarium kannst du steuern, wie du dich künftig verhältst. Die spirituelle Lehrerin Sohan Anne Boeing, die selbst auch als Familienunternehmerin in mehreren Beiräten vertreten ist, sagt dazu: 'Damit kannst du das erste Mal dein Geschäft auf eine emotionale Ebene heben. Das ist ein Grund zum Feiern.'" „Macht Sinn. Aber kannst du es etwas konkreter für mich machen: Was muss ich genau tun?", frage ich neugierig. „Was beinhaltet dieses Instrumentarium, das ich lernen soll?" Sylvia stand auf und klappte ein leeres Chart auf dem Flipchart-Ständer auf. Sie schrieb vier Punkte auf. „Es ist kein Hexenwerk", sagte sie. „Das sind die vier Schritte, die du lernst und später anwendest:

☐ **1. Besser wahrnehmen.** Der erste Schritt ist zu erkennen, was überhaupt in deinem Inneren passiert und wie es dir damit geht. Du lernst also, deine innere Befindlichkeit wahrzunehmen. Das geht nur, wenn du in jeder Situation einen Teil deiner Aufmerksamkeit auf das richten kannst, was gerade in dir vorgeht, und zwar egal wie herausfordernd die Situation auch sein mag. Dafür gibt es gute Techniken, die wirklich jeder anwenden kann. Du merkst dann direkt, wenn beispielsweise dein Selbstbewusstsein einen Schlag abbekommen hat, oder wenn du Angst hast und dich mit einer vorgeschlagenen Lösung unwohl fühlst.

☐ **2. Innehalten und einordnen.** Die Voraussetzung ist, dass du nicht sofort auf eine Situation reagierst. Du lernst, wie du eine kleine Verzögerung einbaust. Erst durch sie kannst du überhaupt fühlen, wie es dir im Moment gerade geht. Dadurch kannst du wählen, wie du dich verhalten willst.

☐ **3. Zur Mitte zurückkehren.** Flankierend eignest du dir Tools an, um souverän mit deinen verschiedenen Gefühlszuständen umzugehen und in einen Zustand der Ruhe und des Selbstvertrauens zurückzukehren. Du gewinnst dadurch also die Kontrolle über deine Innenwelt zurück und kommst wieder in deine Mitte. Es geht darum, Balance nach innen zu gewinnen. Übrigens funktioniert das auch bei Krisen.

☐ **4. Handeln folgt auf Klarheit.** Erst das Zusammenspiel aus klarer Einschätzung der Situation und Rückkehr zu innerer Ruhe ermöglicht dir, gute Entscheidungen zu treffen und besonnen zu handeln. Deine Entscheidungen fühlen sich wieder stimmig für dich an.

„Ich glaube nicht, dass ich das kann", kommentierte ich spontan. Ich war ebenfalls aufgestanden und neben Sylvia getreten. Jetzt zeigte ich auf den ersten Punkt auf dem Flipchart. „In jeder Situation einen Teil meiner Aufmerksamkeit auf das richten, was gerade in mir vorgeht? Da fängt es schon an. Das konnte ich schon früher noch nie. Ich bin immer voll in einer Situation drin. Wie soll ich denn dahin kommen?" Ich war skeptisch. Sylvia nickte bekräftigend. „Ich zeige dir jetzt gleich an einem konkreten Beispiel, wie du es schaffst und welche Techniken du nutzen kannst. Glaube mir, ich war genauso wie du. Immer 120% auf eine Situation fixiert. Was außen herum passierte, habe ich nie mitgekriegt." Sie lächelte. „Und wenn es jetzt bei mir mit meiner doch recht speziellen Persönlichkeit klappt, dann bei dir erst recht. Fangen wir systematisch mit dem ersten Schritt an.

**1. Schritt: Besser wahrnehmen:**

**Klar erkennen wie es dir geht. Auf deine Gefühle achten.** Du lernst, auf deine Stimmungen zu achten und sie einzuordnen. Kannst du sie klar benennen? Welche Gefühle zeigen sich öfter bei dir? Es hilft, wenn du regelmäßig im Verlauf eines Tages innehältst und dich fragst, was gerade in dir vorgeht. Zum Beispiel kannst du morgens direkt nach dem Aufstehen in dich hineinhorchen: 'Wie ist deine Grundstimmung heute? Was spürst du?' Ein Unternehmer aus meinem Umfeld hatte bei dieser Frage gemerkt: 'Da kommen manchmal Existenzängste bei mir hoch.'

Es hilft, wenn du dir einen Block bereit legst und zusammen mit Uhrzeit und Anlass notierst, was du erkannt hast. Über die Zeit wirst du sicherer im Wahrnehmen und Erkennen deiner Stimmungen.

**Hier sind einige nützliche Fragen:**

☐ Welche Gefühle kommen öfter morgens hoch, wenn du aufstehst?

☐ Wie oft fühlst du leichtes Unbehagen? Wann ist das der Fall?

☐ Wie häufig bist du leicht deprimiert, weißt aber gar nicht, wo dein Gefühl eigentlich herkommt? Gab es einen Anlass?

☐ Wie geht es dir, wenn du mitten in einem Konflikt steckst?

☐ Denkst du manchmal, dass du nicht genügst? Dass du einen schlechten Job machst?

**Imposters' Syndrom: Wenn du dich fehl am Platz fühlst**

„Gerade der letzte Punkt", verwies Sylvia auf das Flipchart, „ist sehr interessant. Nicht wenige von uns leiden am sogenannten 'Imposters' Syndrom' - hast du das schon mal gehört?" Ich schüttelte den Kopf. Sylvia fuhr fort. „Das war auch das Thema beim Vorstand der Software-Company. Er fühlte sich im Grunde ständig überfordert. Wortwörtlich heißt 'imposter' eigentlich Hochstapler. In diesem Zusammenhang bezieht sich der Begriff auf sehr hochqualifizierte Menschen, die trotzdem das Gefühl haben, sie befinden sich zu Unrecht an dieser Stelle. Eigentlich, so denken sie, gehören sie da gar nicht hin. Dieser Gedanke lässt sie in der ständigen Angst leben, dass sie auffliegen könnten. Andere könnten merken, dass sie gar nicht so großartig sind, wie sie nach außen hin scheinen. Letztlich ist es ein Gefühl, dass sie den Anforderungen nicht genügen. Es setzt sie unter eine enorme Anspannung. Und Druck", ergänzte Sylvia, „ist der schlechteste Ratgeber, den du dir denken kannst. Ein CEO sagte mal: 'Ich befand mich in blanker Panik. Ständig dachte ich, das schaffe ich nicht allein. Es hat mich völlig *over the edge* gepusht.' In so einer Situation kommt dann vielleicht etwas zustande wie beim Vorstand der Software-Company. Du trittst nach außen besonders stark auf, um deine Blöße zu überspielen. Keiner aus der Führungscrew vom Vorstand wäre nur ansatzweise auf die Idee gekommen, wie unsicher er in Wirklichkeit war."

Ich drehte mich zum Fenster und ließ die letzten Worte auf mich wirken. Sylvias Worte hatten mir fast einen körperlichen Schmerz versetzt, denn das war tatsächlich auch manchmal mein Thema. Als ich mich umdrehte, musterte mich Sylvia eindringlich. „Ist alles ok?", hakte sie nach. Ich nickte und wollte etwas sagen, brachte aber kein Wort hervor. Das Thema ging ganz schön tief bei mir. Warum eigentlich? Vor meinem inneren Auge lief ein Film ab. Sylvia merkte, wie aufgewühlt ich war. „Komm", baute sie mir eine Brücke, „wir sprechen vielleicht später darüber, wenn du bereit bist. Wenn nicht, ist auch nicht schlimm. Ich hatte ja versprochen, dir ein paar einfache Techniken mit an die Hand zu geben. Ok? Hier sind sie.

2. **Schritt: Innehalten und einordnen. Signale vom Körper erkennen.** Unser großes Problem heute ist, dass wir nur noch im Kopf sind. Wir vergessen, dass wir auch noch einen Körper haben. 'Ich bin nur Kopf', hat mein Kompagnon damals in unserer GmbH immer gesagt. Ich glaube, er war sogar stolz darauf. Das ist allerdings nicht besonders sinnvoll, denn: Der Körper weiß mehr als dein Kopf. Das ist sogar wissenschaftlich erwiesen.

Im sogenannten Bauchgehirn, dem enterischen Nervensystem, laufen sämtliche Nervenstränge zusammen. Wenn sich dein Bauchgefühl meldet, dann ist das deswegen, weil du in deiner Körpermitte eine fantastische Schaltzentrale hast.[27] In ihr sind alle Erfahrungen, die du jemals gemacht hast, gesammelt. Grob vereinfacht gesagt: Die Zellen speichern deine Erinnerungen als Impulse. Wenn wir gleich über Gesundheit sprechen, erzähle ich mehr dazu. Für den Moment reicht zu wissen, dass der Körper dein bester Anzeiger ist. Worum es geht, ist dich selbst zu spüren. Dein Körper gibt im Zweifelsfall eine viel sicherere und genauere Antwort, als dein Kopf das je könnte. Die Wenigsten von uns wissen mit dem Kopf, wohin sie wollen oder wo ihre Grenze liegt. Aber ihr Körper weiß es immer. Vielleicht kommt dir das bekannt vor:

**Du willst irgendetwas und spürst vielleicht parallel dazu ein Unbehagen in dir?**

Manchmal warnt dich eine kleine innere Stimme. Meistens ignorieren wir sie und machen trotzdem weiter. Das ist nicht besonders klug, denn einen besseren Ratgeber als deine Körperintelligenz gibt es nicht. Vor allem ist dein Körper immer auf deiner Seite - weil in ihm gespeichert ist, was gut für dich ist.

Bei dem Punkt bin ich leidenschaftlich", sagte Sylvia. „Ich war früher ein Meister darin, diese Stimme aus meinem Inneren zu ignorieren. Du kennst ja mein Motto 'alles geht'. Ich habe also durchaus körperliches Unwohlsein gespürt, bin aber trotzdem weiter über meine Grenze gegangen. Bis", sie zögerte, „ja, bis der Körper mich selber gestoppt hat. Er ist in die Eisen getreten, und zwar auf eine Art und Weise, die ich nie im Leben für möglich gehalten hätte. Damals haben meine Instinkte übernommen. Erst Jahre später habe ich verstanden, wie gut das war. Letztlich hat es mich wahrscheinlich sogar gerettet. Damals war es mir nur lästig. Ich wollte doch so gerne mit dem weitermachen, in dem ich 150% steckte. Dass es nicht gut für mich war, wäre mir damals nie in den Sinn gekommen. Also: Der Körper ist dein Verbündeter. Du hast einen Partner an deiner Seite, mit dem dir eigentlich nicht mehr viel passieren kann. Du musst nur lernen, darauf zu hören.

☐ **Einen Teil der Aufmerksamkeit immer freihalten und reservieren.** Ich gebe dir ein Beispiel, wie das klappt. Vor vielen Jahren, ganz am Anfang als Beraterin, hatte ich einen Akquisetermin bei einem Firmenchef in Köln. Ich wollte ihn wirklich gerne als Neukunden gewinnen, umso mehr, weil er mir sehr sympathisch war und ich toll fand, was er machte. Natürlich wollte ich mich im Termin von meiner besten Seite zeigen. Das Gespräch dauerte fast zweieinhalb Stunden. Aber: Ohne dass ich damals zuordnen konnte, was eigentlich genau im einzelnen passierte, fühlte ich mich währenddessen immer unwohler. Ich konnte nicht genau sagen, warum, und verabschiedete mich schließlich. Als ich hinterher wieder im Auto saß, kam ich zur Ruhe und dachte nach. Was war da genau passiert? Ich hatte kein besonders gutes Gefühl, obwohl das Gespräch eigentlich so ganz gut gelaufen war. Dachte ich. Oder? Warum dann dieser kleine Zweifel? Meine Antwort erhielt ich zwei Wochen später, als die Absage vom Firmenchef kam. Den Auftrag habe ich nicht bekommen.

Erst als ich viel später eine Gruppensitzung mit einer Therapeutin für Alexandertechnik hatte, verstand ich warum. Sie hat mich die Szene mit einem anderen Teilnehmer nachspielen lassen. Dabei wurde klar: Ich war seinerzeit viel zu stark in das Gespräch hereingegangen - währenddessen war ich überhaupt nicht mehr bei mir geblieben. Die Aufmerksamkeit auf deinen Gesprächspartner zu richten, ist an für sich eine gute Eigenschaft. Sie gibt dem anderen das Gefühl, dass du bei ihm (oder ihr) bist. Aber, und das war mein Fehler gewesen: Du solltest sie nicht ausschließlich darauf richten. Denn dadurch hatte ich weder wahrgenommen, was eigentlich zwischen uns passierte, noch meine eigenen Ziele verfolgt. Im Grunde hatte ich ihm eine ungebetene Coachingstunde gegeben, obwohl ich doch eigentlich Auftragsklärung hätte betreiben wollen. Die hatte ich aber sträflich vernachlässigt. Auch hatte ich dadurch meine innere Stimme ignoriert, die sich an mancher Stelle im Gespräch als kleine Alarmglocke meldete - denn tatsächlich hatte der Firmenchef schon einen anderen Dienstleister in petto gehabt. Er war gar nicht daran interessiert, mir den Auftrag zu geben und wollte eigentlich nur weiteren Input abzweigen. Zeitweise war das in kleinen Bemerkungen bei ihm durchgeblitzt. Ich hätte es also durchaus merken können. Jetzt, mit Hilfe der Lehrerin für Alexandertechnik, erkannte ich: Ich hatte das alles durchaus unbewusst registriert und mich deswegen zunehmend unwohler gefühlt. Es war aber nicht bis zu mir ins Bewusstsein durchgedrungen, weil ich so auf ihn und sein Problem fokussiert gewesen war."

☐ **70% reicht.** Sylvia schaute nachdenklich vor sich hin. „Aus dieser Sitzung habe ich gelernt, meine Aufmerksamkeit immer nur zu 70% auf die Situation zu richten, aber zu 30% bei mir selbst zu lassen. Der Rat an dich ist also: Du solltest immer einen kleinen Anteil an Aufmerksamkeit für dich reservieren, um steuern können. Damit verstehst du, was gerade passiert. Du kannst deine innere Stimme wahrnehmen und dir eine Pause nehmen wenn nötig, um das Gespräch zurück auf dein ursprüngliches Ziel zu bringen." „Wie mache ich das genau?", hakte ich nach. Ich war gespannt und auch elektrisiert. Genau das brauchte ich.

**Wahrnehmungsübung.** „Es sind einfache Techniken", erklärte Sylvia. „Zum Beispiel richtest du deine Wahrnehmung auf etwas aus dem Umfeld, während der andere spricht. Du kannst zum Beispiel kurz die Lehne von dem Stuhl spüren, auf dem du sitzt. Oder du merkst, wie sich deine Füße auf dem Boden anfühlen. Du kannst auch bewusst die Wand hinter dem Kopf vom Gegenüber wahrnehmen. Oder du achtest auf all die Geräusche, die parallel zu seiner Stimme noch in der Luft liegen. Schon solche Kleinigkeiten helfen, um dich aus deinem Tunnelblick herauszulösen und wieder in die Steuerung zurückzukommen.

3. **Schritt: Zur Mitte zurückkehren.** Ich bin ein Fan von Körpertechniken wie Alexandertechnik oder Feldenkrais. Ihnen gemeinsam ist, dass du ein Bewußtsein für deinen Körper entwickelst. Das kannst du dann in schwierigen Situationen abrufen. Am besten arbeitest du mit einem erfahrenen Therapeuten. Ich gönne mir solche Stunden regelmäßig. Seminare bieten dagegen oft wieder nur eine intellektuelle Herangehensweise an dein Problem." Sie hielt inne. „Bei mir wirkt außerdem Yoga. Wenn ich vor schwierigen Entscheidungen stehe, mache ich einige Übungen. Hinterher ist mir vieles klarer. Warum das so ist? Die Yogis erklären es damit, dass sich die Energiebahnen im Körper wieder geöffnet haben - die *Nadis*, wie sie es nennen. Dieses Konzept gibt es übrigens auch in der Traditionellen Chinesischen Medizin, wo

sie *Meridiane* heißen. Durch solche Übungen kann die Energie wieder frei fließen. Etwas, das sich verklemmt hat, kann sich auflösen." Sylvia setzte sich wieder. Sie schmunzelte. „Aber für mich fühlt es sich manchmal noch anders an, nämlich so, als hätte ich mich darüber irgendwie geerdet. Als hätte ich wieder Anschluss an eine tiefere Quelle gefunden."

Ich setzte mich jetzt ebenfalls. „Zu Yoga hatte ich bisher noch keinen Zugang. Ich bin relativ steif, und es macht mir keinen Spaß, wenn nichts klappt." Sylvia schaute nachdenklich. „Beim Yoga gibt es es kein Richtig oder Falsch", sagte sie. „Wie du die Übungen ausführst, ist im Grunde egal. Du machst immer nur genau das, was du kannst. Deswegen gibt es ja auch Varianten für alte Menschen, die sie vom Sessel aus machen können. Auch sie erfüllen ihren Zweck. Vielleicht ein paar kurze Worte dazu.

**So kommst du wieder ins Lot.** Die Unternehmerin und spirituelle Yogalehrerin Sohan Anne Boeing aus Berlin sagt, dass es drei Ebenen gibt, die du in Balance bringen solltest. Wenn das der Fall ist, bist du 'genullt', wie sie es nennt. Die drei Ebenen sind

- Körper / Physis

- Emotionen

- Mindset / Geist.

Techniken wie Yoga, die den Körper und den Geist ansprechen, können dir helfen, diese drei Ebenen in Übereinstimmung zu bringen. Das fasst noch mal sehr gut zusammen, was wir gerade besprochen haben, oder? Es geht darum, Ratio und Emotion zu verheiraten. Sonst sagt dein Kopf ja, deine Emotion aber nein. Oder umgekehrt. Wenn es ein *Mismatch* gibt, meldet sich dein Körper. Eine innere Stimme sagt dir dann, dass etwas nicht richtig ist. Du kannst deine Aufmerksamkeit dafür schulen, wie wir gerade gesehen haben. Im Grunde lernst du eine eigene Sprache, ein neues Alphabet. Wenn du darin richtig gut geworden bist, hast du alles zusammen für den letzten Punkt." Sylvia zeigte auf den letzten Satz, der auf dem Flipchart stand.

### 4. Schritt: Handeln folgt auf Klarheit

„Jetzt kannst du selber blinde Flecken erkennen. Du hast gelernt, in einer Situation genau hinzuschauen. Wenn deine Mitarbeiter zum Beispiel nicht frei ihre Meinung äußern, kannst du beobachten:

- Bist du es vielleicht selbst, der ihre freie Meinungsäußerung abwürgt?
- Drängst du dich in zu viele Bereiche herein?

Vielleicht hörst du jetzt eine kleine innere Stimme, die sich zu Wort meldet. Um beim Beispiel zu bleiben: Du merkst deutlich, dass du in Wirklichkeit Angst hast, überflüssig zu sein. Deshalb hast du bisher immer die Führung übernommen. Plötzlich erkennst du bisherige **Automatismen**. Erst mit dieser Klarheit bist du frei, neues Verhalten auszuprobieren - es anders zu machen."

Ich überlegte und hakte nach: „Funktioniert das immer? Also zum Beispiel, wenn ich empathischer werden oder die Perspektive des anderen einnehmen will? Oder wenn ich emotionaler sein möchte? Oder auch, wenn ich mir mehr Herzlichkeit wünsche?" „Ich kann dir versichern, dass es funktioniert", bestätigte Sylvia. „Vielleicht klappt es nicht sofort, aber du wirst merken, dass du darin immer besser wirst. Hör dir mal an, was ein Unternehmer erreicht hat, der diesen Prozess gegangen ist.

Er wollte konfliktfähiger werden:

> *«Ich war früher harmoniebedürftig unterwegs. Es hieß immer: 'Der Tom macht das halt schon.' Ich habe mich dabei aber schlecht gefühlt. Heute tue ich das nicht mehr. Ich weiß, wofür ich stehe und sage nein. Das hat zu dem einen oder anderen Konflikt geführt. Bei den anderen ist angekommen, dass ich aggressiver geworden bin. Ich empfinde das als gut, weil ich viel bei mir bleibe und mich besser fühle. »*
> — *Familienunternehmer, 37 Jahre*

**Das Ergebnis.** Ein anderer wollte sein Ego nicht mehr so stark in den Vordergrund stellen. Er sagt heute: 'Früher hatte ich mich nur mit der rationalen Seite beschäftigt. Seit ich viel an meiner inneren Stimme gearbeitet habe, sehe ich die Belange der anderen viel stärker. Außerdem habe ich mich mit Dankbarkeit beschäftigt. Vorher war mir gar nicht bewusst, was ich alles hatte. Ich habe verstanden, dass mir die anderen wohlgesonnen sind. Seitdem bin ich ruhig geworden, und mich kann eigentlich nichts mehr umwerfen. Ich habe auch meine früheren Aggressionen viel besser in den Griff bekommen.' Das sind ein paar Beispiele für Themen, wo dieser Prozess gut wirkt." Sylvia hielt inne. „Aber einen Punkt gibt es noch. Vielleicht sogar den Wichtigsten.

**Resilienz gegenüber stressigen Situationen aufbauen.** Es wird immer wieder Situationen geben, die dich umhauen. Manchmal grätscht das Schicksal herein. Plötzlich brennt es lichterloh in deinem Leben. Es ist eine Illusion, dass wir alles kontrollieren und Extreme vermeiden können. Wenn wir Pech haben, kommen Dinge auf uns zu, die scheinbar zu groß für uns sind.

Ein Beispiel:

→ **Schockstarre in der Krise.** Ein Unternehmer ist in eine finanzielle Notlage geraten. Er will seine Familie um Hilfe bitten. Aktuell befindet er sich in einer Art Schockstarre. Er weint. Für ihn ist es schockierend, dass er um Hilfe bitten muss. 'Ich war doch immer der große Bruder, der Onkel, der Starke.' Zusätzlich macht er sich Vorwürfe: 'Wie konnte ich mich in diese Situation hineinmanövrieren?' Er geht völlig gebückt, es wirkt, als drücke eine Riesenlast auf seine Schultern. Normalerweise ist er der Macher. Es ist ganz neu für ihn, sich so hilflos zu erleben. Er fühlt, dass er das Ruder nicht mehr in der Hand hat. Wie kommt er heraus? Wie wird er wieder handlungsfähig?

**Einordnung.** Erstmal: Wenn es lichterloh brennt, musst du löschen. Du musst in so einer Situation Maßnahmen treffen, um den Schaden zu begrenzen. Daneben hast du keine Zeit für etwas anderes. Aber du kannst schon im Vorfeld etwas tun, um dich für solche Situationen zu wappnen. Egal welche Herausforderung dir in deinem Alltag begegnet: Es gibt etwas, mit dem du fast alles aushalten kannst. Es ist Stabilität in deinem Inneren, die dich zum Fels in der Brandung werden lässt, egal was passiert. Die Zauberformel lautet: Innere Stärke aufbauen.

☐ Der Neuropsychologe Rick Hanson lehrt, wie Menschen ihr Gehirn gezielt stärken können. In seinem Buch 'Denken wie ein Buddha' definiert er innere Stärke als 'der wichtigste Vorrat, von dem wir auf unserem verschlungen oft steinigen Lebenswerk zehren können.' Mit innerer Stärke reduzierst du deine Verwundbarkeit gegenüber äußeren Herausforde-

rungen. Du beherrscht aber auch deine eigenen Unzuläng-
lichkeiten besser. Die gute Nachricht: Nur ein Drittel der Eigenschaften, die innere Stärke ausmachen, sind angeboren.
Die restlichen zwei Drittel kommen im Laufe der Zeit dazu,
und du kannst sie entwickeln. Herauszufinden, wie man seine innere Stärke zum Wachsen bringt, ist laut Hanson eine
der wichtigsten Lehren unseres Lebens.[28]

„Hm", sagte ich. „Was genau verbirgt sich eigentlich hinter dem Begriff
innere Stärke?" „Auch das hat Hanson beschrieben", sagte Sylvia. „Er
nennt Bestandteile wie

- eine positive Gemütsverfassung

- innere Ruhe

- erlernten Optimismus

- Selbstregulierung

- Stresstoleranz

- eine Entspannungsreaktion

- Belastbarkeit

- aber auch: ein volles Herz.

„Ein volles Herz klingt klasse", kommentierte ich spontan. „Eigentlich
hört es sich zu gut an, um wahr zu sein. Direkt gefragt: Wie komme ich
dahin?" „Ok. Ich gebe dir einige Tools", sagte Sylvia. „Mit ihrer Hilfe
kannst du an deiner inneren Stärke arbeiten. Natürlich ohne Anspruch
auf Vollständigkeit.

Am besten baust du dir über die Zeit ein eigenes kleines Repertoire an Übungen auf, um dich in stressigen Situationen zu beruhigen. Damit wirst du auch insgesamt ruhiger.

**Tipps & Tools: Innere Stärke für Krisen aufbauen**

☐ **Warum es schon bei Harry Potter eine sichere Zuflucht gab.** Für Krisenzeiten kannst du Erkenntnisse aus der positiven Psychologie nutzen. Kennst du das Konzept vom **sicheren Ort**? Es wird oft bei Traumata eingesetzt. Viele Kinder wenden es unbewusst an, wenn sie sich einen imaginären Spielkameraden erschaffen und einen besonderen Ort wie einen Zaubergarten ausdenken, den sie in ihrer Fantasie immer wieder aufsuchen. Schon Harry Potter kannte diese Idee: In den Büchern von Joanne K. Rowling hat Lord Voldemort seine Seele auf verschiedene Horkruxe aufgeteilt - es waren Seelenanteile, die er an verschiedenen Stellen verteilt hatte. An diesen Orten waren sie (zunächst) sicher verwahrt.

Wenn du dir dieses Konzept zunutze machen willst: Stelle dir regelmäßig vor deinem geistigen Auge einen Ort vor, an dem du dich früher besonders wohlgefühlt hast. Versuche, dir sinnliche Eindrücke ins Gedächtnis zu rufen. Wonach hat es dort gerochen? Hast du Sonnenstrahlen auf der Haut gefühlt, die dich gewärmt haben? Wie hat sich dein Körper damals angefühlt? Wenn du damals entspannt warst: Kannst du diese Entspannung auch jetzt wieder fühlen? Ziel der Übung ist, dir einen solchen gedanklichen Horkrux aufzubauen. Eine ähnliche Methode kennt man im NLP mit dem sogenannten Anker. Das kann ein kleiner Gegenstand sein, den du bei dir trägst. Alleine ihn zu berühren oder auch nur an ihn zu denken kann dir Sicherheit in schwierigen Situationen geben und dich beruhigen. Wenn du sie regelmäßig anwendest, konditionierst du dein Denken, und idealerweise setzt irgendwann sofort eine Entspannungsreaktion ein. 'Entspannung auf Knopfdruck': Mit etwas Übung kann dir das in Krisenzeiten helfen." „Was ist eigentlich nochmal genau NLP?", hakte ich nach. Sylvia suchte nach Worten. „Im Grunde ist es eine Technik, um deine psychischen Abläufe zu verändern", erklärte sie. „Es steht für **Neurolinguistisches Programmieren** und basiert darauf, dass du dein Denken, Fühlen und Verhalten (Neuro) mittels Sprache (Linguistik) systematisch verändern kannst. Das ist dann das Programmieren. NLP wurde in den siebziger Jahren von Psychotherapeuten entwickelt. Die Technik umfasst gesprächs-, verhaltens-, hypno- und körperorientierte Ansätze. Beantwortet das deine Frage?" Ich nickte.

☐ **Bloß keine Panik.** „In einer Krisensituation ist das Wichtigste, dass du Ruhe bewahrst. Mit kühlem Kopf triffst du bessere Entscheidungen als im Panikmodus. Wenn wir uns anspannen, zieht sich der Körper im immer gleichen Muster zusammen. Gerätst du in Panik, wird er mit Stresshormonen wie Adrenalin oder Noradrenalin geflutet, und schlimmstenfalls verfällst du in eine Schockstarre und bist handlungsunfähig. Mit diesen kleinen Übungen bringst du dein Nervensystem zurück in einen Ruhezustand:

– **Instant-Beruhigung.** Typisch bei Anspannung ist, dass du hyperventilierst. Ein probates Mittel ist deshalb in diesem Fall, deinen Atem zu beruhigen. Nimm dir einen längeren Spruch oder ein Gedicht vor, das du auswendig kannst. Dann sage alle Zeilen davon auf - in einem einzigen Atemzug. Ich selbst habe diese Methode mit dem 'Vaterunser' kennengelernt: Es war für mich insofern passend, als dass es eine der wenigen Zeilen aus meiner Kindheit war, die ich völlig ohne Überlegen beherrschte. Mit etwas Übung hatte ich es schließlich geschafft, es zwei- oder dreimal hintereinander aufzusagen, ohne zwischendurch Atem zu holen. Das Gute dabei ist, dass dein Gehirn komplett von dieser Aufgabe gefangen genommen ist, und du kannst an nichts anderes denken. Für Panik bleibt kein Platz mehr. Wenn du wieder Atem holst, wirst du sehr tief nach dieser langen Pause einatmen.

Kleine Übungen wie diese stammen ebenfalls aus der **Traumaforschung.** Auf die gleiche Art und Weise funktionieren Ansätze, bei denen du sehr lange einen tiefen Ton summst: Zum Beispiel den langgezogenen Laut 'Wuuuuuuuuuuu....' Versuche, auch diesen Ton solange wie es geht ohne Atemholen auszudehnen. Der tiefe sonore Klang bringt deinen Körper in Schwingung und löst Spannungen. Auch das kann zu einer sofortigen Beruhigung beitragen[29]

— **Tiefsitzende Spannungen lösen.** Ein Verfahren, um tiefergchende Spannungen im Körper zu lösen, heißt TRE - **Tension and Trauma Releasing Exercises.** Es beinhaltet ein Set an einfachen Übungen, über die sich Spannungen in deinem Körper entladen können. Besonders Emotionen, die sich vielleicht in deinem Inneren 'verklemmt' haben, kannst du damit lösen. Du kommst also zum Beispiel an Ängste heran, bevor sie sich verfestigen. Manchmal steckst du regelrecht in deiner Panik fest. Sie ist quasi in deinem Körper eingefroren, und zwar in Form von nicht vollendeten Bewegungsmustern. Durch die Übungen kannst du sie endlich loswerden. Ich selbst habe Menschen erlebt, die in ihrer Jugend eine schlimme körperliche Erfahrung hatten. Einer hatte in kindlichem Übermut nach einem Bienenstock getreten und wurde dann von Bienen gejagt. Selbst 20 Jahre später steckten diese Bewegungen noch in seinem Körper. Über die TRE-Übungen gelang es ihm endlich, diese verklemmten Spannungen auflösen. Es mitzuerleben war eine der beeindruckendsten Erfahrungen, die ich je hatte. Sie hat mich Respekt vor der Weisheit unseres Körpers gelehrt. TRE wird in Seminaren vermittelt. Auch bei dieser Technik gilt: Jeder kann sie lernen[30]

— **Mit dem Gleichgewichtssinn arbeiten.** Diese zwei Übungen stammen von einer Stimmtherapeutin und sind ungemein wirkungsvoll, wenn dein Puls mal wieder hochkocht. Probiere beide Übungen am besten zuerst in einem entspannten Moment aus. Du wirst erstaunt sein, wie wirksam sie dich später in Situationen großer Anspannung beruhigen können.

**1. Schwanken um die eigene Achse.** Ziehe deine Schuhe aus und stelle dich aufrecht hin. Stell dir vor, dass dein Körper steif wie ein Löffelstiel ist. Jetzt schwankst du um deine eigene Achse. Lass dich zuerst nach vorne kippen, dann nach hinten, dann zur rechten, zuletzt zur linken Seite. Entscheidend ist, dass sich deine Fußsohlen nicht vom Boden lösen.

**2. Rückwärts gehen.** Du stehst im gleichen Raum. Schließe jetzt die Augen und gehe langsam rückwärts. Keine Angst - du wirst in der Regel nicht gegen die Wand laufen, weil dein Körper ein inhärentes Gefühl für seine Lage im Raum hat. Trotzdem diese Übung bitte langsam und mit Vorsicht machen (!). Hier kommt ein ähnlicher Mechanismus zum Tragen, der auch verhindert, dass du nachts aus deinem Bett fällst.

☐ **Musst du meditieren wie jeder sagt?** Ich höre oft im Mentoring: 'Es fällt mir persönlich nicht leicht, Achtsamkeitsmeditation umzusetzen.' 'Ich bin hin- und hergerissen, ob ich es denn lassen soll.' Erst einmal: Meditation hilft vielen. Der Grund ist einfach: Mit Meditation kommen viele zur Ruhe, und das gibt ihnen eine klare Sicht auf die aktuelle Situation. Es funktioniert aber überhaupt nicht für jeden. So mancher würde es hassen, sich täglich im Lotussitz auf ein Sitzkissen zu begeben. Bei mir selbst hat beispielsweise Atemmeditation nie geklappt, ich bekomme im Gegenteil Atemnot davon. Es gibt also wie so oft nicht den einen Weg zum Ziel. Ich persönlich bekomme den Kopf viel besser frei mit einem Spaziergang im Wald oder indem ich mit Kindern von Freunden spiele. Im Grunde ist all das auch eine Form von Meditation, auch wenn es so nicht heißt.

Alles, was dich ruhig werden lässt und dich nicht unter Druck setzt, ist richtig. Probiere einfach in Ruhe aus, was bei dir wirkt. Mancher fährt am Wochenende gerne ins Kloster und übt dort Schweigen, ein anderer liebt sein Ayurveda-Retreat oder ein dritter zieht sich auch mal für eine Woche komplett aus dem Business und von allen sonstigen Verpflichtungen zurück und vermeidet in dieser Zeit jeden Input von außen. Er kommt erholt und frisch aus dieser selbstgewählten Klausur zurück. Wogegen ich mich immer stemme, sind pauschale Ratschläge: 'Du musst fünf Bücher in der Woche lesen, um weiterzukommen.' 'Du musst jeden Morgen nach dem Aufstehen Priming und Meditation üben.' 'Du musst täglich Sport machen.' 'Du musst ein Selbstgespräche-Tagebuch führen, das es bequemerweise im Shop zu kaufen gibt, und nach einem Zeitraum x 100 Seiten einreichen.' Ehrlich gesagt: Ich halte das für Bullshit. 'Jede Jeck is anders', sagen die Kölner. Wir sollten uns nicht in Schablonen pressen und sagen lassen, was für uns gut ist.

☐ **The brain runs on fun. Ungewohnte Kontexte ausprobieren.**
Was dich zusätzlich wappnet: Hast du ein Hobby? Machst du
öfter etwas, das dir großen Spaß bringt? Brichst du regelmäßig
aus deinen festen Bahnen aus? Ich bin ein Freund davon, öfter
mal den Kontext zu wechseln und auch als Businessmensch ungewohnte Techniken auszuprobieren. So habe ich früher häufiger
Unterricht an einer Schauspielschule genommen, habe Clown-
seminare besucht und privat mit Schauspiellehrern gearbeitet.
Das hat mich ungemein bereichert, ebenso wie Workshops zu
Musikimprovisation und Körperarbeit mit einem Choreographen
vom Tanztheater. Im Schauspiel gibt es zum Beispiel die Michael Chechov-Technik, nachzulesen in Büchern wie: 'Die Cechov-
Methode: Handbuch für Schauspieler'[31]. Dieses Verfahren lehrt,
auf Gesten und die damit verbundenen Emotionen zu achten.
Wenige kommerzielle Seminare haben mich so weitergebracht
wie seinerzeit eine Woche Schauspielcamp nach der Chechov-
Technik. Es kann sich lohnen, so etwas einmal auszuprobieren.
Sich völlig ungewohnten Kontexten auszusetzen, erweitert dein
Repertoire und schult deine inneren Fähigkeiten.

☐ **No one fits all.** Sprich: All diese kleinen Übungen zeigen eine Sache. Wenn du deine inneren Fähigkeiten trainieren willst, ist das
eine sehr persönliche Angelegenheit. Du als Persönlichkeit musst
die Reise machen und ausprobieren, was für dich funktioniert. An
Fähigkeiten wie deiner Empathiefähigkeit zu arbeiten, wird dich
weit nach vorne katapultieren und als Mensch bereichern. Berichte sprechen davon, dass es in Zukunft der Erfolgsfaktor schlecht-
hin wird."[32]

# Teste dich selbst: Wie steht es um deine Kompetenzen?

**Wahlmöglichkeiten: hoch - mittel - niedrig**

|  | fachliche Kompetenzen* | äußerliche soziale Kompetenzen** | innerliche Kompetenzen*** |
|---|---|---|---|
| Hoch |  |  |  |
| Durchschnitt |  |  |  |
| Niedrig |  |  |  |

- *z.B. die technische Fähigkeit, Objekte nach einer Montageanleitung zusammenzubauen

- **z.B. Fähigkeiten im sozialen Umgang

- ***(z.B. Fähigkeiten, um die eigene Gemütsverfassung in den Griff zu bekommen)

**Zum Vergleich:**

**Ingenieure schätzen sich oft so ein:**

- hoch bei fachlichen Kompetenzen

- mittel bei äußerlichen Kompetenzen

- niedrig bei inneren Kompetenzen

**CEOs schätzen sich oft so ein:**

- mittel bei fachlichen

- hoch bei äußerlichen

- mittel bei inneren

**Charismatische Menschen schätzen sich oft so ein:**

- niedrig bei fachlichen

- hoch bei äußerlichen

- hoch bei inneren.

nach: Olivia Fox Cabane: The Charisma Myth[33]

**Inneren Frieden finden.** „Manchmal", sagte Sylvia nachdenklich, als wir uns gemeinsam über den Test mit der Kompetenzeinschätzung beugten, „denke ich, dass wir verkopften Menschen einfach wieder zu etwas zurück wollen, das sowieso die ganze Zeit da war und das wir früher als Kinder schon einmal ganz natürlich beherrscht haben. Wir haben es bloß vergessen, ähnlich wie bei Platons Bild vom Dämon, der dir seit deiner Geburt an die Seite gestellt wurde."

„Was meinst du?", hakte ich nach, gespannt, weil es interessant klang. Sylvia überlegte. „Wie sage ich das am besten. Ich fühle es immer, wenn ich draußen in der Natur bin. Manchmal merke ich direkt, wie jede Zelle in mir entspannt, wie sich etwas löst, wenn ich zum Beispiel durch den Wald gehe. Diesen Effekt merke ich auch, wenn ich mich nach einem Arbeitstag aufs Rad schwinge und aus der Stadt heraus fahre. Im Spätsommer sehe ich dann, wie hoch der Mais steht, bekomme mit, wie die Dämmerung langsam aufzieht und höre ein Käuzchen rufen.

Manchmal denke ich dann, wie einfach eigentlich alles ist und wie unbedeutend unsere ganzen Gedanken, Sorgen und Nöte doch in Wirklichkeit sind. Vielleicht", ergänzte sie langsam, „ist das ja das Geheimnis von einem glücklichen Leben an sich. Wir haben den perfekten Frieden schon in uns, ohne dass wir es wissen. Wir müssen es nur wieder sehen. Hör dir mal das Gedicht von David Wagoner an, übrigens eines meiner liebsten Gedichte. Mir scheint, dass er dieses Gefühl perfekt in Worte gepackt hat." Sie öffnete die Dokumentenmappe und suchte einen Zettel heraus, den sie mir reichte. Ich fing an zu lesen.

«*Lost*

*Stand still. The trees ahead and bushes beside you Are not lost.*
*Wherever you are is called Here, And you must treat it as a po-*
*werful stranger, Must ask permission to know it and be known.*
*The forest breathes. Listen. It answers, I have made this place*
*around you. If you leave it, you may come back again, saying Here.*
*No two trees are the same to Raven. No two branches are the same*
*to Wren. If what a tree or a bush does is lost on you, You are surely*
*lost. Stand still. The forest knows Where you are. You must let it*
*find you.* »
— David Wagoner

Sie hielt inne. Ich war bewegt, und es dauerte lange, bis ich wieder sprechen konnte. „Das Gedicht möchte ich haben", sagte ich mit belegter Stimme. „Wagoner drückt etwas aus, was ich auch schon mal gefühlt habe. Ich hätte es nur nie ausdrücken können." Wir sahen uns an. Sylvia lächelte, und gemeinsam schwiegen wir einen Moment und hingen unseren Gedanken nach.

Es war eine angenehme Pause, und plötzlich nahm ich die Stille um uns herum wahr. Irgendwo in der Ferne, draußen vorm Zechengebäude, hörte ich einen entfernten Rasentrecker brummen. In mir breitete sich ein Gefühl von Frieden aus. Nach etwas, was wie eine sehr lange Zeit erschien, unterbrach Sylvia das Schweigen. Sie deutete auf das Chart an der Wand mit meinen Zielen für den Workshop. „Ich würde mal sagen, das ist die perfekte Überleitung für deinen Wunsch, in Balance zu kommen, oder?", meinte sie.

„Dein Ziel ist ja:

**In Balance zu bleiben, auch wenn du eine größere Vision umsetzt. Dabei zufrieden sein.**

Auch wenn es wie die Quadratur des Kreises klingt, eigentlich ist auch das gar nicht so schwer. Ich schlage vor, dass wir uns dann jetzt um die Speiche von meiner Rad-Methode 'In Balance kommen' kümmern, ok?" „Gerne", stimmte ich aus vollem Herzen zu. Mehr denn je hatte ich das Gefühl, dass es bei mir genau darum ging - deswegen war ich hergekommen und saß jetzt heute hier im Workshop bei Sylvia. Und das erste Mal dachte ich wirklich: „Vielleicht bin ich ja wirklich nicht mehr der Gleiche, wenn ich morgen von der Zeche wegfahre."

# 9

# Das Rad - Balance

## Das ganze Leben leben

*«Was gerade passiert, macht mich erwachsen. Vorher war ich halt immer der Einseitige. Jetzt erlebe ich das Leben. Bislang habe ich Freundschaften gar nicht gepflegt. Ich habe deshalb wenige echte Freunde. Im Grunde habe ich mein Privatleben komplett vernachlässigt. Weil ich wusste, dass das nicht gut ist, habe ich auch schon früher mit Coaches daran gearbeitet.*

*Es hat aber nie gefruchtet, weil es einfach nicht dringend für mich war, etwas daran zu ändern. Jetzt entdecke ich meine Gefühlswelt. Diese Seite haut mich gerade um. Es ist eine neue Welt, in der ich mich erstmal zurechtfinden muss. Ich muss lernen, das Leben zu genießen. Eigentlich ist es gerade nicht weniger als das Leben selbst, das passiert. »*

— *Unternehmer, 35 Jahre, gerade geschieden*

**„Das ganze Leben leben",** wiederholte ich nachdenklich. „Klingt ja gut, aber was genau heißt das?" Lebte ich schon das ganze Leben?, fragte ich mich innerlich. Und wenn nicht, was fehlte mir denn? Wie sollte ich die fehlenden Teile in mein Leben bekommen? Sylvia merkte meine Zweifel und schaute mich prüfend an. „Ich gebe dir mal ein Beispiel", sagte sie langsam. „Ich erinnere mich noch sehr gut an meinen ersten Chef damals in der Beratung. Rainer war voller Kontraste. Im Job war er ein Ausbund an Disziplin. Mittagspausen gab es bei ihm quasi nicht. Meistens holte er sich irgendein Teilchen vom Bäcker nebenan und aß immer direkt auf der Tastatur.

Wir haben es ihm gleichgetan, obwohl", Sylvia lächelte, „so manches Mal hat es mich wirklich genervt, und ich wäre gerne einfach nach draußen gegangen, um einen kurzen Tapetenwechsel zu haben. Wir alle in seinem Team haben es aber nicht gemacht, um uns vor ihm keine Blöße zu geben." Sylvia hielt kurz inne. „Das Interessante war aber, dass er zwei völlig verschiedene Persönlichkeiten in sich vereinte. In der Beratung war er der effiziente Manager, der eine steile Karriere hingelegt hatte. Wenn er dann allerdings manchmal von seinem Privatleben erzählte, konnte ich es kaum glauben." Sie machte eine effektvolle Pause. Ich war gespannt. Was würde jetzt kommen?

**Schamanische Workshops und die Effizienz vom Business.** „Ich fand es durch Zufall heraus", fuhr Sylvia fort. „Rainer hat zusammen mit seiner Frau schamanische Workshops angeboten, bei denen er halluzinogene Tränke eingesetzt hat." „Wie bitte?", hakte ich nach, völlig überrascht. „Was ist das denn?" Sylvia runzelte die Stirn. „Ja, wie erkläre ich das jetzt? Ziel seiner Workshops war, dass er die Teilnehmer auf eine andere Ebene des Bewusstseins gehoben hat.

Rainer setzte dazu auch noch eine weitere Technik ein. Er hatte in den USA eine Ausbildung im holotropen Atmen beim Psychiater Stanislav Grof absolviert. Mit dieser Atemtechnik sollen Anwender in Erfahrungsbereiche eintreten, die dem Bewusstsein normalerweise nicht zugänglich sind.[34] Es ging wohl darum", schloss Sylvia ab, „an bislang nicht oder nicht richtig integrierte Persönlichkeitsanteile heranzukommen, um so zu größer Ganzheit zu gelangen. Wie ich es von Rainer verstanden habe, ist es wohl eine extreme Form des Atmens, die in Richtung von Hyperventilieren geht. Sie soll dich in diese neuen Erfahrungsbereiche hereinbringen." Ich konnte mich nicht zurückhalten. „Du machst Witze", sagte ich immer noch ungläubig. Das konnte doch nicht stimmen. „Doch", bekräftigte Sylvia, „es stimmt.

Ich hatte damals wirklich Schwierigkeiten, meinen Chef Rainer, den ich im Job als hochkarätigen und effizienten Manager kannte, mit dieser Seite in Einklang zu bringen. Obwohl ich an für sich offen für alternative Ansätze bin, fand ich das, womit er sich privat beschäftigte, auch extrem. Heute erlebe ich häufiger, dass sich Unternehmer auf gesteuerte Drogentrips einlassen, um ihr Bewusstsein zu erweitern." Sie lachte. „Rainer und ich haben uns dann auf ein weniger kritisches Terrain verlagert. Er hat mich mit Mantras vertraut gemacht. Einige CDs, die er mir damals gegeben hat, habe ich heute noch."

**Warum du Meditation auch singen kannst.** „Mantras?", hakte ich nach. „Das sind doch gesungene Gebete aus Indien, oder?" Ich kam mir naiv vor. Damit hatte ich mich noch nie tiefer beschäftigt. „Stimmt", bestätigte Sylvia. „Im Grunde stellen sie auch eine Form von Meditation dar. Man wiederholt die immer gleichen Silben oder Verse, um zur Ruhe zu kommen.

Dadurch verlangsamen sich die Gehirnwellen und gehen von ihrem normalen Beta- in den Alpha-Bereich über. Parallel wird der Parasympathikus aktiviert, was beides zu Entspannung führt." Sylvia lächelte. „Mittlerweile höre ich Mantras eigentlich ganz gerne, weil sie so rhythmisch und eingängig sind. Sie funktionieren bei mir besser als die klassische Meditation, bei der du deine Atemzüge zählst. Das hat bei mir immer eher Beklemmung verursacht. Beim Hören von Mantras kann ich dagegen sehr gut abschalten."

Sie zwinkerte. „Also wenn du magst, gebe ich dir im Nachgang mal eine Liste mit den Mantras von Rainer. Sozusagen die verifizierte Mantra-Playlist vom Manager."[35]

**Du bist auf allen Spielfeldern der gleiche Mensch.** Ich ließ das auf mich einwirken und sah nachdenklich vor mich hin. „Klar, gerne. Da höre ich zumindest mal rein. Das ist also auch mal wieder ein Beispiel dafür, dass es ein 'one fits all' nicht gibt, oder? Es gibt nichts, das für jeden gleichermaßen funktioniert. Das ist es doch, was du immer sagst." Sylvia schaute zufrieden. „Ja, genau. Jeder braucht etwas anderes. Ich kenne einen Unternehmer, der sehr gut mit **NLP** fährt, über das wir ja eben gerade gesprochen haben. Auch diese Technik spricht ja weitere Sinneskanäle an und arbeitet mit visuellen und akustischen oder visuellen und kinästhetischen Eindrücken.

Soweit ich weiß, geht die Einteilung in verschiedene Lerntypen auf diese Theorie zurück. Bei NLP geht es aber noch viel stärker darum, das eigene Leben aktiv zu gestalten. Ziel ist, nicht mehr Spielball schlechter Gewohnheiten oder der Vergangenheit zu sein." Sie verschränkte die Hände hinter dem Kopf. „Ich bin überhaupt keine Fachfrau in diesem Thema. NLP habe ich selbst nie ausprobiert. Worauf ich aber zurückkommen möchte, ist ein anderer Punkt. Bei Rainer hat mich damals eine Sache gestört. Sie hat mich sogar fast verstört, würde ich sagen." Sylvia überlegte kurz. „Ich habe einfach nicht verstanden, wie jemand, den ich als so stark ausgeprägt in einer Richtung erlebt habe, privat ein so anderer Mensch sein konnte. Für mich war er der Prototyp vom effizienten Manager.

Ich konnte diese beiden Seiten von ihm einfach nicht in Einklang bringen. Selbst heute noch, wenn ich darüber spreche, empfinde ich ein Störgefühl. Wenn wir darüber sprechen, das ganze Leben zu leben, dann hatte ich nie den Eindruck, dass Rainer das tut. Für mich gibt es eine inhärente Stimmigkeit, die sich bei jemandem ausdrückt. Sie zeigt sich in der Art, wie er redet, wie er sich gibt, was er tut. Macht das für dich Sinn?" Sie sah mich fragend an. Ich war ehrlich. „Ich verstehe noch nicht ganz, was du meinst." Sylvia klappte den Laptop auf, der vor ihr stand, und tippte etwas in Google ein. Sie drehte den Bildschirm zu mir hin. „Kennst du den?", wollte sie wissen. Ich runzelte die Stirn, unsicher. „Ja, den habe ich schon mal gesehen. Das ist ein buddhistischer Mönch, oder?" Sylvia nickte zustimmend. „Ja, die Richtung stimmt.

Das ist Thich Nath Hanh. Er ist ein Zen Meister, ein spiritueller Lehrer und Friedensaktivist. Er engagiert sich für Menschenrechte. Ursprünglich kam er aus Vietnam und war ähnlich wie der Dalai Lama viele Jahrzehnte lang aus seiner Heimat verbannt. Er lebt in Frankreich, wo er mit Plum Village einen spirituellen Ort für Begegnungen geschaffen hat, vergleichbar mit Assisi in Italien bei den Christen. Es ist Jahre her, dass ich ihn das erste Mal gesehen habe. Und alleine dadurch, wie er bei dieser Gelegenheit gesprochen hat, ist etwas in mir passiert. Ich versuche mal, das zu beschreiben." Sie machte eine Pause.

**Stimmigkeit in allen Lebensbereichen.** „Wenn ich von 'das ganze Leben leben' spreche, dann habe ich sofort ihn vor Augen. Für mich verkörpert er diese Stimmigkeit, die ich eben genannt habe. Ich habe den Eindruck, dass er in sich ruht und dabei keine Fassade aufsetzt, sondern so ganz, sozusagen 100%, bei sich ist. Dass er ruhig, demütig und zugänglich, mit seinem ganzen Sein, die Themen ausdrückt, die ihm am Herzen liegen", fasste sie zusammen. „Früher, als ich Mitte 30 war, habe ich mich mit dem **Buddhismus** beschäftigt.

Ihre Lehren haben mich damals fasziniert, aber ich habe die Buddhisten nie wirklich verstanden. Sie haben von einem mittleren Weg gesprochen, davon, Dinge mit Mittelmaß zu tun. Ich war damals in einer völlig anderen Lebensphase. Ich wollte die Ausschläge im Leben, wollte das Höchste erreichen und war bereit, dafür auch Tiefen in Kauf zu nehmen. Die buddhistische Lehre vom Mittelmaß hat mich abgestoßen und angezogen gleichzeitig." Sylvia sah mich an, und jetzt zog sich ein Lächeln über ihr ganzes Gesicht. „Heute, viele Jahre später, ist das anders. Ich glaube, dass das große Ziel in unserem Leben sein sollte, uns komplett zu entspannen. Nämlich: Ruhig zu werden, in uns zu ruhen, ohne größere Ausschläge zu leben. Klingt unvertraut, oder? Wo doch alles in unserer Gesellschaft auf Vorankommen ausgerichtet ist, auf ein Größer - Höher - Weiterkommen, auf das jeweils Nächste, das es zu erreichen gilt. Nur", stellte Sylvia fest, „bringt dir diese Suche meistens keine langfristige Zufriedenheit.

Wenn du aber in dir ruhst, dann kommst du dahin. Ich vergleiche das gerne mit einem Pendel. Solange der Ausschlag zu stark in eine Richtung geht, ist Unruhe da, Bewegung, Dynamik. Es gibt aber einen Punkt, an dem das Pendel vollkommen still geworden ist. An diesem Punkt ist es austariert. Egal wie bewegt dein Leben auch ist, das Ziel sollte immer sein, wieder in diesen ruhigen Zustand zurückzukehren, ins Lot zu kommen.

**Ins Lot kommen.** Thich Nath Hanh ist dafür mein großes Vorbild. Dass ich das annehmen konnte, hat aber gedauert. Es brauchte einen weiten persönlichen Weg dahin. Zu dieser Erkenntnis bin ich erst über viele Stationen hinweg gelangt, die auch sehr schmerzhaft waren. Und", ergänzte sie, „dahin gekommen bin ich auch immer wieder über Begegnungen mit Menschen, die wie Thich Nath Hanh eine große Stimmigkeit ausgestrahlt haben. Einmal, 2003, besuchte ich ein hochrangiges Netzwerktreffen im Kloster Pernegg in Österreich.

Ich war mehr durch Zufall hinzugekommen, weil mich eine Freundin eingeladen hatte. Damals war ich noch einfacher Senior Consultant in der Unternehmensberatung und hätte normalerweise gar keinen Zugang zu diesen Kreisen erlangt. Es waren die Spitzen der deutschen und österreichischen Wirtschaft vertreten, zum Beispiel der Chef von Siemens Asien. Worum es mir aber geht", leitete sie über, „ist um das Begleitprogramm. Das beinhaltete nämlich eine Session bei einem Zen-Mönch. Damals hatte ich mit diesen Themen noch nichts am Hut und war eher überrascht, vor allem als ich im Programm über den Werdegang vom Mönch las. Er war nämlich ursprünglich promovierter Jurist gewesen, mit Spezialisierung und eigener Kanzlei im Wirtschaftsrecht. Irgendwann hatte er alles hinter sich gelassen, um Zen-Mönch zu werden. Einigermaßen skeptisch bin ich in die Session gegangen. Und ähnlich wie später bei Thich Nath Hanh habe ich sofort beim Hereinkommen die Stimmigkeit gespürt, die dieser Zen Mönch ausgestrahlt hatte.

Von der eigentlichen Session erinnere ich nicht mehr viel. Ich glaube, damals war so eine geführte Sitz- und Atemmeditation, wie er sie angeboten hatte, noch überhaupt nichts für mich. Ich weiß noch, dass ich völlig unruhig auf meinem Sitzkissen hin- und hergerutscht bin und einfach wollte, dass die Session bald endet." Sylvia schmunzelte. „Aber die Ruhe, die **Stimmigkeit vom Zen-Mönch** sehe ich bis heute vor mir. Es ist großes Kino, wenn du deine Botschaft nicht durch deine Worte, sondern durch deine ganze Persönlichkeit ausstrahlst."

Ich runzelte die Stirn. Das klang alles noch sehr weit weg für mich „Und wie komme ich jetzt zu dieser Stimmigkeit? Wie komme ich auch so ins Lot?", fragte ich. Sylvia nickte. „Du bist skeptisch, das ist gut. Ich mache jetzt mal am Beispiel von einigen Unternehmern konkret, wie du 'das ganze Leben leben' kannst. Einige Beispiele werden dich wahrscheinlich an deine eigene Situation erinnern. In Ordnung?"


### Wenn die Balance fehlt

→ **Martin ist Gesellschafter und gleichzeitig Geschäftsführer eines IT-Startups.** Er ist ein Ausbund an Disziplin. Morgens der Erste im Büro, arbeitet er extrem effizient. Ablenkungen über Tag versucht er abzustellen. Seine Tage im Büro sind lang. Wenn ein Wort auf ihn zutrifft, ist das Fokus. Für ihn gilt 'business first'. Er hat zwar eine Beziehung, stellt aber sein Unternehmen an die erste Stelle. Das führt dazu, dass er immer wieder neue Wege ersinnt, wie er die Firma nach vorne bringen kann. Manche davon sind nicht so ganz koscher. Gute Mitarbeiter einstellen? „Ich schaue auf LinkedIn oder Xing mal, wer bei der Konkurrenz arbeitet. Und die werbe ich dann gezielt ab." Kürzlich winkte ein neuer lukrativer Auftrag bei einem Großkonzern, in einem Zukunftsthema, das Martin schon lange besetzen wollte. Aber: Der Mitarbeiter, der die Skills hatte, um ihn abzuwickeln, war bereits in einem anderen Projekt eingesetzt. Es war ein Langfristvertrag mit einer remote abzuwickelnden Leistung. Was tat Martin? Er entschied: „Ich ziehe den Mitarbeiter einfach ab. Dem bereits zahlenden Kunden sage ich aber nichts davon. Das wird schon nicht auffallen." Von wegen - es fiel auf. Der Bestandskunde tobte.

**Was ist Martins Problem?** Er hat sozusagen zu viel **Fokus.** Er will den Erfolg, um jeden Preis, auch wenn seine Mittel der Wahl ethisch nicht vertretbar sind. Er wirkt verbissen, unentspannt. Als ich ihn darauf ansprach, sagte er: „Eigentlich bin ich ein sehr netter Mensch. Privat bin ich ganz anders." Dieser Satz ist mir lange nicht aus dem Kopf gegangen, denn ich glaube, dass er so nicht stimmt. Es gibt ein Sprichwort: 'Du bist auf allen Spielfeldern des Lebens der gleiche Mensch.' Daran glaube ich fest. Du kannst verschiedene Rollen haben, aber wie du dich verhältst, ist eine Frage deiner Haltung. Es ist ein Charakterzug, der sich in deinem Unternehmen, aber genauso gegenüber deiner Familie oder bei dir als Freund oder Freundin zeigt. Worum es beim Thema Balance geht, ist um ein ständiges Austarieren der verschiedenen Rollen in deinem Leben. Ein Bereich mag mal mehr Raum einnehmen, ein anderer mal weniger. Aber es sollte immer von einem soliden

Fundament aus geschehen, von einer inhärenten Stimmigkeit in deinem Leben.

→ **Florian, ein Unternehmer in der Weiterbildungsbranche,** hat in den letzten Jahren die Firma an erster Stelle gestellt. Dadurch war es einsam um ihn geworden. So blieb er in der Woche abends nicht selten bis 22:00 Uhr oder länger im Büro. Am Wochenende arbeitete er das ab, was unter der Woche liegen geblieben war. Ganz anders sein Co-Founder, der gleichberechtigter Gesellschafter-Geschäftsführer war. Selbst am Alltag fuhr der auch schon mal um 16:00 Uhr zum Golfen und erzählte montags vom Fußballspiel am Samstag mit Kumpels. Florian fragte sich frustriert:

„Wie kann das angehen?" Und: „Was mache ich eigentlich falsch?"

Verdient hatte er in den letzten Jahren eigentlich genug, um zum Beispiel auch mal spontan auf einen Kurztrip nach Mallorca oder sonst wohin zu fahren. Nur: Da waren jetzt keine Freunde mehr, die mitkommen würden oder auch nur in der gleichen Lebenssituation steckten. Seine Freunde von früher hatten entweder kein Geld für solche Trips oder waren in ihre Familien eingebunden. Neue Freundschaften hatte Florian nicht gepflegt. Er fühlte sich in einem Dilemma. Schon mehrfach hatte er ohne Erfolg versucht, seine Arbeitszeit herunterzuschrauben. Auf der einen Seite fühlte er sich verantwortlich und konnte auch gar nicht loslassen, auf der anderen Seite war er wütend auf sich selbst und auf seinen Co-Founder und wollte dringend etwas ändern.

→ **Wenn der Spagat Job - Familie dich zerreißt.** „Gerade letzte Woche hatte ich noch ein Gespräch mit einem Unternehmer", erzählte Sylvia. „Privat ging es ihm schlecht, obwohl er endlich einen Knoten durchgehauen und eine positive Entscheidung für sein Leben getroffen hat. Als Familienvater mit drei Kindern hatten ihn schon lange die exorbitanten Arbeitszeiten im Unternehmen gestört. Er war schon seit ein paar Jahren in einem Startup als CTO beschäftigt und hielt selbst einen Firmenanteil. Was ihm anfangs viel Spaß gemacht hatte, erwies sich für ihn als Albtraum, je näher es auf den geplanten Exit zuging. Der Founder und die übrige Führungscrew steckten mittlerweile extreme Arbeitsstunden herein. Lange Tage bis 22:00 Uhr mit obligatorischer Pizzabestellung waren die Regel, ebenso häufige Arbeit am Wochenende.

Für ihn war das mit seiner aktuellen Lebenssituation nicht vereinbar. Er wollte als Vater für seine Kinder da sein. Über einige qualvolle Monate hinweg schlug er sich mit einem schlechten Gewissen herum. Morgens fühlte er, dass ihn die anderen aus der Führungscrew schief ansahen, weil er vorher seine Kinder in die Kita gebracht hatte und deshalb später als alle anderen kam. Abends, wenn er sich zeitig verabschiedete, hatte er Schuldgefühle, weil er früher ging als sie.

Zwar hätte er auch gerne so viel geleistet wie die anderen, denn er sah auch, wie positiv sich der Zusammenhalt und die Gemeinschaft zwischen ihnen entwickelte, aber eben nicht um den Preis, das Aufwachsen seiner Kinder zu verpassen. Schließlich suchte er das Gespräch mit dem Founder, der in der letzten Zeit auch schon deutliche Unzufriedenheit mit seiner Leistung gezeigt hatte. So gerne er auch geblieben wäre, es ließ sich keine einvernehmliche Lösung finden. Das war bitter. Beide trennten sich letztlich im Guten, aber nach wie vor bleibt beim Familienvater eine Narbe zurück. Kurz vor einem chancenreichen Exit auszusteigen war das Letzte, was er sich gewünscht hatte. Er hat es nur getan, weil es überhaupt nicht mehr anders ging. Jetzt, einige Monate später, fühlt er sich schon seit einiger Zeit kraftlos. Er muss sich komplett neu sortieren: Soll er ein früheres Geschäftsmodell aufleben lassen? Oder etwas ganz Neues starten? Eigentlich ist er gerne Unternehmer, aber auch in gewisser Weise traumatisiert. Was, wenn ihm auch beim nächsten Mal wieder der Spagat zwischen Job und Familie einen Strich durch die Rechnung macht? Kann er so überhaupt noch Unternehmer sein? Ihn lähmt das so, dass er sich selbst blockiert. Er fühlt sich erschöpft, kann sich zu nichts aufraffen. Manchmal denkt er schon darüber nach, ob er sich nicht einfach wieder fest anstellen lassen soll. Zwar hat er einen hohen Lebensstandard, bei dem ihm Zurückschrauben schwer fallen würde, aber vielleicht wäre das besser? Ist das jetzt Versagen, fragt er sich? Wie auch immer, er steckt in einer schweren Krise und braucht Hilfe.

Ich fühlte mich ertappt. „Oh, davon erkenne ich einiges wieder", sagte ich. „Ich war bisher eigentlich auch immer so effizient wie Florian aus deinem Beispiel. Wahrscheinlich nicht unbedingt so verbissen und so ein Hardliner wie Martin, aber schon auch mit jeder Menge Fokus. Auch das Beispiel von dem Familienvater kann ich gut nachvollziehen. Immerhin", ergänzte ich einigermaßen zufrieden, „habe ich das Zeitproblem mit meinen Kindern heute gut gelöst. Seit der Scheidung verbringe ich immer einen Tag in der Woche mit ihnen. Diese Zeit ist mir heilig, die lasse ich mir auch nicht wegnehmen, egal was in den Firmen passiert."

# Balance in deine Lebensbereiche bringen

**Feste Zeiten für Privates reservieren.** „Es ist genau richtig", bestätigte Sylvia, „dir feste Zeiten für diesen privaten Teil von deinem Leben zu blocken. Erinnerst du dich noch an Georg, den IT-Unternehmer, der in der typischen Falle vom Unternehmer am Anfang steckte? Viele vernachlässigen gerade in den ersten intensiven Jahren andere Bereiche in ihrem Leben. 'Ich weiß gar nicht, was ich tun soll, wenn ich nicht mehr 80 Stunden in der Woche arbeite', hat mir einmal kläglich ein Unternehmer aus der Schweiz gestanden - obwohl er verheiratet war. Ihn plagten Verlustängste. 'Was bin ich eigentlich ohne meine Firma?', fragte er. Und: 'Gibt es mich ohne meine Firma überhaupt noch?'

Balance zu halten beinhaltet also immer eine Symbiose aus deinem Privatleben und aus deinem Business. Das ist etwas, was im Mentoring so deutlich wird: **Das Berufliche, das Private und das Persönliche** gehören immer zusammen. Nie geht es nur um den einen Teil des Lebens - egal wie dein Ausgangsthema heißt. Sich einseitig nur auf das Business auszurichten birgt große Risiken für dich. Nicht nur fehlt dir ein Ausgleich, was längerfristig zu Burnout, Überforderung oder zu ernsthaften gesundheitlichen Problemen führen kann. Im Grunde bist du wie ein Gummiband, das dauerhaft unter Spannung steht und Gefahr läuft, zu reißen.

Auch kann es einsam um dich werden: Viele der insgesamt rund drei Millionen Unternehmer in Deutschland haben gar keine Freunde. Sie sind erfolgreich und laufen gerade dadurch Gefahr, nur nach ihren äußeren Erfolgen beurteilt zu werden. Von Kontakten in ihrem Umfeld werden sie auf einen Sockel gestellt, und nicht wenige wollen von ihnen profitieren. Als Mensch werden sie nur selten gesehen. Gerade bei vielen außergewöhnlich erfolgreichen Unternehmern fällt mir immer wieder auf, wie gut die verschiedenen Lebensbereiche bei ihnen im Lot sind. Die Worte 'das ganze Leben leben' stammen übrigens gar nicht von mir, sondern von einem Unternehmer, der in den ersten Jahren mit seiner Firma nur Vollgas gegeben hatte. Nach der Scheidung stand er dann an einem schmerzhaften Scheideweg. Ihm wurde klar, dass er sein Privatleben bis dahin vernachlässigt hatte. Wirkliche Freunde, auf die er zählen konnte, hatte er nicht. Das stürzte ihn in eine tiefe private Krise und schließlich zum kompletten Umsteuern. Deswegen war er zu mir ins Mentoring gekommen. Heute, Jahre später, sagt er: 'Ich habe es im Privatleben gut getroffen.' Er wirkt zufrieden und ausgeglichen. Wenn er von seiner Familie erzählt, seiner Frau und den mittlerweile vier Kindern, bekomme ich den Eindruck, dass er eine glückliche Ehe führt und sich genug Zeit für seine Kinder nimmt. Besonders beeindruckend: Er engagiert sich auch sozial, ist christlich versiert und setzt sich ehrenamtlich für seine Kirchengemeinde ein.

## Best Practices: Das ganze Leben leben

**Ab in die Berghütte? Warum ein familienfreundliches Umfeld Mitarbeiter bindet.** Balance zu halten kann in manchen Phasen deines Lebens bedeuten, deine Arbeitszeiten herunter zu fahren, aber nicht nur. Vielmehr heißt es zur Ruhe zu kommen, in dir zu ruhen, statt Getriebensein zufrieden damit zu sein, was du hast. Es bedeutet, dich nicht immer wieder gleich nach dem Nächsten zu strecken. Das ist gerade auch der Wunsch vieler jüngerer Firmenchefs. Sie wollen in ihrem Leben sowohl Unternehmer-Dasein als auch Familie verbinden - und beides gut machen. Typisch ist Malte Weiss, Gründer eines Online-Jobportals, der von sich sagt: 'Ich möchte Kinder haben und nur halbtags als CEO arbeiten.'

→ Der IT-Unternehmer Boris Feldmann, den du ja schon aus dem Vorgespräch kennst, ist an zwei Nachmittagen in der Woche ausschließlich für seine Kinder da. Stolz sagt er: 'Ich bin dann voll präsent.' Zuerst hatte er ein schlechtes Gewissen. Dann aber merkte er, dass er mit dieser Aufteilung noch effektiver in seiner Firma sein konnte.

→ Wieder andere gönnen sich **workation**, also eine Auszeit an einem inspirierenden Ort, bei der sie Job und Familie verbinden. So hat der Personalberater Tim Oldiges eine Berghütte bei Kitzbühel gemietet und ist mit seiner Familie für vier Wochen im Sommer in die Berge gezogen. 'Wir wollten mal raus, Bergluft schnuppern. Unser Sohn hat sowieso sechs Wochen Ferien, deshalb machen wir das ganz konsequent. Wir arbeiten von dort und gestalten uns das Leben damit so, wie es uns gefällt.' In der Zeit auf der Alm haben er und seine Frau 70% vom sonstigen Pensum gearbeitet. Kein schlechter Wert, oder? Sie können sich gut vorstellen, im nächsten Jahr wieder hinzufahren.

→ Ein Gastronomie-Unternehmer, erfolgreicher Betreiber von mehreren Restaurants in der Innenstadt, verbringt mit seiner Familie regelmäßig längere Zeiten in Spanien (und sagt, dass seine Mitarbeiter sogar mal ganz froh sind, ohne ihn schalten und walten zu können).

Sprich: Es entsteht eine neue Unternehmergeneration, die Persönliches und Business gut unter einen Hut bekommt. Und manchmal wird ihr Lebensmodell sogar zum Anziehungspunkt für Mitarbeiter: So führt Friederike Löwe das Software-Unternehmen Lionizers zusammen mit ihrem Mann Nils. Sie haben zwei Kinder und vertreten auch nach außen hin einen größeren Nachhaltigkeitsbegriff. Mit ihrem Geschäftsmodell wollen sie $CO_2$ einsparen, und parallel bauen sie ihre Firma als familienfreundliches Unternehmen auf. Die Mitarbeiter zieht das an. Sie streben gleichermaßen nach Sinn im Job und nach Zeit für ihr Privatleben. Für Friederike ist es ein Weg: 'Wir arbeiten immer weiter daran. Das heißt auf der anderen Seite, dass wir uns auf etwas festlegen müssen. Wir können dann nicht mehr sagen, dass wir alles machen.'"

**Zuerst kommt der wirtschaftliche Erfolg.** Es entstand eine kurze Pause, in der ich diese Beispiele auf mich wirken ließ. „Friederike und ihr Mann beziehen klare Position, finde ich", kommentierte ich. „Das willst du damit sagen, oder?" Sylvia nickte. „Ja, genau richtig. Sie gehen einen neuen Weg, bei dem es kein Richtig oder Falsch gibt, sondern es ist ein Ausprobieren, ein Herantasten. Aber es geht - unter einer Voraussetzung. Das Geschäftsmodell muss es wirtschaftlich hergeben." Sylvia sah vor sich hin.

„Denn auch das ist wichtig, solche neuen Lebens-Arbeitszeitmodelle musst du dir leisten können. Ich habe vermutlich eine sehr radikale Einstellung. Aber ich glaube fest daran, dass du erst wirtschaftlich erfolgreich sein musst, bevor du solche Wege gehen kannst. Du musst ein gutes finanzielles Auskommen haben, bevor du alle Hüte im Leben vereinen und Angebote in diese Richtung an deine Mitarbeiter machen kannst. Dahin zu kommen kann hart sein. Denk an das Beispiel vom Familienvater mit den drei Kindern, der das Unternehmen kurz vorm chancenreichen Exit verlassen hatte.

Für ihn hatte das Lebens-Arbeitszeitmodell vom Rest der Führungscrew nicht gepasst. Der Preis für sein Privatleben war ihm zu hoch. Es ist gut, dass er es erkannt hat. Wenn er weiter Unternehmer bleiben will, muss er ein neues Geschäftsmodell finden, eines, das besser zu seiner jetzigen Lebenssituation passt und ihn und seine Familie trotzdem gut ernährt. Vielleicht ist für ihn ein Modell 'klein aber fein' viel besser geeignet - wie bei Andreas, mit dem du ja vor dem Mentoring gesprochen hast. Selbst eine Ein-Mann-Beratung kann profitabel sein. Es ist eine große Chance für ihn, auch wenn der Weg dahin ruppig erscheint, weil ja erstmal ein großer Traum zerplatzt ist. Nicht umsonst hatte er Bilder vom Exit und finanzieller Freiheit und einem Leben in völliger Unabhängigkeit im Kopf. Aber jetzt kann für ihn etwas viel Authentischeres kommen, etwas, das sogar besser zu seinem Leben und seiner Persönlichkeit passt. Das ist weder tragisch noch dumm, sondern die Chance

- am Leben zu wachsen

- ehrlich anzuerkennen, wer er ist

- zu erkennen, wofür ihn dieses Leben gemeint hat.

Manchmal, wie bei ihm, kann es heißen, etwas Altes zu zertrümmern und zurück auf Los zu gehen. So ein Schritt braucht Mut. Der Familienvater ist ein heller Kopf. Jetzt, in der Zwangspause nach seinem Ausstieg, kommen ihm neue Ideen. Er sieht Probleme, die er anpacken möchte. Er kann einen Unterschied für Menschen machen, die ihm aufrichtig am Herzen liegen und für die er einen Beitrag leisten kann.

Die Voraussetzung ist, dass er den Mut aufbringt und ein neues Geschäftsmodell findet, das ihn wirtschaftlich trägt. Eines, das ihm gleichzeitig die Balance im Leben ermöglicht, die er sich wünscht." Sylvia hielt kurz inne, bevor sie fortfuhr. „Ich gebe dir ein tolles Beispiel von einem Unternehmer, der sich gerade diese Balance erarbeitet hat. Für mich ist er der typische Hochleister, also vergleichbar mit dir. So macht er es:

# Wenn Hochleister in Balance kommen

→ Bastian Sens ist 36 Jahre und hat eine Online Marketing Agentur. Unternehmer wie er sind oft nicht sehr emotional. Das weiß er selber. Für sämtliche Bereiche seines Lebens hat er klare Ziele gesetzt, zum Beispiel

- **für die finanzielle Seite:** Er möchte ein passives Einkommen erzielen und investieren

- **für sein bestehendes Geschäft** hat er sich einen Anstieg im monatlichen Umsatz vorgenommen, den er an harten Kennzahlen überprüft

- **für die Zukunft** möchte er vorsorgen, indem er diversifiziert und Unternehmensbeteiligungen in branchenfremden Bereichen eingeht

- **für Reputation und Bekanntheit** möchte er als feste Größe in seiner Branche anerkannt werden. Dafür schreibt er aktuell zwei weitere Bücher. Sie kommen zu einigen bestehenden hinzu, die er bereits früher veröffentlicht hat.

Vom Typ her sucht Bastian immer neue Herausforderungen. Sein *Drive*, sprich: die Energie, die er zeigt, ist außergewöhnlich. Er sieht sich als Vorreiter und handelt auch so, indem er mit vollem Fokus auf seine Ziele hinarbeitet. Aber während sich viele andere im Alltags-Kleinklein verrennen, sagt er: 'Ich habe ein Gespür dafür, wann der Zeitpunkt ist, zuzugreifen. Und wann es dagegen Sinn macht, etwas vorbeiziehen zu lassen.' Bei allem, was er anpackt, handelt er sehr überlegt. Er bereitet Entscheidungen sehr sorgfältig vor. Etwas in ihm muss reifen, dann schlägt er zu.

**Wie bringt so ein Mensch Balance in sein Leben?** Bastian hilft seine planerische Seite. Dadurch hat er den Rücken frei. Bei der Arbeit ist er extrem effizient und schafft mehr als andere. Kaum zu glauben bei seinem Pensum: Er arbeitet moderat, um 17:00 Uhr ist bei ihm Schluss. Am Wochenende tut er nichts für die Firma. Außerdem hat er Zeit für längere Abwesenheiten. Erst kürzlich konnte er für drei Wochen mit Unternehmerkollegen in ein Trainingscamp ins Ausland fahren. Es funktioniert, weil er in seiner Firma

- **ein Geschäftsmodell aufgebaut hat, das ihm diese Freiheit erlaubt.** 'Ich muss nicht monatlich neue Kunden akquirieren', sagt er. 'Vielleicht wäre das anders mit einer komplizierten Dienstleistung oder Produkt oder in einer anderen Branche.' So schließen seine Kunden ein Abomodell über eine Betreuung ab, das ihm feste Einnahmen über einen definierten Zeitraum sichert.

- **ein Ökosystem um seine eigene Rolle herum gebaut hat,** das ihm operative Einbindung abnimmt. 'Ich habe erkannt: Ich bin derjenige, der etwas anstößt. Nicht der, der etwas operativ macht.' Dazu gehört für ihn auch, einen Agenturleiter einzustellen.

- **Prozesse und Strukturen eingeführt hat**, die ihm und seinen Mitarbeitern den Rücken freihalten und erleichtern, dass es bei der täglichen Arbeit rund läuft. 'Ich mache aus allem ein Tool.'

- **strategisch plant.** Bastian bleibt nicht beim Status Quo stehen. Gerade plant er bereits schon wieder die nächsten Hebel, über die er seine Ziele erreichen will.

**Als Mensch ganz werden.** Was für Bastian neu dazu kommt: Er nutzt die gewonnene Zeit, um an seiner Persönlichkeit zu arbeiten. Seit längerem beschäftigt er sich mit NLP. Er meditiert regelmäßig, um wieder in seine Stärke zu kommen, wenn es mal ruppig wird.

**Verlustängste. Eine neue Phase beginnt.** Sylvia schaute mich prüfend an. „Spannend, wie konsequent Bastian an Themen arbeitet, oder?", fragte sie. „Er ist ein gutes Beispiel dafür, wie du dir zuerst eine wirtschaftliche Grundlage erarbeitest und dann durch planvolles Vorgehen Freiräume schaffst. Jetzt hat er die Zeit, an seiner Persönlichkeit zu arbeiten." Sie ergänzte: „Ich schätze ihn persönlich sehr. Wir sprechen häufig darüber, wie wir als Mensch wachsen können. Und wie wir in eine Balance von Privatem und Business kommen - das ist ja auch dein Thema." „Ja", bestätigte ich. „Es ist toll, dass Bastian regelmäßig meditiert. Er kommt darüber in seine Stärke, oder? Ich würde das gerne auch tun. Gerade nachts poppen bei mir Dinge hoch, gerne um zwei, drei Uhr. Ich schlafe per se sehr unruhig.

Ich weiß rational, dass das auch am Hormonspiegel liegt, der nachts niedriger ist, und dass gerade dann Ängste hochkommen. Erst diese Woche hatte ich wieder ein paar Nächte, die echt schlimm waren. Ich habe dann ganz schöne Verlustängste." Ich schaute Sylvia unglücklich an. „Auch wenn ich weiß, dass das komplett irrational ist. Mir geht es finanziell ja richtig gut. Trotzdem sind diese Ängste da. Gerade wenn es um persönliche Dinge geht, bin ich manchmal wirklich ratlos. Besonders seit meiner Scheidung fühle ich mich oft regelrecht verloren." Sylvia zeigte noch einmal auf die Methodik mit dem Rad. „Auf die gesundheitliche Seite schauen wir gleich. Wenn du nachts regelmäßig aufwachst, kann das ein Alarmzeichen sein. Es gibt aber einfache Mittel und Wege, was du dann tun kannst. Mir scheint, dass etwas anderes bei dir der Fall ist." Sie zögerte und formulierte dann sehr vorsichtig. „Alles, was du sagst, lässt mich denken: Es geht jetzt bei dir darum, deine persönliche Seite nachzuziehen. Du hast ja erzählt, wie private Vorfälle bei dir gerade geballt auftreten und dich in ein Gefühlschaos versetzen. Bisher warst du hervorragend in einer Richtung unterwegs - im Beruflichen -, und es gab gar keinen Platz für persönliche Themen. Jetzt hast du die Arbeit am Unternehmen zurückgefahren und bist sozusagen reif für das, was bislang zu kurz gekommen ist. Mich würde nicht wundern, wenn private Einschläge jetzt verstärkt auf dich zukommen. Vielleicht geht es für dich jetzt gerade darum, ganz zu werden werden in einer offenen Flanke, die das Leben für dich reserviert hat. Um es so klar zu sagen: Du ziehst jetzt gerade die Gefühlsseite nach. Macht das Sinn für dich?" Ich nickte, einigermaßen bewegt.

**Wenn privates Glück einen anderen Stellenwert bekommt.** „Das kann stimmen, glaube ich", gab ich zu. „Ich habe mich in den letzten Jahren schon immer mal wieder mit Persönlichkeitsentwicklung beschäftigt, aber irgendwie ist mein Selbstvertrauen sehr gering. Ich habe einfach noch gar nicht soviele Erfahrungen mit dem Privaten gemacht, weil ich gar keine Zeit dafür hatte. Meine erste Frau habe ich direkt im Studium kennengelernt, und wir haben dann sehr schnell geheiratet und Kinder bekommen.

Freunde hatte ich keine nebenher. Manchmal denke ich, dass ich jetzt gerade in eine ganz neue Gefühlswelt eintrete. Privates Glück bekommt einen ganz anderen Stellenwert für mich. Das ist ganz schön weltverändernd für mich." „Es macht dich verletzlich", kommentierte Sylvia. „So etwas kenne ich selbst sehr gut. Aber es freut mich sehr, dass du dich dem stellst und dich nicht einfach wieder nur in das Nächste herein stürzt. Das jetzt ist deine Chance auf ein neues Grundgefühl. Du willst glücklich sein." Ich nickte und sagte etwas, das ich noch niemandem zuvor gesagt hatte. „Lach mich nicht aus, aber das trifft den Nagel auf den Kopf. Manchmal fühle ich mich in letzter Zeit geradezu von

Glück beseelt. Klingt das verrückt? Bisher spiegele ich das aber wohl noch nicht nach außen. Gerade neulich haben mir befreundete Unternehmer als Feedback gegeben, dass ich immer noch nüchtern und sachlich und eigentlich noch gar nicht verändert wirke", schloss ich. Sylvia lächelte. „Keine Sorge, das wird kommen. Ganz sicher.

Du hast du auf einen Weg aufgemacht, und von dem, was du fühlst, wird jetzt immer mehr in dein Leben kommen. Und glaube mir, das werden bald auch die anderen in deinem Umfeld erkennen." Sie schien sich aufrichtig zu freuen. „Herzlichen Glückwunsch Julian - das Leben klopft gerade selbst bei dir an. Das wird gut." Sie öffnete ihre Dokumentenmappe und zog einen neuen Zettel heraus, den sie mir reichte. „Bis dahin sind hier noch ein paar Tipps, wie du mehr Balance in dein Leben bekommst."

## Tipps & Tools: So kommst du in deine Balance

☐ **Die Metaebene einnehmen - was passiert gerade in deinem Leben?**

Oft liegen wir falsch in unserer Einschätzung, in welche Lebens bereiche wir tatsächlich unsere Energie stecken. Sagst du zum Beispiel: „Die Familie ist mir das Wichtigste?" In diesem Fall gibt es zwei gute Techniken, mit denen du überprüfen kannst, ob du dein Leben tatsächlich auf diese Priorität ausgerichtet hast.

**Die Camera-Eye-Technik nach Hemingway.** Frage dich, was jemand sehen würde, der dich den ganzen Tag lang filmt, tagein, tagaus. Sprich: Er hält die Linse einfach auf dich drauf und erfasst jeden auch noch so kleinen Moment deines Tages. Was siehst du, wenn du anschließend das Filmmaterial sichtest? Du sagst vielleicht, dass dir deine Familie das Wichtigste im Leben ist. Aber dann filmt die Kamera, dass du deine Kinder nur fünf Minuten jeden Tag vorm Schlafengehen siehst. Was ist dir also wirklich am Wichtigsten? Welche drei bis sechs Werte sind dir so wichtig, dass du tatsächlich dein Leben an ihnen ausrichtest?

**Die Museumsübung von Strelecky**[36]. Ich setze diese Übung manchmal im Mentoring ein. Normalerweise macht sie dem Mentee viel Spaß und setzt außerdem auch noch Kreativität frei. So funktioniert es: Du erhältst ein großes Zeichenblatt und verschiedene Buntstifte. Im ersten Schritt unterteilst du das Blatt in verschiedene Räume, die ein Museum symbolisieren. Die einzelnen Räume beinhalten verschiedene Lebensbereiche oder Abschnitte deines bisherigen Lebens. So kann ein Raum zum Beispiel deine Kindheit darstellen, ein anderer deine Studienzeit, ein dritter deinen ersten Job. Ein Raum kann für deine Familie reserviert sein. An den Wänden jedes Raums hängen leere Leinwände. Du selbst definierst dann, wie die Bilder darauf aussehen, die in jedem Raum hängen. Nimm dazu die Buntstifte und male einige Bilder für jeden thematischen Abschnitt. Betrachte hinterher mit Abstand, was du gemalt hast. Wenn du einen Lebensabschnitt zum Beispiel als besonders unglücklich empfunden hast, hängen in dem Raum vielleicht nur düstere Bilder. Bist du dagegen in einem Bereich deines Lebens wunschlos glücklich, hast du vielleicht sonnengelbe oder orangefarbene Szenen dargestellt.

**Beide Übungen nutzen die Methode der Distanzierung.** Sie helfen dir, den Blick von außen auf dich zu richten. Viele haben das Problem, dass sie anderen zwar sehr gut in einer verfahrenen Situation raten können. Bei sich selbst haben sie aber einen gewaltigen blinden Fleck und drehen sich im Kreis, ohne je weiterzukommen. Schon die Frage: „Was würdest du deinem besten Freund in dieser Situation raten?" kann dir helfen, mit Abstand auf dich selbst zu schauen.

☐ **Wie ausgefüllt ist dein Leben?** Ein Klassiker in der US-amerikanischen Ratgeberliteratur stammt von der Angstforscherin und Psychologin Dr. Susan Jeffers. In 'Feel the Fear and do it anyway'[37] beschreibt sie unter dem Kapitel 'How Whole is Your *Whole Life?'* einen einfachen Ansatz, mit dem du dein Leben unter die Lupe nehmen kannst. Zeichne ein großes Rechteck auf ein Blatt Papier und unterteile es in weitere innenliegende Quadrate, je nachdem, wie viele verschiedene Bereiche in deinem Leben stattfinden. Arbeitest du so exzessiv wie der Unternehmer Georg in den Anfangstagen seiner Firma, ist dein Rechteck vielleicht nur in ein großes Quadrat mit dem Titel 'Job' unterteilt und in ein kleineres mit der Bezeichnung 'Familie'. Nimmst du dir dagegen auch noch Zeit für ein Hobby, für Freunde, für Zeit mit dir alleine, für ehrenamtliches Engagement oder für deine persönliche Weiterentwicklung, unterteilt sich dein Rechteck vielleicht in sieben oder acht, neun weitere Quadrate.

Keine Ausprägung davon ist per se schlechter als die andere. Es wird immer Zeiten in deinem Leben geben, wo ein Lebensbereich alle anderen dominiert. Das Problem beginnt, wenn dir einer deiner Lebensbereiche - ein Quadrat im großen Rechteck - wegbricht. Kreist dein ganzes Leben nur um einen einzigen Lebensbereich - nehmen wir mal an, du lebst ausschließlich für den Job -, dann hast du innerhalb vom Rechteck nur ein einziges innenliegendes Quadrat. Wenn das wegfällt, sieht es düster für dich aus. Dr. Susan Jeffers beschreibt noch einen weiteren Effekt: Je mehr Quadrate du innerhalb deines Rechteckes vertreten hast, desto größer wird die gesamte Fläche vom Rechteck. Auf den Punkt gebracht bedeutet es, dass die Qualität deines Lebens steigt, je mehr Bereiche darin vertreten sind. Um eine große Leere zu vermeiden, solltest du Ziele für jeden deiner einzelnen Lebensbereiche formulieren und diese auch im Alltag nicht aus den Augen zu verlieren. Hier sind einige Vorschläge für verschiedene Lebensbereiche:

- Unternehmen und Unternehmer sein

- Familie und Partnerschaft

- Freunde und Netzwerk

- Körper und Gesundheit

- Finanzielle und materielle Dinge

- Hobby

- Persönlichkeitsentwicklung - Lernen

- Freude im Alltag und Emotionen

- Welt und Beitrag - auf Englisch: *contribution*.

**ABBILDUNG 9.1: KÄSTEN IM LEBEN - EINSEITIG MIT NUR EINEM KÄSTCHEN NACH DR. SUSAN JEFFERS**

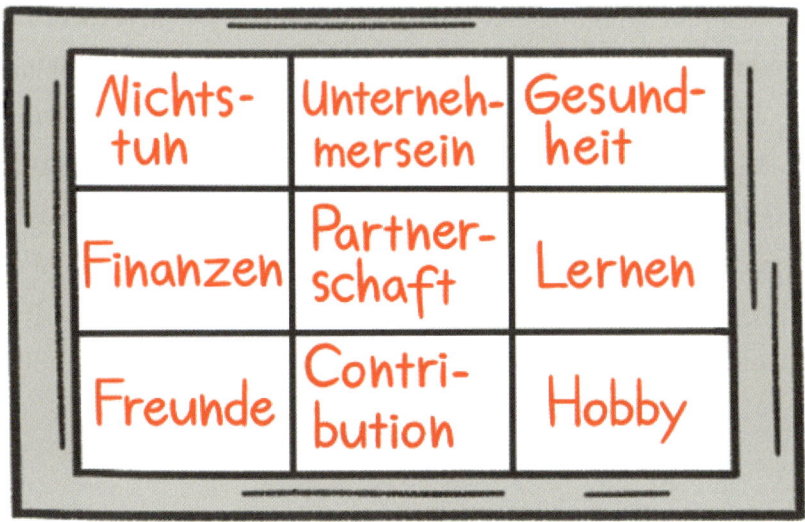

**ABBILDUNG 9.2: KÄSTEN IM LEBEN - GEFÜLLT MIT VERSCHIEDENEN BEREICHEN NACH DR. SUSAN JEFFERS**

**Ziele für die einzelnen Lebensbereiche festlegen.** Wie lauten gute Ziele für deine Lebensbereiche?

- Eine Unternehmerin wünscht sich im *Bereich Persönlichkeitsentwicklung - Lernen:* „Ich möchte gerne eine weise Frau werden, die anderen durch ihre Erfahrung weiterhelfen kann." Sie hat sich parallel zum Business als Unternehmercoach ausbilden lassen.

- In Punkto *Freude im Alltag und Emotionen* definiert ein anderer für sich: „Ich wünsche mir mehr Abenteuer in meinem Leben."

Wichtig ist, dass du für jedes Ziel Bilder vor deinem inneren Auge siehst. 'The brain runs on fun' - den Spruch kennst du, oder? Und *fun* heißt, dass Bilder in uns entstehen. Wir Menschen denken in Bildern. Diesen Klassiker kennt schon jedes Schulkind: „Wenn ich dich bitte, nicht an einen rosa Elefanten zu denken, was passiert dann bei dir?"Also: Du brauchst deshalb Bilder, weil sie deine Ziele mit Emotionen verknüpfen. Wenn du segeln lernen willst, motiviert es dich vermutlich nicht so sehr, wenn dein Ziel lautet: „Ich will in sechs Monaten den Segelschein machen." Wenn du dagegen siehst, wie du in deinem Traumrevier vor den Kanaren mit einer Yacht auf haushohen Wellen reitest, dann hat das vermutlich nochmal eine ganz andere Anziehung auf dich. Oft setzt auch gerade so eine Vorstellung noch einmal besondere Kräfte und Durchhaltevermögen in dir frei. Probiere am besten mit verschiedenen Varianten aus, was dich motiviert.

Ich ließ den Zettel sinken und dachte kurz nach. „Mein Rechteck hat bestimmt gerade keine acht oder neun Quadrate", sagte ich unglücklich. „Bisher hatte ich genau zwei. Mein Unternehmen und meine Frau und die Kinder. Das war's. Und Ziele hatte ich bisher eigentlich nur für die Firmen. Da wußte ich eigentlich immer ganz genau, wo ich hinwollte und habe es auch meistens erreicht. Aber Bilder vor Augen haben? Zum Beispiel früher für uns als Familie? Nicht dass ich wüßte. Klar haben wir uns vorgenommen, in den Urlaub zu fahren oder diesen oder jenen Ort zu besuchen. Aber sonst?" Sylvia nickte bekräftigend. „Ja, das ist genau die Gefahr. Du richtest deinen ganzen Fokus auf einen oder maximal zwei Bereiche und fällst in ein großes Loch, wenn er dann wegbricht oder sich anders entwickelt, als du es dir erhofft hast. Hinzu kommt, dass du oft Vollgas in diesem einen Bereich gibst. Das kann dich auslaugen, weil du ja eben keine anderen Bereiche als Ausgleich hast. Lass uns das mal direkt im nächsten Teil der Rad-Methodik anschauen, wenn wir jetzt zum Thema Gesundheit kommen."

# 10
# Das Rad - Gesundheit

**Immer Vollgas geben.** „Dieser Drive, dich über deine Grenzen zu pushen", sagte Sylvia nachdenklich. „Immer gleich 150% in etwas zu investieren. Wir hatten das ja schon im Vorgespräch. Das beste Beispiel war die spontane Gesichtslähmung, von der du erzählt hast. Kurzum: Wenn du bereits öfter gesundheitliche Probleme hattest, solltest du aufpassen. Es besteht die Gefahr, dass sie sich zu einem Burnout ausweiten oder zu anderen dauerhaften Beschwerden führen.

Ich gebe dir gleich ein paar Beispiele. Vorher allerdings", sie reichte mir wieder ein Blatt Papier, „schau dir einmal diese Fragen an. Gesundheitliche Probleme beginnen schleichend. Kommen dir diese Symptome bekannt vor? Du kannst damit selbst überprüfen, ob du gefährdet bist."

*Teste dich selbst:*

## *Wie steht es um deine Gesundheit?*

☐ Schläfst du manchmal schlecht? Grübelst du beim Einschlafen oder wachst um drei, vier Uhr morgens auf und liegst erstmal wach?

☐ Merkst du manchmal über Tag, dass dein Herz unvermittelt stark pocht?

☐ Bist du manchmal kurzatmig?

☐ Vergisst du öfter Dinge?

☐ Ist dir schon mal ein kompletter Blackout passiert, sprich: Mitten im Termin konntest du dich nicht mehr daran erinnern, worum es eigentlich ging?

☐ Kannst du schlecht abschalten, auch im Privaten oder im Urlaub?

**SELBSTTEST MIT AUSWERTUNG:
WIE STEHT ES UM DICH?**

„Krass", stellte ich spontan fest, als ich den Zettel sinken ließ. „Davon kenne ich das meiste. Das macht mir etwas Angst. Was heißt das jetzt?" Sylvia stand auf. „Komm, lass uns eine Runde ums Gebäude drehen. Das ist ein heftiges Thema, das bespricht sich vielleicht besser draußen." Die große Vorhalle war sonnendurchflutet. Als wir nach draußen vor die Tür traten, kitzelten mich die Sonnenstrahlen. Gute Idee, dachte ich, als wir über das Gelände spazierten. Nach einer kurzen Unterhaltung über das Wetter und die heftigen Starkregen der letzten Zeit nahm Sylvia das Thema wieder auf. „Wenn du nur einige der Punkte von der Liste mit 'Ja' beantwortet hast, ist schon Vorsicht geboten. All das können Alarmzeichen sein und sich zu wesentlich größeren und langwierigen Gesundheitsproblemen ausweiten. Meist ist nämlich die Not groß, wenn es erst einmal soweit gekommen ist. Es passiert gerade oft dann, wenn du über längere Zeit Vollgas nur in einigen wenigen Bereichen von deinem Leben gibst.

Kürzlich hatte ich Besuch von einem Maschinenbau-Unternehmer. Er sah so grau und eingefallen aus, dass ich mich erschrak. Was war passiert? Neben beruflichem Stress - das Corona-Jahr war alles andere als einfach gewesen, auch wenn es mittlerweile wieder gut aussah - waren noch private Probleme dazu gekommen. Mit seiner Frau steckte er mitten in einem unschönen Scheidungsverfahren. Die Folge: Er hatte jetzt deutliche körperliche Probleme. Nachts wachte er regelmäßig um drei Uhr morgens auf. Am ganzen Körper hatte er starke Neurodermitis, die seit kurzem auch aufs Gesicht übergegriffen hatte. Er wirkte unglücklich und sprach davon, demnächst eine Ärzte-Tour anzutreten. Er wollte eine Entgiftung seiner Leber machen und sich Zähne ziehen lassen, weil ein Naturheilkundler alte Füllungen als Mit-Ursache identifiziert hatte."

„Das klingt drastisch", sagte ich. „Was ist davon zu halten?" Während wir nebeneinander her gingen, merkte ich, dass Sylvia sich einen Ruck gab. Zögernd sagte sie: „Ich erzähle dir mal meine eigene Geschichte. Vielleicht erkennst du darin einiges für dich wieder. Meine Überzeugung war immer, dass alles geht und dass es keine Grenzen gibt. Kennst du das? Ich bin der perfekte Hochleister. Es ist schon zehn Jahre her, aber diese Lektion werde ich nie vergessen. Damals war ich noch bei Microsoft und habe beschlossen, dass ich das nicht mehr ewig mache. Ich wollte mir meine Selbständigkeit aufbauen, alles damals noch neben meiner Arbeit bei Microsoft, also neben den Dienstreisen, neben der Beratung vom Top-Management. Deshalb habe ich alle meine Urlaubstage zusammengenommen und eine Ausbildung bei der German Speakers Association mit der Steinbeis Hochschule Berlin zum Excellence Speaker angefangen. Sie erstreckte sich über ein Jahr und fand an neun Wochenenden in München statt, was immer wieder eine stressige Anreise vom Ruhrgebiet in den Süden der Republik bedeutete.

Und selbst das hat mir nicht gereicht. Daneben habe ich zeitgleich noch eine Doktorarbeit begonnen, in einem zeitaufwändigen strukturierten Promotionskurs an den Standorten Flensburg und Krems in Österreich." Sie sah geradeaus, über die grünen Wiesen. Wir gingen gemächlich. Es roch nach frühem Sommer, die Sonne wärmte uns. „Alles lief nebenher, neben dem Job bei Microsoft. Ich habe alles angefangen, ohne kürzer treten. Wie gesagt, meine Überzeugung war damals: Es ist eine Frage von Willen und Disziplin. Ich schaffe alles." Ich hatte atemlos zugehört - und wurde nachdenklich. In vielem erkannte ich mich wieder. Ja, auch ich absolvierte tagtäglich ein Pensum, das an für sich viel zu hoch für mich war. Und jetzt erinnerte ich mich mit Unbehagen auch daran, dass ich schon manche Nacht nicht mehr gut schlafen konnte, dass ich auch manchmal um drei Uhr aufwachte und grübelte, wie ich wohl das alles schaffen sollte.

Waren das schon die Alarmzeichen, die mir eine Warnung sein sollten? „Wie ist es bei dir weitergegangen?", fragte ich beunruhigt. Sylvia fuhr fort. „Womit ich nicht gerechnet hatte", sagte sie, während wir gleichmäßig ausschritten, „trat dann direkt nach Ende der Ausbildungen ein. Gerade in dem Moment, als ich so richtig mit dem neuen Wissen in eine Selbständigkeit durchstarten wollte. Es ist bei mir dann geknallt auf eine Art und Weise, die ich nie für möglich gehalten hätte. Denn meine feste Überzeugung war ja, dass alles geht, was ich mir vorgenommen hatte. Also: Der Körper ist dann auf die Bremse getreten." Sie blieb abrupt stehen. „Ich habe von heute auf morgen aufgehört zu schlafen. Das war so dramatisch, dass ich in den meisten Nächten überhaupt nicht mehr geschlafen habe. Der Körper hat das verhindert, nach dem immer gleichen Muster. Ich bin zuerst eingeschlafen, dann aber sofort wieder hochgeschreckt. In meinem Bauch fühlte ich ein Rasen, und an weiteren Schlaf war in solchen Nächten nicht mehr zu denken. Es war", ordnete sie das Geschehene ein, als wir weitergingen, „als hätte der Körper Angst davor gehabt, zur Ruhe zu kommen. So etwas hatte ich noch nie erlebt und fand auch im Internet recht wenig dazu. Ich fühlte mich wie ein Stromkreislauf, der auf eine bestimmte Spannung angelegt ist und in den durch irgendeinen Defekt eine viel zu hohe Voltzahl eingeschossen war. Selbst Entspannungstechniken, die ich schon über Jahre regelmäßig praktiziert hatte, funktionierten nicht mehr. Dafür war ich viel zu unruhig. Mein Körper fühlte sich an wie ein einziger zum Bersten hochgeheizter Hochofen. Es war, als würde pures Adrenalin durch meine Adern fließen."

Mir wurde anders. „Ich kenne das", erinnerte ich mich unbehaglich. „Manchmal steige ich ins Taxi ein, direkt nach einer Telco. Meistens bin ich viel zu spät dran, weil sie langer als geplant gedauert hat. Ich musste vorher in aller Eile meine Sachen für den nächsten Termin zusammenraffen. Dann klingelt auch schon der Taxifahrer, und ich haste zum Wagen. Und dann sitze ich hinten, will eigentlich noch telefonieren, kann aber gar nicht, weil ich richtig Atemnot habe. Mein Puls rast, meine Hände zittern. Es dauert ein paar Minuten, bis ich überhaupt wieder normal Luft bekomme. Ist das so etwas, was du meinst?"

**Von Alarmzeichen bis hin zum Crash.** Sylvia nickte nachdenklich. Ihr Blick streifte über die Wiesen, und sie schien direkt in die Vergangenheit zu blicken. Sie schwieg einige Augenblicke. „Solche Alarmzeichen gab es, wenn ich damals ehrlich gewesen wäre, auch. Ich habe sie bloß alle in den Wind geschlagen. Für mich hat es sich dann so angefühlt, als wäre es von heute auf morgen, von einer Sekunde auf die andere, geknallt - was aber natürlich nicht stimmte. Die Alarmzeichen waren alle da gewesen, genau wie du sie beschreibst." Ich konnte die nächste Frage kaum stellen, weil ich Angst vor der Antwort hatte, tat es aber trotzdem. „Was kann ich denn tun, damit mir das nicht auch passiert?", fragte ich leise, kaum hörbar gegen den leichten Wind. Sylvia lächelte.

„Es gibt nur eine Antwort, und die willst du bestimmt nicht hören. Wenn du soweit bist, wie du jetzt beschreibst, solltest du erst einmal sämtliche Aktivitäten stoppen. Vermutlich ist Folgendes passiert: Deine Grundspannung ist zu hoch geworden. Es macht Sinn, dass du sie du erst einmal herunter bringst. Dass du eine Pause machst, aus deinen Lebensumständen heraus gehst und zur Ruhe kommst. Und du solltest reflektieren, wie wir es ja jetzt gerade machen. Sprich: Sonst läufst du auch Gefahr Gefahr, dass sich deine Schlafprobleme oder deine Atemnot ausweiten und chronisch werden wie bei dem Maschinenbauer, von dem ich eben erzählt habe."

Mittlerweile fühlte ich mich, als hätte ich einen Faustschlag in den Magen bekommen. Ich merkte deutliches Widerstreben in mir. Eigentlich wollte doch gar nichts stoppen. Klar, ich wollte jetzt etwas Neues beginnen, aber doch nicht so, mit einer Zwangspause anstatt mich mit Hochdruck in das Nächste zu stürzen. „Wie ist es bei dir ausgegangen, als es dann so geknallt war?", forschte ich zögernd nach.

**Standard-Diagnose Burnout.** Sylvia fuhr fort. Wir gingen gleichmäßig, passierten ein Pferdegestüt. Ein paar Ponys am Zaun beäugten uns neugierig. Es tat gut, bei diesem heftigen Thema draußen an der frischen Luft zu sein. „Erstmal konnte ich damals überhaupt nicht einordnen, was da gerade passierte. Ich wusste nur, dass es sich dunkel anfühlte. Irgendwie war mir auch klar: Das ist keine kleine Sache. Was tut man dann in so einer Situation? Richtig, ich habe alle möglichen

Ärzte aufgesucht. Zuerst die klassischen, bis hin zu einem Kardiologen, um mein Herzrasen und mein Pochen in der Bauchgegend abzuklären. Keiner von ihnen hat auch nur das Geringste gefunden. Es wußte auch keiner von ihnen eine Lösung. Ihre Diagnose lautete immer wieder: Burnout. Depression. Sie sagten: 'Das ist für Unternehmensberater wie Sie ja ganz typisch.' Bloß: die Diagnose hat sich falsch angefühlt. Ich bin nie ein Typ für Depressionen gewesen. Normalerweise schlage ich morgens die Augen auf und bin gut drauf. Ich neige überhaupt nicht zum Grübeln."

**Von Symptomen und Leidensgeschichten.** Grübeln kann ich schon eher, dachte ich etwas schuldbewusst. Auch wenn ich mich ebenfalls überhaupt nicht als Typ für Depressionen sah. „Was haben dir die Ärzte verschrieben?", wollte ich wissen. „Die klassischen Medikamente, die Ärzte vermutlich häufig in so einer Situation verschreiben", antwortete Sylvia. „Zum einen Antidepressiva wie Trimipramin in geringer Dosierung, die den Schlaf anstoßen sollten. Als sie nicht wirkten, schließlich Neuroleptika wie Seroquel. Ich habe seitdem mit vielen über Stress gesprochen, und die meisten haben mir von ähnlichen Verschreibungen berichtet. Schließlich war ich sogar zwei Nächte zur Beobachtung in einem Schlaflabor.

Nur: Eine echte Lösung konnte mir keiner anbieten. Denn bei jedem Medikament, das ich einnahm, passierte etwas ganz und gar Ungewöhnliches. Die Tabletten schlugen für ein oder zwei Tage an, und ich konnte wieder schlafen. Und dann wirkte das Medikament auch schon nicht mehr." Sylvia legte die Stirn in Falten und schmunzelte. „Manchmal scherze ich selber, dass ich in der Zeit vermutlich Arsen oder sonst ein tödliches Gift hätte nehmen können, und es hätte nicht gewirkt. Klar ist das Galgenhumor. Damals war es für mich aber absolut dramatisch." Nachdem wir einige Sekunden schweigend nebeneinander her gingen und die Worte wirken ließen, erzählte sie weiter. „Ich habe in der Zeit wohl an die zehn, zwanzig Ärzte aufgesucht. Nachdem die klassischen nicht weiterhelfen konnten, dann zunehmend exotischere. So war ich bei einer Schamanin in Marburg, habe eine Hypnosesitzung besucht und bin schließlich zur Ayurveda-Kur nach Sri Lanka geflogen. Immer gleich war, dass ich auf schnelle Abhilfe gehofft hatte, auf die eine Lösung, die alles umgehend heilt. Es hat gedauert, bis ich verstanden hatte, dass es die nicht gibt. Ich hatte mich durch meinen Lebenswandel über Jahre hinweg in diesen Zustand hinein manövriert. Aus dem wieder herauszukommen braucht im Grunde noch einmal genau die gleiche Zeit.

Die Ärztin bei der Kur in Sri Lanka lag übrigens als Einzige richtig. 'I think it's the nervous system', hatte sie diagnostiziert und ergänzt: 'This will take time.' Sie hat allerdings nicht gesagt, wie lange es brauchen würde. Ehrlich?" Sylvia sah mich von der Seite an. „Ich hätte es damals auch nicht hören wollen. Denn: Es hat alles in allem drei Jahre gebraucht, um durchzuheilen. Drei sehr lange Jahre, in denen ich zunächst alles gestoppt hatte, einfach weil nichts mehr ging. Ich weiß noch, wie ich damals in meinem Haus an der Ostseeküste war und nicht fassen konnte, was mir da passierte. Ich wollte doch so gerne einfach weitermachen."

**Die Weisheit deines Körpers nutzen.** Sie verstummte, während wir langsam weitergingen, nachdenklich. „Heute weiß ich, das wäre nicht gut für mich gewissen. Ich musste erst einmal stabil werden, sozusagen durchheilen, um so etwas Anspruchsvolles wie eine Selbständigkeit durchzustehen. Die Doktorarbeit habe ich dann übrigens nie vollendet. Seitdem habe ich den höchsten Respekt vor meinem Körper. Er wusste, was meinem Geist nicht klar war. Es gibt eine Weisheit in unserem Körper, die größer als alles ist, was wir uns mit dem Verstand ausdenken. Wenn ich heute von meinem Körper spreche, dann fast so, als würde er ein Eigenleben führen. Mittlerweile habe ich viel darüber geforscht. Ich bin überzeugt: Der Körper passt auf uns auf. Er hat zum Beispiel einen Mechanismus, der uns permanent überwacht, der dafür sorgt, dass du unbewusst weiter atmest oder dass du nachts in der Regel nicht aus dem Bett fällst, weil dein Unterbewusstsein permanent die Abmessungen vom Bett scannt. Aber eine Sache muss dir auch klar sein. Wenn du einmal soweit gekommen bist, wie ich damals war, dann machen die Körperzellen dicht. Schlimmstenfalls kommt es dann zum Crash.

**Einmal Hölle und zurück. Wenn die Zellen dicht machen.** Ich bin damals auf Lehren aus Büchern wie 'The Healing Code' von Alex Loyd und Ben Johnson gestoßen.[38] Bevor ich meinen Zusammenbruch hatte, habe ich das als esoterischen Kram abgetan. Aber bei meiner Suche damals nach Lösungen habe ich Ärzte getroffen, die diese Theorien in ihren Praxen angewendet haben. Ich habe mir daraufhin solche Bücher besorgt, und wenn ich auch viele ihrer Ableitungen nicht teile, leuchten mir doch manche Erklärungen ein. Sie vertreten zum Beispiel die Ansicht, dass die Zellen in deinem Körper immer in einem von zwei verschiedenen Modi sind: Entweder im Wartungsmodus, in dem sie sich regenerieren, oder im Stress-Modus.

Letzterer ist dann gefährlich, wenn er über einen längeren Zeitraum andauert. Die Zellen sind dann im Grunde mit dem Kampf ums Überleben beschäftigt. Für Wartung und Regeneration, die du aber zum Gesundwerden brauchst, haben sie keine Kapazität mehr." Sie nickte. „Wenn ich heute zurückdenke, ist vermutlich genau das damals bei mir passiert. Die Zellen hatten dicht gemacht. Sie waren mit Kampf und Gefahrenabwehr beschäftigt, weshalb kein Medikament mehr bei mir angeschlagen hat. Es gab nur eine Lösung. Der Stress, also die über Jahre angesammelte Grundspannung im Körper, musste erst einmal herunter gebracht werden. Eine Körpertherapeutin aus einem Hamburger Szeneviertel hat es damals richtig gesehen. 'Bei dir musste der Körper richtig schwere Geschosse auffahren', stellte sie in einer Sitzung fest, und: 'Etwas Kleineres hätte dich nicht aufgehalten.' Also habe ich dann damals wirklich nach den ganzen Arztbesuchen alle Aktivitäten gestoppt. Es war das Eingeständnis: 'Ich bin am Ende. Ich weiß nicht weiter und beeinflusse jetzt erstmal gar nichts.' In so einer Situation ist die totale Kapitulation aber der Startschuss zur Heilung. Nach dem Tiefpunkt wird es besser." Sylvia lächelte und blieb stehen. „Und es wird sogar so gut, wie du dir es nie hättest träumen lassen. Aber dafür musste ich durchs Feuer gehen. Es war eine Hölle, die ich keinem anderen so wünsche."

Ich zog meine Hände aus den Hosentaschen hervor, blieb stehen und schloss für einen Moment die Augen. Ich fühlte plötzlich eine Dringlichkeit, die mir den Atem nahm. „Sylvia, ich will sowas nicht erleben. Wie bist du da rausgekommen? Was kann ich tun, um dem vorzubeugen?" Sylvia war auch stehen geblieben und sah mich prüfend an. „Komm, wir gehen langsam wieder zurück. Dann zeige ich dir einige Tools, damit dir das nicht auch passiert."

## Tipps & Tools: Wenn ein Burnout droht

☐ **Das kannst du tun, wenn du schon körperliche Symptome spürst.** Wenn du permanent unter Hochspannung stehst, geht das nicht spurlos an deinem Stoffwechsel vorbei. Das ist eine der wichtigsten Erkenntnisse, die ich aus meinem eigenen Gesundungsprozess mitgenommen habe. Dein Körper wird mit Stresshormonen wie Cortisol und Adrenalin geflutet. Wenn sich das über längere Zeit hinzieht und du zwischendurch keine echten Phasen der Entspannung mehr einschiebst, kann es wie seinerzeit bei mir fatale Folgen haben. Erfahrungsgemäß bricht dann irgendwann das schwächste Glied in der Kette. Ich konnte beispielsweise nicht mehr schlafen, während ein anderer vielleicht unter Panikattacken leidet oder Verdauungsprobleme bekommt.

Jeder Körper reagiert auf eine andere Art und Weise. Bei mir hatte sich durch die Dauerbelastung die Cortisolkurve im Körper verschoben. Als ich nach langer Suche schließlich doch einmal meine Cortisolwerte messen ließ, zeigten sich dramatische Ergebnisse. Meine Werte lagen nachts beim Schlafengehen um ein Vielfaches höher als bei einem gesunden Menschen. Kurz zum Hintergrund: Cortisol (oder: Hydrocortison) wird in der Nebennierenrinde produziert und ist neben Adrenalin das bekannteste Stresshormon. Es war also nicht weiter erstaunlich, dass ich nachts keine Ruhe mehr gefunden hatte. Meine Werte waren zu diesem Zeitpunkt aber schon so dramatisch, dass einfache stresssenkende Maßnahmen wie mehr Bewegung, regelmäßige Entspannung oder auch Vitamin D-Zufuhr (ein weiterer Wert, der oft zeitgleich in den Keller geht) oder die Einnahme vom Schlafhormon Melatonin nicht mehr ausreichten. Eine Lösung fand ich in einem Klassiker der sogenannten Orthomolekular-Medizin, wie die gezielte Ergänzung durch Mikronährstoffe bei akuten oder chronischen Erkrankungen genannt wird. Im Buch 'Was die Seele essen will - Die Mood Cure' von Dr. Julia Ross, einer Klinikleiterin aus den USA, gibt es ein eigenes Kapitel zum Thema Schlafstörungen.[39] Ein Hinweis im Buch auf eine Unterversorgung mit einer essentiellen Aminosäure beseitigte mein Problem ein für alle Mal. Heute schlafe ich wieder bestens.

☐ **Alternative Verfahren.** Wie schon so oft gesagt, gibt es kein Patentrezept, das für jeden gleichermaßen funktioniert. Ein befreundeter Unternehmer schwört auf Hypnosesitzungen. Auf seinen Rat hin habe ich auch einige Sessions gebucht, nur hat es bei mir überhaupt nicht gewirkt. Erst einmal brauchte der Therapeut sehr lange, bis er überhaupt herausfand, was mich in einen entspannten Zustand versetzte - bei mir war das die Hypnoseinduktion mittels Primzahlen. Vielleicht bin ich mit meinem Asperger ein besonderer Fall. Der schon vorher angesprochene Silicon Valley-Unternehmer Konstantin Guericke schwört zum Beispiel auf Wandern als Mittel zur Entspannung. Er hält auch Meetings mit Geschäftspartnern an der frischen Luft ab. Draußen in der Natur zu sein, so sagt er, löse Probleme im Kopf.[40] Gleiches ist vom Apple-Gründer Steve Jobs bekannt. Ich selbst nutze gerne Spazierengehen in Mentoring-Sitzungen mit kriselnden Geschäftsführerteams. An einer Stelle im Prozess gehen wir tatsächlich nach draußen, nämlich wenn es Konflikte untereinander aufzulösen gilt. Erfahrungsgemäß fällt es Konfliktparteien leichter, kritische Themen während der Bewegung anzusprechen.

☐ **Achtung: Showstopper traumatische Erfahrungen.** Es gibt ein Thema, bei dem du dir umgehend psychotherapeutische Hilfe suchen solltest: Wenn du traumatisiert bist. Hierzu eine kleine Anekdote. Ich hatte dir ja eben die Museumsübung von Strelecky empfohlen. In einer Mentoring-Sitzung habe ich sie bei einer Unternehmerin angewendet. Als wir über ihre aktuelle Situation sprachen, nahm sie plötzlich den Stift und malte einen ganzen Raum auf ihrem Blatt in pechschwarz. Plötzlich stand eine so negative Energie zwischen uns, dass ich erst einmal meinem ersten Impuls folgte und direkt Türen und Fenster öffnete, um die Spannung im Raum zu lösen. Nichts hat mir deutlicher als dieser kleine Vorfall gezeigt, dass bei einer solchen Vorbelastung alle anderen Themen zurückstehen müssen. Bevor du nicht mit guten Therapeuten am Trauma gearbeitet hast, wirst du nicht wirklich in anderen Bereichen weiterkommen.

Sylvia streckte sich. Ich tat es ihr nach und gähnte. Wir saßen wieder im Büro. Draußen fing es langsam an, zu dämmern. Mir hämmerte der Kopf. „Das war eine Menge", sagte ich. „Arbeit am Kern, an unerschütterlichen Prinzipien, an inneren Fähigkeiten und Balance in den Lebensbereichen sowie Gesundheit - wow. Ach ja, und an Firmenwachstum, das zu mir passt. Mir schwirrt der Kopf." „Kann ich gut verstehen." Sylvia stand auf und ging einige Schritte durch den Raum. Vorm Fenster blieb sie stehen. Draußen wurde es bereits dunkel. Die letzten Sonnenstrahlen warfen lange Schatten auf den Fußboden. Sie lehnte sich mit dem Rücken an die Fensterbank und schaute mich an. „Was hast du für deine neue Idee von vorhin mitgenommen?", wollte sie wissen. „Wie passt das alles für dich damit zusammen, ein Schulungszentrum aufzubauen?" Ich überlegte kurz. „Ich glaube wirklich, es ist eine Frage der Organisation", spann ich den Gedanken weiter.

„Das Beispiel von Bastian Sens gefällt mir richtig gut. Es ist toll, wie er alles plant und sich Freiräume für sein Leben geschaffen hat. Das könnte wahrscheinlich auch für mich ganz gut funktionieren." „Ja, darum geht es bei dir, oder?", überlegte Sylvia laut. „Morgen arbeiten wir daran, wie du deinen Kern in eine Vision übersetzt, die andere mitreißt. Wir sprechen aber auch darüber, welche Rolle du künftig einnehmen solltest und wie du führst. Ehrlich gesagt glaube ich, dass hierin ein Knackpunkt für dich liegt." Sie sah mir prüfend in die Augen. „Du kannst alles erreichen, was aber bisher gefehlt hat, ist, wie du dich gut dabei fühlst. In meiner Rad-Methodik heißt dieser Aspekt: 'Das richtige Ökosystem für dich schaffen'. Ich vermute, dass dir dieser Punkt sehr bei einer Vision für dein künftiges Leben helfen wird. Lass uns für heute Schluss machen, ok? Morgen machen wir dann mit frischer Kraft weiter."

# 11
# Deinen Kern übersetzen aufs Unternehmen

Am zweiten Tag. Wir starteten zeitig um 08:30 Uhr. Ich hatte in einem Hotel in der Nähe der Zeche übernachtet und überraschend gut geschlafen. Gestern Abend war ich todmüde wie ein Stein ins Bett gefallen und direkt eingeschlafen. Nicht einmal den Fernseher hatte ich mehr angeschaltet. Ich fühlte mich frisch und erholt, voller Tatendrang. Sylvia stellte es wohlwollend fest, als wir im oberen Stockwerk vom Büro um den kleinen Tisch herum standen, auf dem ihre Assistentin ein Frühstück aufgebaut hatte. Während sie einen Schluck vom Kaffee nahm, der in ihrer Tasse dampfte, sagte sie: „Freut mich, dass du so gut aussiehst.

Ich habe das im Mentoring auch schon mal anders erlebt. Wir haben ja gestern über toxische Umgebungen gesprochen. Ein Unternehmer war in so einem Umfeld unterwegs. Wie bei dir haben wir unsere Mentoring-Begleitung auch mit einem 2-tägigen initialen Workshop gestartet. Am ersten Tag haben wir an seinem Kern gearbeitet. Dabei haben wir natürlich viel über die Umstände gesprochen, in denen er sich gerade im Alltag befand. Wir hatten abends spät geendet, aber ich war guter Dinge - das Licht am Ende vom Tunnel war sozusagen schon in Sichtweite. Am zweiten Tag wollten wir das dann sortieren und eine

Vision für seine Zukunft ausarbeiten." Sylvia kaute gedankenverloren auf ihrem Croissant. „Als er dann am nächsten Morgen ins Büro hereinkam, habe ich mich erschrocken. Er sah komplett fertig aus, wirkte erledigt, erschossen. Es stellte sich dann heraus, dass er die halbe Nacht nicht geschlafen hatte. Immer wieder war ihm die aktuelle Situation im Kopf herumgespukt." Sie schüttelte energisch den Kopf. „Noch ein Beleg dafür, wie sehr es uns schadet, wenn wir in toxischen Umständen unterwegs sind. Es macht etwas mit dir.

Den ganzen zweiten Workshoptag über blitzten bei diesem Unternehmer immer wieder verschiedene Gesichter durch. Auf der einen Seite war da eine fröhliche, unbeschwerte Persönlichkeit. Und dann unversehens kam wieder die ganze Schwere durch, als würde ihn eine katastrophale Last niederdrücken. Man sah es an seiner ganzen Haltung. Deshalb: Ich bin froh, dass das bei dir nicht so ist." Sie lächelte. „Du bist also eindeutig kein schwerer Fall. Wir können prima auf den Ergebnissen von gestern aufbauen. Am Ende vom heutigen Tag hast du dann hoffentlich die Klarheit, die du dir vom Mentoring gewünscht hast."


Ich erwiderte das Lächeln. „Da freue ich mich drauf", sagte ich. „Wie machen wir heute weiter?" Sylvia stellte den Teller mit dem Rest vom Croissant auf dem Tisch ab und ging zu dem Chart an der Wand, auf das sie gestern meine Ziele geschrieben hatte.

Sie las noch einmal vor:

„Du willst

- wissen wofür du stehst

- eine Strategie für dein weiteres Wachstum

- etwas Größeres in die Welt bringen, für das du brennst

- dein Privatleben damit in Einklang bringen

- Balance im Leben erreichen.

Gestern haben wir ja an deinem Kern, an deinen unerschütterlichen Prinzipien und nach einem kurzen Ausflug zu inneren Prozessen an den Themen 'Balance ins Leben bringen' und 'Gesundheit' gearbeitet. Nach einer Nacht drüber schlafen: Was davon ist dir jetzt besonders haften geblieben?"

Ich stand ebenfalls auf und stellte mich neben sie. „Mir ist einiges klar geworden", sagte ich. „Erstmal: Ich will nie wieder in die gleiche Tretmühle wie früher zurück, als ich noch komplett in die Geschäftsführung meiner Firmen eingebunden war. Dann: Ich muss gar nicht richtig groß werden und mit meinen Firmen wachsen. Die Komplexität davon ist mir viel zu hoch. Wie hatte Andreas im Zoom-Call vor dem Mentoring festgestellt? 'Klein aber fein' ist eigentlich viel besser für ihn." Ich nickte bekräftigend. „Das geht mir auch so. Und ich kenne jetzt meinen Grundantrieb: Mir ist Freiheit am wichtigsten. Ich will künftig viel freier als bisher sein. Was mir jetzt noch nicht klar ist: Was heißt das für meine Idee, ein Schulungszentrum aufzubauen? Wie soll ich konkret weitermachen?"

Sylvia nickte. „Das kommt heute. Vielleicht kurz vorab, wie wir weitermachen." Sie ging zum Flipchart und klappte ein bis dahin verdecktes Blatt auf. Darauf war ein Phasenmodell mit Pfeilen zu sehen:

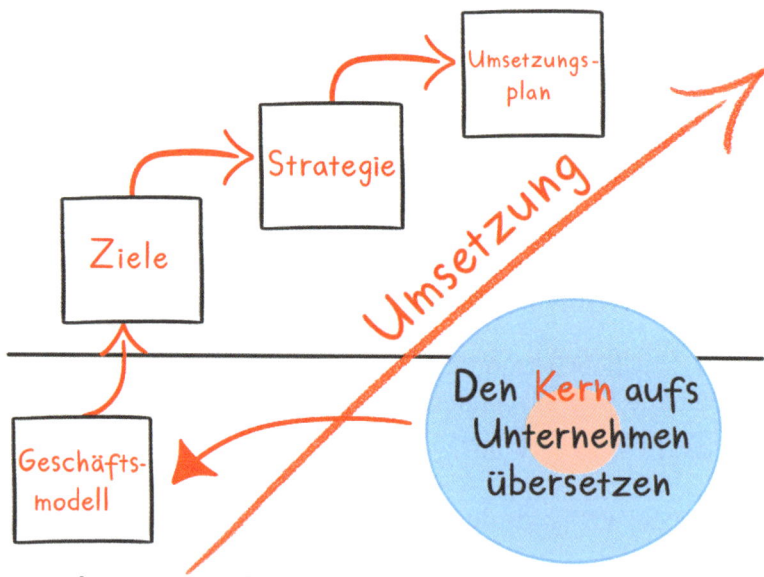

**ABBILDUNG 11.1: DEN KERN AUFS UNTERNEHMEN ÜBERSETZEN**

„Wenn wir jetzt davon sprechen, wie wir deinen Kern aufs Unternehmen übersetzen", sagte Sylvia, „dann geht es konkret um diese Themen:

- **Geschäftsmodell:** Ein Geschäftsmodell auf diesen Kern auszurichten

- **Ziele:** Konkrete Ziele in Einklang damit abzuleiten

- **Strategie:** Eine Strategie zu erarbeiten, wie du diese Ziele nachhaltig erreichst - und zwar nicht nur kurzfristig, sondern auf Dauer. Denk an das Bild von der Langstrecke, über das wir gesprochen haben

- **Plan:** Einen Umsetzungsplan zu erarbeiten, damit der Prozess nicht mitten auf der Strecke ins Stocken kommt.

„Manchmal", ergänzte Sylvia nachdenklich, „spreche ich zusätzlich auch noch mit dem Geschäftsführer oder Prokuristen, mit Führungskräften und mit ausgewählten Mitarbeitern vom Unternehmer. Das ist besonders dann der Fall, wenn wir beide das Gefühl gewinnen, er könnte einen blinden Fleck haben. Oder wenn er ein sehr großes Vorhaben umsetzen möchte, bei dem er eine Vielzahl von Beteiligten ins Boot holen muss. So ein 360 Grad-Feedback von Beteiligten hilft nochmal sehr, um eine realistische Strategie zu formulieren." Sie sah mich an. „Bei dir wird das nicht nötig sein, da deine bisherigen Companys ja gut ohne dich laufen und du dich auf etwas ganz Neues konzentrieren willst. Schauen wir uns deshalb jetzt mal an, wie du deinen Kern auf deine neue Idee anwenden kannst. Ich nenne diesen Punkt in der Rad-Methodik 'Deine Seele im Unternehmen ausdrücken'.

# 12

# Das Rad - Deine Seele ausdrücken

„Deine Seele im Unternehmen ausdrücken", wiederholte ich fragend und zeigte auf das Rad mit der Methodik. „Was heißt das genau?" Sylvia nickte bekräftigend. „Ja, es klingt sehr prosaisch, oder? Ich mache es deshalb erst einmal konkret:

1. **Im ersten Schritt geht es darum, dass du deinen Grundantrieb kennst.** Das haben wir gestern gemacht.

2. **Deine Stimulanz zu etwas entwickeln.** Im zweiten Schritt geht es darum, die Begeisterung, die du empfindest, zu etwas zu entwickeln. Wofür brennst du so, dass du es unbedingt in die Welt bringen musst? Das heißt konkret, dass wir deinen Grundantrieb nehmen und auf deine Firmen und auf dich als Unternehmer übersetzen. Wir entwickeln daraus eine Vision, die dich zum Durchhalten motiviert und die andere mitreißen kann. Dann folgt dein Geschäftsmodell. Dazu finden wir dann die passende Rolle für dich, sprich: wie du deine Vision zufrieden und in Balance ausleben und in die Wirklichkeit umsetzen kannst.

→ **Kreativität ausleben als Multi-Unternehmer.** Ein Unternehmer hat wie du an seinem Grundantrieb gearbeitet. Er hat herausgefunden, dass seine Grundwerte Freiheit und Kreativität sind. Bisher war er noch sehr operativ in seiner Firma tätig und hatte das wie ein Korsett empfunden. Wirklich frei hat er sich nie gefühlt, sondern sah sich vielmehr in einem Hamsterrad. Aus seiner Sicht war er Mädchen für alles, und ständig ist eine Flut von unwichtigen Themen auf ihn eingeprasselt. Im Mentoring hat er erkannt, wie sehr ihn das stört und wie wichtig ihm ist, davon losgelöst zu sein und künftig seinen Tag frei planen zu können. Unser Workshop war sehr emotional. Bei ihm kam ein lang vergessener Traum wieder hoch: Er hat geweint, als ihm klar wurde, wofür er eigentlich ursprünglich angetreten war. Und wie weit weg er davon im Klein-Klein vom Tagesgeschäft gekommen war. Für ihn war das ein echter Befreiungsschlag, plötzlich hatte er wieder Energie. Er brannte darauf, seine wiedergefundene Vision endlich umzusetzen - quasi nochmal auf die Reset-Taste zu drücken und seine Firma in Richtung von einem neuen Geschäftsmodell umzubauen.

Blieb noch das Problem der hohen Arbeitslast und der massiven Einbindung in Alltagsthemen. Er hat dies durch Delegieren gelöst. In seiner bisherigen Firma hat er einen Geschäftsführer fürs Tagesgeschäft eingesetzt. Parallel hat er eine Holding gegründet, unter die sich jetzt verschiedene neue Firmen eingliedern. Sein neuer Plan ist, eine übergreifende Marke mit verschiedenen, aber sich gegenseitig ergänzenden Geschäftsmodellen zu schaffen. Er schiebt dazu in den Firmen künftig immer die ersten 20% selber mit an, bis sie eigenständig laufen. Wenn das der Fall ist, holt er sich dann jeweils externe Geschäftsführer dazu. Dann zieht er sich heraus und legt zwischendurch immer nur wieder für die letzten 5% selbst Hand an. Durch diesen Schritt hat er eine ganz neue Freude an der Arbeit gewonnen. Endlich fühlt er sich frei und kann seine Kreativität ausleben, indem er etwas Neues aufbaut.

3. **Dein Mindset transportieren.** Im dritten Schritt geht es darum, dass deine Vision beim einzelnen Mitarbeiter ankommt. Jetzt, wo du Klarheit über die eine große Sache hast, die dich antreibt: Wie holst du dein Team mit ins Boot, so dass sich alle darin ebenfalls begeistert dafür einsetzen? Außergewöhnliche Unternehmer inspirieren ihre Mitarbeiter so, dass sie deren Vision zu ihrer eigenen machen. Die Voraussetzung ist, dass sie Klarheit über das haben, wofür sie antreten. Ein Unternehmer hat einmal selbstkritisch zugegeben: 'Früher habe ich den Fehler gemacht, etwas zu schnell zu laut zu sagen.' Er hat Recht: Das verwirrt das Team und zerstreut ihren Fokus. Also: Erst wenn du für dich klar bist, solltest du anfangen zu sprechen.

Macht es das deutlich?" Sylvias Frage schien von weit her zu kommen. Unversehens war ich in einen Tagtraum abgeglitten. Ich sah mich vor Mitarbeitern aus dem Backoffice stehen, die begeistert mit Fragen zu meiner Vision auf mich einstürmten. Und ich sah ein großes Schulungszentrum vor mir, in dem es vor motivierten Teilnehmern nur so wimmelte. Es fühlte sich gut an. Widerwillig riss ich mich in die Wirklichkeit zurück und fokussierte auf Sylvia, die gerade fortfuhr: „Dann lass uns mit dem ersten Schritt starten. Was hältst du von einem kleinen Quiz?" Sie öffnete die Schreibmappe, die vor ihr lag, und gab mir einen Zettel. Links standen einige Namen von bekannten Marken und Personen, rechts daneben ein Fragezeichen. Ich las kurz darüber, dann blickte ich auf. „Ok", sagte ich. „Klar, mache ich mit." Sylvia lächelte.

„Gut. Dann notiere doch bitte kurz einmal, was du mit diesen Namen verbindest."

- Lewis Hamilton: _____

- Audi: _____

- Ronaldo: _____

- Marlboro: _____

- Jochen Schweizer: _____

- Sodastream: _____

- Tesla: _____

Ich lege den Stift nieder und reichte Sylvia das Blatt. Sie las kurz her-über. „Interessant", kommentierte sie. „Ist dir etwas aufgefallen?" Ich schaute noch einmal über die Namen und mein Gekritzel daneben her-über:

- Bei Ronaldo hatte ich zum Beispiel geschrieben: „Hartnäckigkeit - er ist immer der, der nach Trainingsende noch eine Einheit extra einlegt."

- Bei Lewis Hamilton stand: „Große mentale Stärke. Kann mit Rückschlägen umgehen. Rein ins Cockpit und Fokus an."

- Und hinter Audi: „Vorsprung durch Technik."

**Für einen zentralen Wert stehen.** Ich konzentrierte mich. Plötzlich fiel es mir wie Schuppen von den Augen. „Ich hab's", sagte ich. „Jeder Na-me steht ganz klar für einen Wert." Sylvia nickte. „Genau", bestätigte sie. „Deswegen habe ich auf dieses Blatt sowohl Namen von Personen als auch von Firmen geschrieben. Beides sind im Grunde Marken,

**brands**. Und jede *brand* kann man durch ihre Werte beschreiben. Hast du schon mal die Bezeichnung **corporate religion** gehört?" Ich schüttelte den Kopf. Sylvia fuhr fort. „Sie kommt aus der Welt der großen Firmen und besagt, dass alle wirklich erfolgreichen Unternehmen für genau einen Wert stehen. Damit bieten sie dem Kunden Orientierung. Das Unternehmen steht klar für etwas und ist damit nach außen hin wiedererkennbar. Manche Kunden finden genau das gut, andere nicht. Das heißt also auch, dass eine Marke nicht nur anzieht, sondern bei anderen auch aneckt und polarisiert.

**In der inhabergeführten Firma gibt der Unternehmer die Werte vor** und lebt sie. Für ihn, aber auch für alle anderen im Unternehmen sind sie eine Art Kompass. Sie sind nützlich, weil jeder auf ihrer Grundlage schneller Entscheidungen treffen kann. Je bewusster sich alle dieser Werte sind, desto mehr bieten sie ihnen Orientierungshilfe in kritischen Situationen. Ein Unternehmer hat das mal so ausgedrückt: 'Wo ich vorher an Abzweigungen stand und immer wieder zwischen Weg a, b oder c hin- und her gesprungen bin, gab es plötzlich kein langes Überlegen mehr.'" Sie dachte kurz nach. „Wir kommen nachher noch ausführlicher darauf zu sprechen. Ein paar Sachen sind aber vorher noch wichtig.

# Klar kommunizieren: 'Gelb sagen, rot tun'

**Der Ausgangspunkt im inhabergeführten Unternehmen liegt immer bei dir selbst.** Was nicht klappt: Viele Firmeninhaber holen sich externe Berater, um zusammen mit ausgewählten Mitarbeitern Werte und ein Leitbild für ihr Unternehmen zu erarbeiten. Sie tun dies, bevor sie sich mit ihrem eigenen Grundantrieb beschäftigt haben. Versteh mich nicht falsch. Ein Leitbild zusammen mit Mitarbeitern oder dem Führungsteam zu formulieren kann sinnvoll sein. Aber die Reihenfolge stimmt so nicht. Als Inhaber in einer kleineren Firma bist du entscheidend für euren Kurs. Das heißt, alles was umgesetzt werden soll, muss immer auch dir selbst einen unmittelbaren Nutzen bringen.

Es muss also für dich persönlich wichtig sein. Nur dann entwickelst du die Kraft, um große Vorhaben umzusetzen. Es verhilft dir zu Disziplin und Durchhaltevermögen. Rückschläge wird es immer geben. Zu wissen, wofür du etwas tust und vor allem dass du es gerne tust, ist bei weitem die beste Motivation, dass du bei der Stange bleibst. Deshalb solltest du deinen Grundantrieb vor einem Leitbild ermitteln - bevor du andere dazu holst. Im Mentoring bleibe ich an dieser Stelle also hartnäckig und hake immer wieder nach:

- **Was reizt dich an diesem Vorhaben?**

- **Was hast du persönlich davon?**

Ich bohre so lange, bis der Unternehmer eine überzeugende Antwort gibt.»Sie schmunzelte leicht. „Was ich im Mentoring dann zu hören bekomme, fängt meistens so an: 'Ich will...' Und meistens fängt es dann bei ihnen an zu sprudeln." Sylvia fuhr fort. „Deshalb ist so wichtig, dass du dir völlig über deine Motive im Klaren bist. Erst anschließend solltest du Geld oder Lebensenergie einbringen, um dein Vorhaben umzusetzen. Vorher besteht die Gefahr, dass du deine Ressourcen unnötig versenkst. Wenn du zum Beispiel eine neue Firma gründen willst, kommt deine Positionierung erst nach diesem Schritt. Also: Zuerst ergründest du dein Motiv. Anschließend kann dann ein Positionierungs-Workshop folgen, in dem du Zielkunden definierst.

Auch noch wichtig:

- **Dein Grundwert ist nicht in Stein gemeißelt.** Er kann sich ändern. Wenn du eine heftige Krise durchlebst, bist du hinterher unter Umständen ein anderer Mensch als vorher, und auch dein Grundantrieb kann sich geändert haben. Denn: Grundwerte entstehen durch ständige Reibung am Leben. Sie sind nichts, was du am Reißbrett findest. Deshalb ist so wichtig, dass du sie regelmäßig hinterfragst.

- **Wenn es von außen so aussieht, als schwankst du permanent.** Was auch gefährlich sein kann: Viele Inhaber oder Gründer haben sich nie mit ihren Grundwerten beschäftigt. Unbewusst beeinflussen diese aber alle ihre Entscheidungen und Handlungen. Manchmal tut ein Unternehmer deshalb etwas anderes, als er sagt. Das kann seine Glaubwürdigkeit bei Mitarbeitern oder Kunden untergraben.

  → **Warum sagt ein Unternehmer nach außen etwas anderes, als er tut?** Der Geschäftsführer einer 50 Köpfe zählenden Firma beschwert sich: 'Ich predige Eigenverantwortung, aber machen tut's keiner.' Auf Nachhaken gab er diese Antworten:

  1. 'Wenn ein Problem richtig schwierig ist - wer löst es dann?' - 'Na ich!'

  2. 'Wenn es richtig Schwierigkeiten gibt - wer räumt die auf?' - 'Na ich!'

  **Welche Erfahrungen machen also die Mitarbeiter im Team?** An dieser Stelle wird ganz deutlich: Der Firmenchef selbst verhindert, dass seine Mitarbeiter eigenverantwortlich handeln. Er hatte es zunächst nicht verstanden: 'Meine Mitarbeiter verstummen und sagen nichts mehr, wenn ich nur *ja* *aber* sage. Jede Diskussion ist damit zu Ende.' Er beobachtete das sehr wohl, konnte sich aber keinen Reim darauf machen. Erst im Mentoring erkannte er: 'Mensch. Ich selbst habe das ja durch mein eigenes Verhalten gefördert.'

• **Eine Sache sagen, eine andere tun.** Ein anderer Firmenchef sagt: 'Meine Firma zu digitalisieren ist für mich das Wichtigste.' De facto orientiert er aber alles am Umsatz und trifft Entscheidungen im Zweifelsfall immer gegen weitere Maßnahmen zur Digitalisierung. Damit ist seine Behauptung nur ein bloßes Deckmäntelchen. Solche Firmenchefs 'sagen gelb, in Wirklichkeit tun sie aber rot.' Das geschieht oft gerade dann, wenn sie sich ihrer dahinterliegenden Motive nicht bewusst sind - denn die entscheiden über ihre Handlungen."

## *Tipps & Tools: Deinen Grundwert im Unternehmen ausdrücken*

☐ **Welchen Wert sehen Externe in deinem Unternehmen?** Es kann vorkommen, dass du zwischen zwei oder mehr Werten schwankst. Wenn du unsicher bist, was dein Grundwert ist, frage dich: Welchen Wert würden Kunden oder sonstige Externe in deinem Unternehmen sehen?

„Ich gebe dir ein Beispiel", sagte Sylvia. „Ich erinnere mich an einen Vorfall bei einer Konferenz, bei dem ich herzlich lachen musste. Bei einem Panel mit dem Titel 'Wirtschaftswoche meets Weltmarktführer' wurde der Vorsitzende der Geschäftsführung des Essener Sensorenherstellers ifm electronic von einer Journalistin interviewt. Michael Marhofer hatte im Satz vorher gerade darüber gesprochen, dass er rund 50% seiner Zeit auf Dienstreisen verbringt. Die Journalistin fragte daraufhin: 'Dann reisen Sie also mit im Tross vom Bundeskanzler?' Ich werde nie vergessen, wie Marhofer sie einigermaßen erstaunt musterte und klarstellte: 'Wir sind Mittelstand. Wir sind bodenständig. Ich reise vielleicht mal mit einem Kollegen zusammen, das ist es dann aber.' An dieser Stelle wurde mir als Externer sehr deutlich, wie er sich und sein Unternehmen definierte. Sein Grundwert lag sozusagen mit den Händen anfassbar vor mir. Stell dir selbst einmal die Frage: Was würdest du bei so einem Anlass über dein Unternehmen sagen?

☐ **Was lässt sich aus deinem Umfeld ablesen?** Grundwerte lassen sich oftmals sehr gut anhand von Äußerlichkeiten erkennen. Komplett unterschiedliche Kulturen und Führungsstile drücken sich zum Beispiel aus

- in Gebäuden
- im Habitus, der unter Angestellten im Büro herrscht
- in der Kleidung.

Manchmal ist eine hierarchie- bzw. machtorientierte Unternehmenskultur sogar schon von außen sichtbar. Nimm ein Bürohochhaus in der Frankfurter City, zum Beispiel eine der großen Bankzentralen. Der Vorstand sitzt typischerweise ganz oben. Was symbolisiert das? Ganz einfach: Angestellte Manager müssen einen weiten Weg zurücklegen, bis sie ganz oben angekommen sind. Nicht selten stellt sich ihr Aufstieg als harter Konkurrenzkampf um einige wenige Posten dar, bei dem sie auch ihre Ellenbogen einsetzen müssen.

Hier noch ein Beispiel aus dem Mittelstand. Eine Software-Firma aus Bayern ist seit Mitte der 70er Jahre auf über 1.500 Mitarbeiter angewachsen. Seit neuestem gibt es eine erweiterte Dienstwagenregelung - mit weitreichenden Konsequenzen. Auch für Neu-einsteiger existiert jetzt keine Deckelung mehr beim gewählten Fahrzeug. Es gibt einen fixen Betrag als Zuschuss zur Leasingra-te, aber darüber hinaus kann jeder aus eigener Tasche finanziert höher gehen. Das führt dazu, dass einige neue Mitarbeiter, die gerade mit dem Studium fertig sind, jetzt einen Audi A7 fahren. Mittlerweile stehen auf dem Hof einige Tesla. Nicht alle in der Fir-ma heißen das gut. Gerade bei den langjährigen Mitarbeitern regt sich Unmut. 'Neue Themen und Mitarbeiter werden gehyped. Die verdienen aber nicht das Geld. Wir tun das', sagen sie. Sie fühlen sich nicht mehr anerkannt. Für sie ist die Car Policy ein Ausdruck dieses Widerspruchs. Auch einige Kunden, unter ihnen viele sehr bodenständige Mittelständler, haben schon befremdet auf Besu-che von sehr jungen Vertrieblern mit Nobelkarossen reagiert.

☐ **Deinem Grundwert auf die Schliche kommen.** Wenn es dir schwerfällt, deinen Grundwert zu definieren: Manchmal ist es leichter, in Bildern statt in Worten zu denken. Stell dir diese Frage:

– Wie würde dein Unternehmen aussehen, wenn du es dir komplett frei aussuchen kannst?

**Fange an, tagzuträumen, um Bilder vor deinem geistigen Auge zu sehen.** Ein Trainer hat einmal eine Übung mit mir gemacht, die dir vielleicht dabei hilft. Er hat den Bolero von Ravel aufgelegt - das Musikstück, das kennst du, oder? -, und uns gefragt:

☐ Wie sieht dein ideales Firmengebäude aus?

☐ Wie dein idealer Tag?

☐ Mit welchen Leuten gehst du um?

**Achte darauf, welche Bilder in dir hochkommen.** Der Bole-ro ist ein relativ langes Musikstück, so dass bei den meisten einiges während dieser Übung aufsteigt. Wenn ich sie im Mentoring einsetze, passiert manchmal Erstaunliches. Ein Unternehmer sprach hinterher von einem 'Gänge-Gefühl': Er hatte ein Gebäude aus Glas vor Augen, das er schwungvoll betrat. Sich selbst sah er motiviert und voller Energie durch diese Gänge schreiten. In der nächsten Einstellung saß er zusammen mit einem High-Performance-Team, mit dem er auf Augenhöhe neue Projekte und Vorhaben plante. Er war umgeben von ausgewählten Hochkarätern, die sich gegenseitig zu Höchstleistung anspornten.

**Kannst du die Emotion hinter dem Bild benennen?** Sprich: Was fühlst du dabei? Tagträume funktionieren genau andersherum als deine Träume in der Nacht. Im Schlaf ist zuerst eine Emotion da, und dein Gehirn sucht dann ein passendes Bild dazu. Bei Tagträumen ist das umgekehrt. Hier suchst du erst das Bild, und dann folgt die Emotion. Deswegen sind sie so gut geeignet, um deine inneren Wünsche und Antriebe sichtbar zu machen.

☐ **Wann ist für dich der richtige Zeitpunkt, um deine Mitarbeiter ins Boot zu holen?** Diese Frage höre ich immer wieder von Firmenchefs. Ich halte gar nichts davon, deinen Grundwert gemeinsam mit Mitarbeitern zu erarbeiten. Du solltest zuerst alleine eine klare Vorstellung darüber entwickeln und sie dann einbeziehen. Nicht umsonst hat der bekannte Mittelstandsexperte Hermann Simon die vorherrschende Führung bei Unternehmenslenkern bei Hidden Champions so beschrieben: Sie führen 'autoritär in Grundwerten, aber partizipativ in den Details'.[41] Es macht also in jedem Fall Sinn, zuerst deine Hausaufgaben zu machen. Beim nächsten Abschnitt meiner Rad-Methodik zeige ich dir dann, wie deine Mitarbeiter für dich durchs Feuer gehen. Die Voraussetzung ist, dass sie deinen zentralen Maßstab als Unternehmer kennen und ihre eigene Zielerreichung daran messen.

**Teste dich selbst: Lebst du deinen Grundwert im Unternehmen?**

- ☐ An welcher Stelle bringst du deine Seele im Unternehmen ein?
- ☐ Kennst du deine Grundwerte, deine Antriebe?
- ☐ Was begeistert dich wirklich?
- ☐ Was berührt dich tief?
- ☐ Welche Bilder kommen dir bei einer kurzen Meditation vor Augen?
- ☐ Welche Emotion ist damit verbunden - was fühlst du?

„Uff, das war eine Menge", sagte ich erschöpft. „Aber ich glaube, ich habe es verstanden. Jetzt weiß ich, was damit gemeint ist, den eigenen Grundantrieb hinter meinen unternehmerischen Aktivitäten zu finden. Und natürlich damit, meine Seele im Unternehmen auszudrücken." "Ja", bestätigte Sylvia, „und vor allem hilft es dir, wenn du noch einen Schritt weitergehen willst." Ihr Gesicht erhellte sich. „Nämlich wenn du zu einer Vision kommen möchtest, mit der du andere inspirierst." Ich setzte mich auf, gespannt. Mein Tagtraum von eben kam mir wieder vor Augen. Stimmt, ich hatte mich schon lange gefragt, wie so etwas klappt. „Lass hören", sagte ich.

# Vom Grundwert hin zur Vision

Nachdem wir eine kurze Pause gemacht hatten, ging es weiter. Vor mir dampfte eine Tasse mit heißem Tee. Durch die historischen Fensterbögen fiel breiter Sonnenschein in den Raum. Kleine Staubflocken tanzten unter der Decke. Ich schloss für einen Moment die Augen. Sylvia hatte kurz das Büro verlassen, und ich hörte sie jetzt wieder hereinkommen. Sie lächelte, als sie die Treppe hochkam und mich zurückgelehnt im Sessel sah. „Es ist viel, oder?", meinte sie verständnisvoll. „Aber keine Sorge, gleich wird vieles für dich zusammenkommen." Sie nahm wieder mir gegenüber Platz. Währenddessen kramte sie in der Schreibmappe vor ihr und zog ein weißes Blatt heraus. Sie reichte es mir. „Schau mal, das ist eine E-Mail aus meinen Zeiten als Unternehmerin. Sie stammt von einem Founder aus meinem Umfeld:

*«Weißt du, ich habe ein klares Bild von unserer Firma im Kopf, und dieses Bild ist erfolgversprechend. Ich investiere in junge fitte Leute, ich treibe das Marketing Richtung Microsoft-Partner mit Gold-Status voran. Ich positioniere uns als Azure Spezialisten. Im Consulting hat jeder Cloud-Ziele.»*

Was fällt dir auf?", fragte sie in meine Richtung. Ich las die E-Mail noch einmal Wort für Wort durch. „Na ja", sagte ich gedehnt. „Der Founder hat ein Bild vor Augen gehabt. Ich würde mal vermuten, er hat seinen Grundantrieb gefunden, oder?" „Stimmt." Sylvia nickte und stellte mir noch eine Frage. „Ist das denn eine Vision, die dich mitreißt?" Jetzt nahm ich mir das Blatt noch mal mit diesem neuen Fokus vor. Langsam schüttelte ich den Kopf. „Nein, würde ich sagen. Eine Vision ist das nicht. Er hat hier To Do's aufgeschrieben. Es klingt fast wie ein Projektplan, aber nicht wie eine Vision." Sylvia trank einen Schluck von ihrem Tee. Nachdenklich sagte sie: „Das stimmt. Die Haltung vom

Founder damals war: 'Es soll Spaß machen, und ich will die Firma richtig groß machen.' Aber: Im Grunde waren das seine Bedürfnisse. Jeder Übrige in der Führungs-Crew hatte seine eigenen.

**Eine Vision, die andere mitreißt, ist etwas anderes.** Was beim Founder passiert war, ist typisch für viele Unternehmer. Sie deklarieren einige ihrer Ziele als Vision und wundern sich, warum kaum einer der Vision folgt. Der Grund, warum das nicht geschieht, ist: Die anderen haben in der Regel eigene Ziele, die sie verfolgen. Es sind aber meistens andere.

Mitreißen tun die keinen - wir sehen hier letztlich nichts anderes als ein Sammelsurium an Partikularinteressen. Es ist nichts, was ein Team wirklich zusammenschweißt." Sylvia schaute nachdenklich vor sich hin. „Gut war bei diesem Founder allerdings, dass er überhaupt ein Bild vor Augen hatte. Immerhin. Das hast du ja auch, oder? Worum es jetzt geht, ist dieses Bild zu einer Vision zu entwickeln, mit der du andere mitnimmst. Ich zeige dir mal ganz systematisch die Schritte, wie du dahin kommst.

# Wie entsteht aus einem Bild eine Vision?

- ☐ **Damit eine Vision entstehen kann, brauchst du einen starken inneren Kompass.** Er äußert sich bei dir in einem klaren Empfinden, was richtig oder falsch ist. Mit anderen Worten: Du trägst ein Bild in dir, wie diese Welt sein sollte. Das hat viel mit deinem Grundantrieb zu tun. Wenn dir Gerechtigkeit wichtig ist, dann bist du empfänglich dafür, wenn sich ein anderer ungerecht verhält.

- ☐ **Du merkst, dass etwas in deiner Umwelt nicht so ist, wie du es dir wünschen würdest.** Das setzt dich unter Spannung, und manchmal ist sie stark genug, dass sie dich ins Handeln bringt.

Dann denkst du vielleicht: 'Schluss! Das ertrage ich keinen Tag länger.'

☐ **Damit andere mitziehen, darf diese Spannung nicht nur dich selber betreffen.** Das war das Problem bei diesem Founder. Deine Spannung, der Konflikt, muss also mehrere Menschen betreffen - sie muss einen Nerv treffen.

☐ **Du formulierst, was du dagegen tun wirst.** Wenn du dann Maßnahmen ergreifst, kannst du als Vorreiter vorangehen. Die anderen, die diese Spannung auch empfunden haben, werden ganz genau hinschauen, was du tust. Jetzt ist deine Aufgabe, sie zum gemeinsamen Handeln zu bewegen. Das schaffst du, indem du Begeisterung in ihnen weckst. Erst an dieser Stelle kommt das Thema Vision ins Spiel. Wenn du nämlich deine Begeisterung in eine mitreißende Botschaft übersetzt, die einfach zu verstehen ist, dann hast du gewonnen. Der sprichwörtliche Funken springt über. Das was du tust und sagst, macht Sinn für andere, und sie schließen sich dir an. Wenn du schaffst, deine Begeisterung auf sie zu übertragen, hat das einen riesigen Vorteil. Die Produktivität bei Menschen, die einen Sinn in ihrer Arbeit sehen, erhöht sich in der Regel um 70% (!)."[42]

„Kannst du das für mich nochmal konkreter machen?", fragte ich. „Wie komme ich jetzt genau zu einer mitreißenden Vision? Wie kann die für mein Schulungsinstitut aussehen?" „Na klar", erwiderte Sylvia. „Sogar noch besser: Ich kann dir eine Anleitung geben." Sie setzte sich aufrecht hin. „Du hast doch auch Simon Sinek gelesen, oder?" Ich nickte. „Na klar. 'Start with why', oder? Ist lange her, mir aber noch gut in Erinnerung. Manchmal sehe ich mir auch TED-Talks von ihm an. 'How great leaders inspire action'. Großartig." Sylvia nickte und kritzelte einige Worte auf das Blatt Papier vor ihr. „Es gibt mittlerweile einige Arbeitsbücher von ihm, die das ganz gut konkretisieren. Ich schreibe dir mal die Titel auf. Das erste Beispiel, das ich dir jetzt gebe, stammt aus seinem Buch 'Finde dein Warum - Der praktische Wegweiser zu deiner wahren Bestimmung'. Anschließend zeige ich dir, wie Unternehmer aus meinem Umfeld konkret damit gearbeitet haben. Denn das ist ja das eigentlich Interessante", erklärte sie. „Solange etwas nur auf dem Papier steht, mag es zwar interessant sein, aber es hat nicht wirklich einen Nutzen für dich. Erst wenn du es anwendest, bekommt es seine Kraft. Hier ist also zuerst das Beispiel, frei nacherzählt nach Sinek:

- ☐ **Dein Angebot und den Nutzen feststellen.** Stell dir vor, wir sitzen im Flugzeug nebeneinander. Ich frage dich: 'Was machen Sie beruflich?' Du sagst zum Beispiel: 'Ich verkaufe mit meiner Firma Stahl.' 'Aha?', hake ich nach. 'Wofür dient dieser Stahl denn genau?' Du antwortest: 'Unser Stahl ist eine besonders reine Sorte. Damit können Maschinen effizienter arbeiten, weil ihre Bestandteile leichter sind. Ein Getriebe beim Auto ist dank unseres Stahls also leichter als früher.'

- ☐ **Übertragen: Was du damit bewirkst.** Ich frage dich jetzt nicht, wieviel euer Stahl kostet und wer eure Kunden sind. Stattdessen will ich von dir wissen: 'Was ändert das?' Du überlegst und kommst dann vielleicht darauf: Durch die Reinheit eures Stahls haben die Produkte eurer Kunden eine gute Qualität - obwohl sie aufgrund des geringeren Gewichts mit weniger Material hergestellt werden konnten. Das ist jetzt interessant, denn 'weniger Material' heißt auch geringeren Ressourcenverbrauch. Sprich: Metall wird aus Erz gewonnen, und für weniger Material muss also entsprechend weniger Erz eingeschmolzen werden. Dadurch wird die Umwelt weniger stark belastet. Und damit sind die Benefits von deinem Produkt nicht am Ende. Denn ein leichteres Auto bedeutet auch einen geringeren Treibstoffverbrauch als bisher.

Es produziert eine geringere Menge an Schadstoffen. Außerdem kann reiner Stahl besser recycelt werden.

☐ **Auf dein Warum übertragen.** Jetzt könnte ich hier stoppen. Nach Sinek gehe ich dann aber noch einen Schritt weiter. Ich frage dich: 'Und warum machen Sie das?' Mich interessieren also deine persönlichen Motive. Erinnere dich an unsere Diskussion eben zum Grundantrieb, bei der ich gesagt habe, dass hohe Werte alleine nicht ausreichen, um die ganz großen Vorhaben zu erreichen. Sie müssen immer auch einen persönlichen Bezug für dich haben, weil du nur dann den dornigen Weg zum Ziel durchhältst. 'Also', frage ich dich dann, 'warum produzieren Sie diesen besonders reinen Stahl?' Und erst mit dieser Frage bringe ich dich wirklich zum Nachdenken. Dir kommt vielleicht als Erstes ein lang vergessener Kindheitstraum in den Sinn: Vielleicht wolltest du früher immer die Erde intakt erhalten für künftige Generationen. Warst du deswegen nicht ursprünglich angetreten? Und damit das passiert, müssen wir mit unseren Ressourcen verantwortungsvoller umgehen. Frei nach Greta Thunberg: Es gibt eben keine drei Planeten Erde. Und plötzlich wird dir nach all diesen Fragen klar: 'Das ist es. Das ist meine Vision.' Deine Vision ist also nicht, dass du Stahlunternehmer bist und besonders reinen Stahl produzierst. Sondern dass du damit dein kleines persönliches Puzzleteil dazu beiträgst, die Welt besser zu machen. Erinnerst du dich an die provokative Frage von Sohan Anne Boeing, 'Wofür würdest du dich ans Kreuz nageln lassen?' Über diese Fragen hast du vielleicht gerade deine Antwort gefunden.

☐ **Zu einer Vision umformulieren.** Jetzt musst du diesen Gedanken nur noch zu einer Vision ausformulieren. Im Arbeitsbuch von Sinek klingt das beim Stahlingenieur dann so: 'Ich glaube, dass die natürlichen Ressourcen zum Wohl der Menschheit genutzt werden müssen. Ich glaube auch, dass wir das verantwortungsvoll tun müssen, um die Erde zu schützen und sicher für unsere Kinder zu nutzen. Das ist der Grund, warum ich Ingenieur wurde und für diese Organisation arbeite. Unsere Firma mit Sitz in Schweden - ein Land, das sich der Nachhaltigkeit verschrieben hat - hat ein Verfahren entwickelt, das Maschinenbau-Ingenieuren hilft, leichtere, effizientere und ökologische Produkte zu erzeugen. Unser spezifischer Weg zur Nachhaltigkeit ist Leichtstahl."

aus: Simon Sinek. Finde dein Warum. Der praktische Wegweiser zu deiner wahren Bestimmung[43]

Sylvia blickte auf. „Das hat Kraft, oder? Der Stahlingenieur hat seine Arbeit jetzt mit seinem persönlichen Sinn, mit dem Warum nach Simon Sinek, verbunden. Was er tut, inspiriert ihn. Da das jetzt ja ein Beispiel aus einem Buch war, zeige ich dir jetzt, wie es einige Unternehmer aus meinem Umfeld für sich angewendet haben.

→ **Eine Leidenschaft vor Augen.** Als ich bei Microsoft ausgestiegen bin, stand ich vor der Gründung meiner eigenen IT-GmbH. Der Sprung aus dem Angestelltendasein in die Selbständigkeit war damals groß für mich. Ich hatte dann das Glück, über einen Verwandten Kontakt zu Christoph Pliete von d.velop zu bekommen. Sein Werdegang ist spannend: Zusammen mit zwei Co-Foundern hat er seine Firma Anfang der 90er Jahre im Münsterland gegründet - heute sind es rund 750 Mitarbeiter. Die Firma erstellt Systeme für Dokumentenmanagement. Damals hat er sich die Zeit für mich als Gründerin genommen und mir einige Ratschläge mit auf den Weg gegeben. Was ich bis heute nicht vergessen habe: Wie der Stahlingenieur im Beispiel von Sinek hat er mir damals von einer größeren Vision erzählt. Er hat früh vom 'Haus der Zukunft' geträumt. Heute ist das Konzept in aller Munde, aber damals, als er das Unternehmen in den 90er Jahren gründete, kam es quasi in der öffentlichen Diskussion noch gar nicht vor. Auch wenn das Kerngeschäft seiner Firma eine Software ist, nimmt das Thema doch immer wieder einen Stellenwert in seinem unternehmerischen Handeln ein. Nicht nur war einer seiner ersten Kunden die Firma hülsta, ein lokaler Hersteller von Möbeln. Seine Softwarefirma hat sich auch an der Entwicklung von 'Arbeitswelten für die Wissensarbeitenden von morgen' beteiligt - Stichwort 'Office in Motion'. Sie betreiben einen eigenen Campus in Gescher, auf dem sich auch andere artverwandte Firmen angesiedelt haben. Damit verwirklichen sie ihre eigene Vision vom modernen Arbeiten und 'Haus der Zukunft'. Sprich: Dein Thema, deine Vision, kannst du also auch im Umfeld vom Unternehmen ausdrücken und vielleicht sogar ein neues Geschäftsmodell daraus machen. Getreu dem Motto, das mir Christoph Pliete damals schon mitgab: 'Eine Firma sollte immer auf gegenläufige Geschäftsfelder setzen, nie auf nur eines.' Der Hintergrund: Im Fall einer Krise kann ein Geschäftsfeld den Verlust oder den Abschwung des jeweils anderen auffangen.

→ **Beitrag für die Welt.** Die Familienunternehmerin Christine Batsch hat auch eine große Vision. Ihr Unternehmen Batsch Verfahrenstechnik hat sie in zweiter Generation von ihrem Vater übernommen. Ich habe ja eben von einer Spannung gesprochen, die du dann zur Vision umwandelst. Besonders beeindruckend finde ich, dass Christine eine solche Spannung schon als Kind empfunden hat. Sie hat damals bereits entschieden: 'Ich will der Nachwelt nicht meinen Dreck hinterlassen.' Als Tochter eines selbständigen Maschinenbaumeisters war sie quasi im Betrieb ihres Vaters aufgewachsen. Aus ihrem kindlichen Vorsatz ist eine mitreißende Vision entstanden:

**'Wenn wir auf diesem Planeten weiterleben wollen, geht das nur mit nachhaltigem Wirtschaften.'**

Folgerichtig hat Christine Verfahrenstechnik studiert, und schon in ihrer Masterarbeit im Libanon beschäftigte sie sich mit Integrated Water Resource Management. Seit 2014 bereitet sie mit ihrem Team Lösemittel auf, die beispielsweise bei der Autolackierung und anderen Fertigungsprozessen anfallen. Dazu konstruiert sie modernen Destillationsanlagen. Sie nennt das: 'Lösemittelrecycling als Maßnahme zu Grundwasserschutz', denn wer weiß schon, dass diese Lösemittel mangels Alternativen in manchen Ländern einfach 'hinter den Zaun' gekippt werden und die Umwelt verschmutzen? So fällt bei der Karosserielackierung von einem einzigen Auto bis zu vier Liter verschmutztes Lösemittel an. Mit den Destillieranlagen der Firma Batsch kann es vom Schmutz getrennt werden und ermöglicht den erneuten Einsatz fast in Neuware-Qualität. Das Verfahren spart erheblich $CO_2$ ein, weil die Lösemittel nicht mehr wie bislang verbrannt werden müssen.

Christine Batsch' Engagement für die Umwelt findet auch in der Öffentlichkeit Anerkennung. Sie war schon mehrfach für Wettbewerbe nominiert und hat Preise gewonnen. Trotz der Vergangenheit in Familienhand versteht Christine ihr Unternehmen als Startup in der neuen Technologie. Aktuell verhandelt sie mit großen Automobilkonzernen im Inland oder mit Kunden in China. Ihr Traum: Irgendwann steht eine Destille von Batsch überall auf der Welt und trägt zur Aufbereitung von Lösemitteln bei. Auch in Punkto Geschäftsmodell geht sie innovative Wege, denn sie möchte ihre Destillieranlagen gar nicht an Kunden verkaufen, sondern sie stattdessen vermieten. Im sogenannten 'product as a service'-Modell bleiben die Anlagen in ihrem eigenen Besitz, werden den Kunden aber zur Nutzung bereitgestellt. Ihrem eigenen

Unternehmen beschert das regelmäßige Wartungseinnahmen.

**David gegen Goliath.** Sylvia hielt inne. „Die Firma ist noch nicht groß. Sie hat heute um die 15, 20 Mitarbeiter. Manche fragen mich: 'Warum bringst du solche kleinen Klitschen als Beispiel?' Also erstmal finde ich die Frage respektlos. Für mich kommt sie auch aus der alten Welt, sprich: Sie spiegelt das alte Denken wieder. Denn ich glaube fest, dass heutzutage die Davids zu den neuen Goliaths werden können. Es ist das Mindset, das den Unterschied macht. Und da ist Christine Batsch eine ganz Große. Und dann", sie lächelte, „bin ich überzeugt, dass ihre Vision aufgehen wird: 'Eine Destille von Batsch' in jedem Gewerbegebiet. Das Zeug dazu hat ihre Firma. Warten wir ab."

→ **Anders miteinander umgehen.** Hin zu einer neuen Unternehmensführung. Sylvia hielt inne. „Zu meiner eigenen Vision bin ich übrigens ähnlich wie Christine gekommen", sagte sie. „Bei mir stand auch eine große stark empfundene Spannung dahinter. Mein Glück war, mit einer sehr beeindruckenden Großmutter aufzuwachsen. Sie war ein echter schleswig-holsteinischer Sturkopf. Sehr klar, mit dem Herzen am rechten Fleck, aber auch unbeugsam wie ein Fels in der Brandung und störrisch wie ein Esel, wenn etwas ihr Gerechtigkeitsempfinden verletzt hatte. Bei ihr aufzuwachsen hieß: Auf der einen Seite gab sie mir Rückhalt, egal was passierte. Sie stand unerschütterlich zu mir. Auf der anderen Seite hat sie mir beigebracht, keinen Missstand zu akzeptieren. Sie war der Überzeugung, dass es sich lohnt, zu kämpfen. Dinge zu verbessern.

Das hat mich geprägt, als ich dann aus unserem kleinen Dorf an der Ostsee raus in die große weite Welt gegangen bin. Schon bei meinen ersten Jobs in der Wirtschaft habe ich vieles im persönlichen Umgang gesehen, das mich befremdet hat. Plötzlich war ich mit einer Ellenbogenmentalität konfrontiert. Ich sah Kämpfe mit unlauteren Mitteln. Es gab jede Menge Konkurrenz in einem Umfeld, das die bereits genannte 'Blue-Ocean'-Strategie ja als blutrot gefärbtes Wasser beschrieben hat. Ich weiß noch genau, wie mich das empört hat - und da war er also plötzlich, eben so ein Spannungszustand, wie ich ihn dir eben beschrieben hatte. Ich dachte mit der ganzen Empörung des schleswig-holsteinischen Sturkopfs, der mir ja durch das Vorbild meiner Großmutter in Fleisch und Blut übergegangen war: 'Das geht so nicht. So dürfen wir in der Wirtschaft nicht miteinander umgehen.' In gewisser Weise war das sicherlich auch naiv. Denn: Ich habe mich auf Kämpfe eingelassen, die ich gar nicht gewinnen konnte. Heute weiß ich das. Aber damals rief diese Empörung meinen seit der Kindheit tief verankerten Gerechtigkeitssinn auf den Plan. Sich auf einen Machtkampf mit Ranghöheren einlassen? Na klar. In einem toxischen Umfeld gegenhalten und für die eigene Sache kämpfen? Aber immer doch."

Sylvia schüttelte sich. „Gut tut dir so etwas nicht. Auch wenn du scheinbar einen Sieg erringst, gewinnst du in so einem Umfeld nicht. Du lässt Federn, und es macht etwas mit dir. Das musste ich sehr schmerzhaft lernen. Und ich bin vermutlich auch viel härter im Austeilen geworden, als ich das je wollte. Interessanterweise betrifft das auch diejenigen ganz oben an der Spitze, von denen man von außen denken würde, dass ihnen so ein Machtgerangel überhaupt nichts mehr ausmacht. Das Buch 'Mayday aus der Chefetage' handelt davon. Es ist ein Psychogramm von Menschen ganz oben in der Hierarchie und zeigt schonungslos, unter welchem extremen Druck sie stehen.

Als ich meine Firmenanteile Anfang 2017 verkauft hatte, bin ich komplett ausgestiegen. Die Spannung, die ich empfunden hatte - 'so darf man in der Wirtschaft nicht miteinander umgehen' - ist mir zum Lebensmotto geworden. Ich habe Unternehmer gesucht und gefunden, die meinem Bild vom ehrbaren Firmenchef entsprachen. Dazu habe ich eine Methodik entwickelt, wie ein Unternehmer da hinkommen kann - es ist die, an der wir gerade arbeiten. Und ich glaube fest", Sylvia zwinkerte, „dass meine Großmutter heute stolz darauf wäre, wie wir gemeinsam an einer Wirtschaft schrauben, in der wir besser miteinander umgehen. An einer Wirtschaft, in der wir ethische Entscheidungen treffen, in der Menschen wie du und ich das Großartigste in sich entdecken, zu dem sie fähig sind."

**Das Beste, zu dem Menschen fähig sind.** „Also", schloss Sylvia, „du siehst: Eine Vision, die andere mitreißt, muss mit dir selbst zu tun haben. Und zwar mit deiner Story, mit deiner persönlichen Leidenschaft, die irgendwann aus Reibung entstanden ist. Es geht hier sozusagen um 'letzte Ziele'. Hast du schon einmal von Viktor Frankl gehört?" Ich hatte atemlos zugehört. Jetzt schüttelte ich den Kopf. Sie fuhr fort. „Er war ein großartiger Neurologe und Psychiater, Begründer der Logotherapie. Sein Werdegang ist ein Lehrstück für das Beste, zu dem wir Menschen fähig sind.

Während des zweiten Weltkriegs war er in vier Konzentrationslagern, unter anderem auch in Auschwitz. Er hat also vermutlich das Schlimmste erlebt, was Menschen widerfahren kann. Trotzdem hat er nicht aufgegeben. Was er in Auschwitz beobachtete, hat ihm seinen Lebenssinn gegeben. Er hat eine von Grund auf positive psychologische Lebenshaltung entwickelt. Wie kam das? Damals in den KZs hat er beobachtet, dass nicht alle Gefangenen gleichermaßen auf die Umstände reagierten. Manche entwickelten einen großen Willen zum Weiterleben. Es waren meistens jene, hat Frankl beobachtet, die einen Sinn im Leben hatten. Das konnte ein Lebenswerk sein, das sie fortführen wollten - ein KZ-Häftling hatte zum Ziel, eine Enzyklopädie zu beenden, wenn er das Lager überleben würde -, ein anderer wollte seine Kinder wiedersehen. Frankl hat daraus seine Kernthese abgeleitet, dass wir vieles, wenn nicht sogar alles ertragen können, solange wir einen Sinn darin sehen. Er hat diese Erkenntnisse in seinem großartigen Buch '...trotzdem Ja zum Leben sagen: Ein Psychologe erlebt das Konzentrationslager' zusammengefasst.[44]

Es erschien 1946, hat also direkt auf seinen Erfahrungen im Lager aufgesetzt. Ist das nicht beeindruckend?", fragte Sylvia und sah mich an. „Wenn jemand wie Frankl unter solchen Umständen eine Vision entwickeln konnte, wie viel einfacher haben wir es dagegen heute? Aus meiner Sicht geben uns solche Menschen ein Erbe mit auf dem Weg. Wie sagte einmal ein Unternehmer?

> «Ich habe manchmal den Eindruck, dass es viele Leute gibt, deren Ansporn ist: Ich möchte das einfachste, das schönste Leben haben, das ich mir so denken kann. Ich möchte irgendwie so durchs Leben kommen, mit möglichst wenig Gegenwind, mit wenig Aufwand. Ich habe auch nichts dagegen. Aber bei großen Menschen denke ich immer, da ist eine Vision entstanden an den Scheidepunkten ihres Schicksals. Und bei den anderen denke ich manchmal, erstens ist das maximal langweilig, und dann frage ich mich bei denen, was ist denn ihr 'higher purpose'?

*Du bist doch nicht auf diese Welt gekommen, damit du möglichst möglichst viel Zeit auf der Sonnenliege in Spanien verbringst. Aus irgendeinem Grund bist du doch auf die Welt gekommen, und die gucken dich mit großen Augen an, und du weißt, das ist nicht angekommen. Das ist diese Instagram Welt, „Ich mache im Pool halt mal ein paar schöne Bilder", und im Grunde ist da aber am Ende des Tages eine ganz große Leere. »*

— Familienunternehmer, 37.

„Das ist stark", sagte ich beeindruckt. Die Beschreibung von Viktor Frankl hatte mich bis ins Mark getroffen. Ich hatte geradezu körperlich das Bedürfnis, aufzustehen, ein paar Schritte zu gehen, so viel bewegte das in mir. Sylvia fühlte meine Spannung. „Ja, das geht echt tief, oder?" sagte sie. „Komm, lass uns eine kleine Pause machen. Nach so einem schwerwiegenden Thema braucht man eine Zäsur, oder? Wie wär's mit einem kleinen Gang ins Bistro? Anschließend gehen wir noch einen Schritt weiter, und ich zeige dir, wie du eine Vision auf eine einfache Botschaft herunterbrichst und nach außen kommunizierst. Wir sprechen außerdem darüber, wie du deine Mitarbeiter ins Boot holst. Es gibt dafür einfache Checklisten, die ich dir an die Hand geben möchte."

# Die unwiderstehliche Vision für den Markt

*«Ich sehe, dass unserer Firma etwas fehlt, damit sie sich gut entwickelt. Als meine beiden Co-Founder und ich die Firma vor fast zehn Jahren gegründet haben, waren unsere Ziele, über 100 Mitarbeiter an verschiedenen Standorten aufzubauen und finanziell frei zu sein.*

*Beide Ziele haben wir mittlerweile erreicht, aber jetzt fehlt es an mehr. Vor ein paar Wochen haben wir eine Mitarbeiterumfrage durchgeführt, und das Ergebnis zeigt ganz klar, dass den Mitarbeitern ein großes, übergeordnetes Ziel fehlt. Wir müssen strategisch nachlegen. Auch nach außen fehlt uns eine klare Vision. »*

— Unternehmer, 35 Jahre

**Eine Vision oder mehrere?** Wir hatten jeder in der Kantine ein belegtes Brötchen gegessen und einen Cappuccino getrunken - zum Glück für mich gab es einen mit Hafermilch - und saßen jetzt wieder im Büro. Wir sprachen über vegane Ernährung, und ich erklärte Sylvia, wie ich umgestiegen war. „Meiner Gesundheit hat der Umstieg richtig gut getan", erzählte ich. „Meine Haut ist besser, und ich fühle mich viel fitter als früher. Insgesamt habe ich viel mehr Energie." Ich streckte mich im Sessel und dachte kurz nach. Vor meinem geistigen Auge ließ ich noch einmal Revue passieren, was wir gerade besprochen hatten. Mir kam ein Gedanke.

„Eine Frage habe ich noch", sagte ich. „Darüber habe ich schon einmal mit einem anderen Unternehmer gestritten. Brauche ich immer genau eine Vision, oder kann ich nicht auch mehrere gleichzeitig verfolgen?" „Hm", Sylvia überlegte. Als sie antwortete, klang sie nachdenklich. „Diese These kenne ich", sagte sie. „Dazu habe ich wahrscheinlich eine extreme Meinung. Ein Kunde von mir hat auch einmal das Beispiel von einem Unternehmer gebracht, der als Ingenieur angefangen hatte, dann war er Personal Trainer geworden und hat Sportler gecoacht. Später hat er sich dann als Heilpraktiker verdingt und ein Business mit einem Weiterbildungskurs aufgebaut. Meinen Kunden hatte das beeindruckt. Ich weiß noch, wie er sagte: 'Das ist ja mal ein Multi-Unternehmer.'"

**Die Kunst, sich nicht zu verzetteln.** Sylvia zuckte mit den Achseln. „Kann sein. Ich sehe das anders. Worüber wir hier reden, sind Spitzenleistungen. Du willst nicht einfach irgendein Unternehmer sein, sondern ein richtig guter. Du willst die Reise von 'Good to Great' machen, wie Jim Collins es 2001 erstmalig genannt hatte.[11] Aus meiner Sicht verzettelt sich der Ingenieur aus dem Beispiel, weil für mich das Oberthema darin fehlt, das sich durch alle seine Aktivitäten durchzieht." Stimmt, dachte ich innerlich. Mir kam Ulrich in den Sinn, der alles einem Zielbild unterordnete: Er wollte 'Pflege anders machen - Pflege erschaffen, die nicht nach Pflege aussieht.' Unter diesem Dach betrieb er neben seiner Pflegeeinrichtung auch eine Werbeagentur, die das Image der Pflege in der Gesellschaft verbessern sollte.

Aber der gemeinsame Nenner war ganz klar vorhanden. Ich musste Sylvia recht geben, ich sah das genauso. Ihre nächsten Worte bestätigten meine Gedanken. „Spannend", sagte sie. „Ja, aus meiner Sicht brauchen alle deine Aktivitäten einen gemeinsamen Deckel. Also genau eine gemeinsame Vision, die sie verbindet. Ich glaube allerdings, sie kann sich auf verschiedene Art und Weise ausdrücken. Ich mache das mal an zwei Beispielen deutlich. Weil du gerade das Thema vegane Ernährung angesprochen hast: Lass uns mal dabei bleiben. Beide Beispiele kommen aus diesem Bereich, und das kommt auch nicht von ungefähr. Denn vegane Ernährung ist ja ein echter Trend und bietet unternehmerisch gesehen Möglichkeiten für neue Geschäftsmodelle.

→ **1. Möglichkeit: EINE Leidenschaft, EIN gemeinsamer Nenner.** Erinnerst du dich noch an gestern, als ich von Rebecca Göckel und ihrer Eiscreme-Marke NOMOO erzählt habe? Stichwort 'Visionen entwickeln, die andere mitreißen': Sie war ja angetreten mit dem Ziel, $CO_2$ und Verpackung einzusparen. Ihre Vision könnte man also vielleicht nennen: 'Alternative und umweltverträgliche Ernährungsformen entwickeln'. Im Moment bleibt sie mit ihren

Produkten bei Eiscreme, aber wer weiß, ob sie künftig nicht noch neue vegane Nahrungsmittel ins Sortiment aufnimmt, die ebenfalls CO2 und Verpackung einsparen? Auf jeden Fall ist ihre Vision sehr klar, einfach zu verstehen und leuchtet unmittelbar ein.

→ **2. Möglichkeit: EIN gemeinsamer Nenner, VIELE Geschäftsmodelle darunter.** Neulich habe ich mit einem Vertreter von einem Unternehmen mit einer deutlich komplexeren Vision gesprochen. Sie lässt Raum für die unterschiedlichsten Geschäftsmodelle, bietet aber trotzdem ein einheitliches Dach. Es geht um das Startup Crealize, gegründet 2015 von Jacob Fatih und David Ewald. Man kennt Jacob aus der Vergangenheit als Gründer der Fitnessstudiokette FitX. Obwohl eines der Produkte bei Crealize auch ein veganes Nahrungsmittel ist, verfolgen sie eine deutlich andere Vision als NOMOO: Ihnen geht es nicht um *ein* Geschäftsmodell und *einen* Nutzen. Stattdessen wollen sie nachhaltige Startups in Serie aufbauen. Ihre Strategie ist, dass sie Gründern von nachhaltigen Startups den bestmöglichen Support geben wollen. Mit dieser Schützenhilfe sollen diese dann ihre Firmen als unabhängige Geschäftsführer und Gesellschafter zum Laufen bringen. Die crealize-Gründer beteiligen sich als finanzielle Mitgesellschafter, leisten aber auch Anschubhilfe. Sie unterstützen sowohl strategisch und stellen auch die Infrastruktur bereit. Aktuell bauen sie einen Campus in Essen, sozusagen die Keimzelle für den Support an ihre Gründer. Sie schaffen also das Umfeld mit einem entsprechenden Netzwerk und auch dem familiären Rückhalt, weil ja erwiesenermaßen Gründen als Einzelkämpfer keine gute Idee ist. Mittlerweile sind die ersten GmbHs entstanden.

Ihre Vision eines nachhaltigen Lebensstils geht noch weiter. Wo sie arbeiten, wollen sie dies auch umweltfreundlich tun. Deshalb errichten sie gerade auf den Dächern vom Campus Erholungs-gärten, bei denen die Heizungsenergie zu 80% autark generiert wird." Sylvia hielt inne. „Einer der Gründer erfindet gerade vegane Milch neu - Pilk, plant milk, lautet der Name vom Startup. Das Ziel ist im ersten Schritt, hochwertige Nuss- und Hafermilch anzubieten, die der Konsument selbst unter Zugabe von Wasser aus Mus und Pulver herstellen kann. Aus dem Nussmus wird so Mandel- bzw. Cashewmilch, aus dem Pulver Hafermilch. Die Marke soll viel edler werden als das, was bisher auf dem Markt ist. Beispielsweise sehen die geplanten Behälter viel mehr nach einer hochwertigen Eiscreme wie Häagen Dazs aus." Sylvia sah vor sich hin. „Kann man tatsächlich so etwas wie vegane Milch neu erfinden? Ich denke ja, denn letztlich haben es die Begründer von Mixgetränken wie Fassbrause oder Bionade ja auch geschafft. Der Gründer hat selbst Erfahrung mit Gastro-Startups und brennt für die Idee. Außerdem", sie zwinkerte, „ist er Unternehmer von Herzen, will Geschäftsführer sein und hat eine Holding gegründet. Gute Voraussetzungen also.

Aber was ich sagen will", nahm Sylvia den Faden zu unserer ursprünglichen Diskussion wieder auf, „der Ansatz ist hier anders. Hier ist die

Vision also von vornherein größer gespannt und umfasst viele verschiedene Aktivitäten. Letztlich versammeln sich aber alle unter einem gemeinsamen Dach. Deshalb besteht hier aus meiner Sicht auch nicht die Gefahr, sich mit dieser Vision zu verzetteln, anders als beim Unternehmer, der erst Ingenieur, dann Personal Trainer und dann Heilpraktiker war." Sie dehnte sich. „Beantwortet das deine Frage?" Als ich nickte, ging sie zum nächsten Thema über.

## Die Vision nach außen kommunizieren

„Wir wollten ja darüber sprechen, wie du deine Vision nach außen kommunizierst - am besten so, dass sie andere mitreißt. Fangen wir erstmal damit an, wie du sie auf den Markt übersetzt. Nach Simon Sinek läuft der Prozess von innen nach außen ab. Das ist, was wir uns gerade angeschaut haben: Du kommst von deinem Grundantrieb, dann entwickelst du eine Vision. Dieses Vorgehen ist unabhängig von deiner Größe und Branche. Jetzt geht es darum, dieses 'innen' überzeugend in die Außenwelt zu tragen. Weißt du, wie Apple es gemacht hat?"

„Ich bin nicht sicher, was du genau meinst", gab ich zu. „Ok." Sylvia skizzierte etwas auf dem Block vor ihr und drehte dann das Papier zu mir um. „Bleiben wir bei Simon Sinek. Schau dir das einmal an", sagte sie. „Es geht darum, wie Computer früher, in der Zeit vor Apple, verkauft wurden." Ich las laut vor:

---

**SO WURDEN COMPUTER FRÜHER VERKAUFT - ÜBER MERK-MALE:**

Wir machen großartige Computer. **(= was das Unternehmen herstellt)**

Sie haben ein schönes Design. Sie sind einfach zu verwenden und anwenderfreundlich. **(= wie sich das Angebot unterscheidet)**

Willst du einen kaufen? **(= Kaufaufruf)**

Aus: Simon Sinek. Frag immer erst: warum. Wie Top-Firmen und Führungs-kräfte zum Erfolg inspirieren[45]

---

„Fällt dir etwas auf?", fragte Sylvia. Ich las die Zeilen noch einmal durch und nickte dann. „Ja", sagte ich. „Da stellt ein Verkäufer einfach irgendwelche Behauptungen auf. Er bringt aber keine Belege. Er sagt zwar, dass seine Computer großartig sind und ein tolles Design haben, aber mehr auch nicht. Das ist ein bißchen dünn." „Sehe ich auch so", bestätigte Sylvia.

„Im Marketing nennt man das 'Merkmale aufzählen'. Wenn Sinek von inspirierten Unternehmen spricht, dann ist das hier nicht gerade ein inspiriertes Angebot, oder? Schauen wir uns jetzt mal an, wie Apple es dagegen seit jeher macht. Auch bei ihnen folgt am Ende ein Kaufaufruf. Sie wecken bei dir aber vorher eine ganz andere Lust auf ihre Produkte:

---

**SO VERKAUFT APPLE COMPUTER - ÜBER DIE VISION:**

Bei allem, was Apple tut, geht es für uns darum, das Bestehende in Frage zu stellen. Wir glauben daran, dass man anders denken muss. Wir stellen das Bestehende infrage **(= warum)**,

indem wir unsere Produkte so gestalten, dass sie schön, einfach und anwenderfreundlich sind **(=wie tun wir es)**.

Nach diesem Credo machen wir großartige Computerund Smartphones **(= was wir tun)**.

Willst du einen kaufen? **(=Kaufaufruf)**

Aus: Simon Sinek. Frag immer erst: warum. Wie Top-Firmen und Führungskräfte zum Erfolg inspirieren[46]

---

„Ich finde es besser", sagte ich. „Aber ehrlich gesagt haut es mich auch noch nicht 100% vom Sockel." „Ja, denn hier sind wir bei einer wirklich zentralen Frage angekommen", stimmte Sylvia zu. „Womit erreichst du die Herzen deiner Kunden? Im Grunde ist das die spannendste Frage überhaupt, denn bevor du die Herzen von anderen erreichen kannst, musst du selbst dafür brennen. Weißt du noch - wofür würdest du dich ans Kreuz nageln lassen?"

Sie zwinkerte mir zu. „Immerhin folgt Apple hier genau dem Vorgehen 'von innen nach außen'. Ihre Vision ist klar zu erkennen, und die ist schon anziehend, oder? Apple macht bekanntermaßen nicht unbedingt die besten Computer. Zum Beispiel ist ihre Akkulaufzeit gegenüber Modellen von anderen Herstellern deutlich unterlegen. Aber wenn es darum geht, Menschen mit dem Slogan 'ganz anders denken' anzusprechen, dann gewinnt Apple ihre Aufmerksamkeit und bewegt sie zum Kauf. Und das ist ja, was letztlich zählt, oder? Halten wir fest. Wenn du mitreißend für Kunden nach außen kommunizieren willst:

**Du musst deine Vision so formulieren, dass sie die Herzen erreicht.**

**Warum du einen Nerv treffen solltest.** Das gelingt dir nur, wenn deine Vision einen Nerv trifft. Du musst verstehen, was deine Kunden oder Anwender bewegt. Ich habe neulich einen Gründer kennengelernt, der Nahrungsmittel aus Insekten auf den Markt bringen wollte. Er war einigermaßen verzweifelt, denn es gab einen großen Knackpunkt. Ohne Frage, seine Vision war gut. Sie folgte sogar einem größeren Trend, weil er mit seinem Angebot etwas für die Umwelt tun wollte.

Aber ich habe seine Worte noch im Ohr: 'Niemand kauft, weil der Planet in Schwierigkeiten ist', hat er mir unglücklich gestanden. Sprich: Bis dato hat er noch nicht den richtigen Dreh gefunden, um seine Vision mitreißend zu kommunizieren. Er hatte eine wichtige Grundregel außer Acht gelassen. Sie lautet: 'Egal wie groß deine Vision ist, der Kunde kauft, weil er ein Problem hat.' Dein Produkt muss die Bedürfnisse des Kunden treffen und dieses Problem lindern. Sonst gibt er kein Geld aus."

„Halt mal kurz", stoppte ich. „Das heißt also: Zuerst arbeite ich von innen nach außen, was heißt, ich definiere meinen Grundantrieb, also mein 'wofür ich das alles mache'. Bevor ich jetzt also nach außen gehe, muss ich noch etwas anderes nachziehen? Ich muss es zuerst noch auf die Probleme und Bedürfnisse des Kunden abstimmen?" „Genau darum geht es", stimmte Sylvia mir zu.

„Also im Fall von Müsliriegeln aus Insekten lauten die Argumente, die Kunden zum Kauf bewegen, vielleicht so:

- 'Weil sie dir viel besser bekommen als sonstiges tierisches Eiweiß und du zusätzlich noch etwas für den Planeten tust.'

oder

- 'Weil du durch sie besser mit Nährstoffen versorgt wirst und dadurch auch noch den Methan-Ausstoß reduzierst.' Oder so ähnlich.

Ich bin kein Experte für die Vorteile von Eiweißprodukten aus Insekten. Aber vom Prinzip her wird es so funktionieren. Und wie gestern morgen schon einmal gesagt: Es ist deine Begeisterung und Energie, die das Produkt verkauft. Es geht hier nicht um die nüchternen Merkmale vom Produkt - also von Müsliriegeln aus Insekten -, es geht um die Leidenschaft, mit der du anderen damit helfen willst. Deine Produkte sind das Mittel zum Zweck, um etwas in ihrem Leben zu verbessern. Nimm nochmal das Beispiel von Pilk - plant milk.

Der Gründer Julian Wessing brennt für das Food-Thema. Das hat er schon bei seinem ersten Startup 80days gezeigt, das er zusammen mit seinem damaligen Co-Founder Kevin Kessler entwickelt hatte. Die Leidenschaft bei Julian für das Thema Nahrungsmittel ist geblieben und hat zu seiner aktuellen Gründung geführt. Bei ihm ist die Begeisterung fürs Produkt wirklich spürbar.

Es ist die gleiche Begeisterung für große Visionen, die auch oft genug TED-Talks so mitreißend macht:

*«Ich mag diese TED Talks, wo die Leute zittern und man merkt, es ist genau das. Genau darum geht's gerade. Es ist dieses Thema. Und die brennen da gerade wirklich lichterloh. Und es ergibt trotzdem einen Sinn, es ist total klug erklärt.»*

— *Friederike Löwe, Inhaberin Lionizers GmbH*

„Alles was echt ist, brauchen wir", sagte Sylvia. „Die Menschen spüren, ob es dir ernst ist mit deiner Vision. Bleiben wir bei Friederike Löwe. Zusammen mit ihrem Mann Nils ist sie Pionierin in nachhaltiger Software-Entwicklung. Mittlerweile spricht sie auf Konferenzen zu diesem Thema. Es sind keine reinen Fachvorträge mehr - weil für sie eine größere Vision steht und diese nach außen transportiert:

«*WAS MEINE INSTRUMENTE SIND*

*Ich glaube, dass jeder (privilegierte) Mensch sein Möglichstes tun soll-te, die Klimakrise abzumildern. Sie geht uns alle an, und sie wird nicht einfach so vorbei gehen. Ich bin immer auf der Suche nach meinem größten Hebel, mein Mögliches zu vergrößern und meine Wirksamkeit zu steigern. Meine Instrumente sind Software-Entwicklung, Unternehmertum und meine öffentliche Stimme. Ich glaube an Kreativität, Aufrichtigkeit und Liebe und dass uns Kooperation dazu bringen wird, einen wirklichen Unterschied zu machen. Ich glaube, dass Kreativität durch Unterschiedlichkeit gefördert wird und finde es wichtig, jeden Menschen so zu achten, wie er ist.*

*Es macht einen Unterschied, ganz viele kleine Entscheidungen richtig zu treffen und anderen davon erzählen. Ich glaube, dass es eine gute Zone jenseits von Existenzangst gibt, in der wir am handlungsfähigsten sind. Selbstfürsorge und gute Arbeitsbedingungen sind kein Feigenblatt und keine Luxusthematik. Sie ermöglichen uns, wirksam zu sein und in unserer Kraft zu bleiben. Ich glaube an das Potential in den Menschen, zu wachsen und über sich hinauszuwachsen. Wenn wir das alle immer wieder tun (um unserer Verantwortung als privilegierte und historisch brutal-ausnutzende Europäer gerecht zu werden), werden wir einen Unterschied machen und können die Welt für unsere Kinder möglichst lebenswert erhalten.*»

*Friederike Löwe, Inhaberin Lionizers GmbH*

„Das ist stark", kommentierte ich spontan. „So mitreißend würde ich auch gerne über meine Idee vom Schulungszentrum sprechen. Aber ehrlich? Ich bin nicht sicher, ob es dafür ausreicht. Ich will andere davor bewahren, dass sie meine Fehler machen, wenn sie ihre Digital Company aufbauen. Aber ob sonst noch eine größere Idee für mich dahinter steht? Friederike will ja die Klimakrise abmildern, wenn ich das richtig verstehe. Hm, ich weiß nicht so recht." „Versuch mal folgendes." Sylvia setzte sich auf. „Es gibt eine einfache Übung, die ich manchmal mit größeren Gruppen mache. Ich frage sie:

☐ **Wo fühlst du die meiste Energie?** Ich stelle ihnen drei verschiedene Fragen und bitte sie dann, ihre Augen zu schließen und mit einem Handzeichen bei ihrem Favoriten aufzuzeigen:

- Was sollst du tun?

- Wie sollst du es tun?

- Warum sollst du es tun?

Die meisten Handzeichen kommen immer bei der dritten Frage, also warum du etwas tun solltest. Wenn du davon sprichst, ein Schulungszentrum für den Aufbau von Digital Companys aufzubauen, ist das dein 'Was'. Du könntest jetzt noch ausführen, wie du es genau vorhast. Du könntest also erklären, dass du Räume im Zentrum von Düsseldorf anmieten möchtest, in denen die Präsenzphasen stattfinden. Du könntest die begleitenden Angebote auf der Online-Plattform beschreiben und erklären, wie sie in den Curriculum passen. Das ist dann also dein 'Wie'. Aber", Sylvia grinste, „beides beantwortet noch nicht, weswegen Gründer zu dir kommen und ausgerechnet von dir lernen wollen. Erst dieses 'Warum' bringt dir die Kunden. Also: Es lohnt sich, in diese Antwort Herzblut hineinzustecken.

☐ **Das Klatsch-Barometer.** Du kannst selbst überprüfen, ob du schon andere mit deiner Antwort auf die 'Warum'-Frage mitreißt. Lade ein paar Freunde oder befreundete Unternehmer ein. Sie sollten dir wohlgesonnen sein, aber vor allem auch ehrliches Feedback geben. Stell dich vor sie hin und rede zehn Minuten über deine Vision und dein 'Warum'.

Hinterher frage sie reihum:

- Wo haben sie dein Herzblut fürs Thema gemerkt?

- An welcher Stelle haben sie 'wow' gesagt?

- Wann haben sie gemerkt, dass deine Emotionen dahinter stimmig waren?

- Warum hat es sie berührt - was hatte es mit ihnen zu tun?

Lass dir genau erklären, bei welchem Moment deiner Rede ihnen solche und ähnliche Punkte aufgefallen sind."

Sylvia musterte mich. „Das müssen wir jetzt nicht vertiefen. Probiere es aber mal aus und gib mir hinterher gerne Rückmeldung. Ich bin sehr gespannt, ob du heute schon mit deiner Idee vom Schulungszentrum bei anderen Emotionen auslöst." Sie schob die Papiere auf dem Tisch beiseite und öffnete die Dokumentenmappe. „Schauen wir uns jetzt gleich noch den nächsten Baustein an. Wie gewinnst du das Team für deine Vision? Wie schaffst du, dass sie voll dahinter stehen?"

## Dein Team ins Boot holen

> «Wenn du ein Schiff bauen willst, dann trommle nicht Männer zusammen, um Holz zu beschaffen, Aufgaben zu vergeben und die Arbeit einzuteilen, sondern lehre sie die Sehnsucht nach dem weiten, endlosen Meer.»
> — Antoine de Saint-Exupéry

„Diesen Spruch von Antoine de Saint-Exupéry zitiere ich oft in meinen Mentoring-Sessions", sagte Sylvia. „Auch wenn er natürlich etwas veraltet in der Sprache ist und es Männer und Frauen heißen muss", ergänzte sie. „Aber er hat nach wie vor Gültigkeit. Gerade die Vorreiter von heute sind Meister darin, Sehnsucht nach einer Vision zu lehren. Das ist auch der Grund, warum Bewerber bei ihnen Schlange stehen." Ich dachte kurz darüber nach. „Weil sie fühlen, dass es diese Unternehmer ernst meinen?", vermutete ich.

„Richtig. Im Grunde beherzigen sie etwas, das Dale Carnegie, einer der ersten Unternehmensberater überhaupt, schon 1936 so formuliert hat: 'Der direkte Weg zum Herzen eines Menschen führt über jene Dinge, die den betreffenden Menschen besonders am Herzen liegen.'[26] Das macht Sinn, oder? Wenn du schaffst, dein Team für eine Sache zu gewinnen, dann hast du gewonnen. Bewerber glauben, in diesen Firmen zu etwas beizutragen, das ihnen wichtig ist. Wenn sie dann erstmal im Unternehmen sind, müssen die Firmenchefs natürlich auch liefern. Sie sollten deshalb ihre Mitarbeiter in den künftigen Kurs einbinden. Worum es geht ist,

- sie aktiv an neuen Geschäftsmodellen mitarbeiten zu lassen

- sie einzubinden in Innovation und Weiterentwicklung von Produkten und Dienstleistungen

- ihnen das Gefühl zu vermitteln, einen Beitrag zu etwas Sinnvollem zu leisten.

Das hat nichts mit Sozialromantik zu tun, sondern mit dem, was ganz sicher in fünf bis zehn Jahren überall die Norm sein wird." Sylvia stand auf. „Ich mache das mal ganz konkret. Magst du mit nach unten kommen? Da steht der Fernseher. Ich möchte dir ein Video aus einem Workshop zeigen." Einige Minuten später. Sylvia schaltete den Bildschirm ab. Wir hatten eine erstaunliche Übung gesehen. Im Video hatten sechs Personen in einem Tagungsraum im Hotel gestanden. Die Anweisung an sie lautete: „Schließe deine Augen und überlege dir, wo Norden ist. Zeige mit deinem Arm in die Richtung, in der du Norden vermutest."

Das Verblüffende war: Als sie alle gleichzeitig auf ein Zeichen hin die Augen wieder öffneten, hatte keiner von ihnen in die gleiche Richtung gezeigt. Der eine deutete zum Fenster, der andere zur Tür und so weiter. Augenscheinlich hatte jeder im Innenraum vom Hotel so seine Orientierung verloren, dass keiner die Himmelsrichtungen mehr sicher benennen konnte.

DEIN TEAM INS BOOT HOLEN

**Zehn Mitarbeiter im Raum, zehn verschiedene Sichtweisen.** „Das ist typisch", stellte Sylvia fest. „Nimm einen üblichen Positionierungs-Workshop. Hast du schon mal einen mitgemacht?" Ich schüttelte den Kopf. Sie sprach weiter. „Oft sind Teilnehmer aus dem Team mit dabei. Diese Workshops starten meistens mit einem Pitch, den alle getrennt voneinander vorbereiten und dann an die anderen vorstellen. Kannst du dir denken, was passiert? Ganz ähnlich zu der Übung im Video mit den Himmelsrichtungen wirst du zehn verschiedene Pitche hören, wenn zehn Personen aus der gleichen Firma beteiligt sind. Erfahrungsgemäß sagt jeder etwas anderes. Übrigens passiert das sogar dann, wenn die Teilnehmer allesamt aus ein- und derselben Vertriebsabteilung kommen." „Wie kann das sein?", wunderte ich mich. „Denn gerade die Vertriebler sollten es doch eigentlich wissen. Sind die Firmen so schlecht, dass sie keine gemeinsame Marketingbotschaft haben?"

**Hin zum gemeinsamen Nordstern.** „Das ist nicht das Problem", erwiderte Sylvia. „Das Marketing nach außen funktioniert bei den meisten Firmen gut. Sie haben einen erkennbaren Claim und meist auch ganz gute Verkaufsmaterialien. Ihre Hausaufgaben haben sie also gemacht. Wenn es aber um das gemeinsame Verständnis der Unternehmensvision beim Team selber geht, sieht die Sache anders aus. Hier werden dir die Mitarbeiter in den meisten Firmen sozusagen lauter verschiedene Himmelsrichtungen wie im Video zeigen." Sie hielt inne.

„Die Übung im Video heißt übrigens NORTH STAR. Schon Stephen R. Covey hat 1996 in seinem Buch 'First Things First' darüber geschrieben.[47] Wir haben das Buch damals bei Accenture übrigens zur Einstellung zusammen mit dem Arbeitsvertrag gesendet bekommen. Der Nordstern bezeichnet den am hellsten leuchtenden Stern. In früheren Zeiten war es der Wegweiser, der Seefahrern auf dem Ozean den Weg gewiesen hat, lange bevor es GPS gab. Was an dieser Metapher wichtig ist: Damals auf See hatten alle den gleichen Nordstern erblickt, wenn sie nach oben geschaut haben.

Er war eindeutig, weil er so hell leuchtete. Es gab kein Vertun. Das ist ein gutes Sinnbild dafür, wie deine Vision beim Team wirken muss. Die besten Unternehmen schaffen es tatsächlich, dass ihre Vision die gesamte Crew wie ein eindeutiger Nordstern leitet. Es gibt ein Sprichwort, dass genau das ausdrückt. 'Ein Ziel, das du nicht sehen kannst, kannst du auch nicht treffen.'" „Das klingt echt toll", sagte ich. „Und ziemlich anspruchsvoll." „Ohne Zweifel", Sylvia nickte bekräftigend. „Aber machbar. Erinnerst du dich an das Beispiel eben von Christine Batsch? Ein 35-jähriger aus ihrem Team hat gesagt: 'Hier will ich bis zur Rente bleiben.' Das muss man erstmal schaffen, oder? Während der Corona-Pandemie hat die Mutter eines Angestellten Mundschutze mit Firmenlogo für alle genäht - freiwillig. Das hat mich sehr beeindruckt.

Also, wenn wir jetzt darüber sprechen, wie du es machst: Schauen wir uns ihr Beispiel mal systematisch an. Diese Punkte hat sie richtig gemacht:

**Klare Vision gepaart mit wirtschaftlich erfolgreichem Geschäftsmodell.** Bei Batsch Verfahrenstechnik ist zum einen die Vision sehr klar. Es geht darum, auf dem Planeten weiterzuleben. Das geht nur mit nachhaltigem Wirtschaften. Ihr Verfahren zur Destillation von Lösemitteln leistet einen Beitrag zum Recycling, weil das Lösemittel nicht mehr entsorgt werden muss. Und außerdem auch noch zum Grundwasserschutz, weil Farben mit Lösemitteln weniger Ressourcen verbrauchen als solche, die auf Wasserbasis hergestellt werden. Wasser wird ja weltweit ein zunehmend knappes Gut, und durch ihr Verfahren steht wieder mehr Wasser als Grundnahrungsmittel zur Verfügung.

Aber anders als bei dem Beispiel eben mit den Müsliriegeln auf Insektenbasis gibt es bei ihrem Geschäftsmodell auch noch ein handfestes Interesse von Kunden. Für Autoproduzenten zum Beispiel ist es natürlich ein ausgemachter Kostenvorteil, wenn sie das verschmutzte Lösungsmittel, das bei einer Karosserielackierung anfällt, quasi wieder als Neuware einsetzen können. Dadurch sparen sie massiv ein.

- **Die Vision funktioniert also gut.** Sie dient einem höheren Zweck, das macht sie attraktiv.

- **Es gibt einen klaren Bedarf auf Kundenseite.** In den Augen von Mitarbeitern ist das auch ein wichtiger Punkt, denn damit wissen sie: Ihr Arbeitsplatz ist gesichert. Sie müssen sich, anders als bei den Müsliriegeln, keine Sorgen um die Zukunft machen. Jede gute Vision muss also auf einen Bedarf im Alltag treffen.

- **Dann: Kommunikation.** Wie Christine Batsch ihre Story kommuniziert, zieht bei den Mitarbeitern. Erinnere dich an den Spruch von Dale Carnegie: 'Der direkte Weg zum Herzen eines Menschen führt über jene Dinge, die den betreffenden Menschen besonders am Herzen liegen'.[48] Das ist bei ihren Mitarbeitern ohne Frage der Fall.

- **Mitarbeiter mitnehmen.** Und ebenso wichtig: Sie setzt auf einen ehrlichen Umgang mit ihren Mitarbeitern. Auch einen kurzzeitigen Nachfrageeinbruch in der Corona-Krise hat sie offen kommuniziert. Damit schafft sie es, die Mitarbeiter mitzunehmen. Rückmeldungen wie die des 35-jährigen oder kleine Sympathiebekundungen wie die selbstgenähten Mundschutze zeigen, dass sie richtig liegt.

„Diesen letzten Punkt schauen wir uns jetzt näher an", sagte Sylvia. „Wenn wir jetzt nämlich auf das 'Wie' kommen, also wie du die Mitarbeiter für deine Vision begeisterst. Wir hatten ja schon gesagt: Du als Unternehmer setzt den Rahmen. Jetzt gilt es dann aber, ihn durch die Mitarbeiter ausfüllen zu lassen. Die richtige Reihenfolge sieht so aus:

☐ **Du definierst deine Vision.** Hier geht es um das 'WHY', um dein Warum. Du sagst also: 'Wir glauben dass...' oder 'Ich glaube dass...' Es geht um dein WHY I CARE.

☐ **Im nächsten Schritt formulierst du sie zum strategischen Kompass um.** Gerade wenn ihr in eurem Marktumfeld auf Sicht fahrt, wenn ihr euch also in einem Umfeld bewegt, in dem sich Dinge schnell ändern, ist ein strategischer Kompass eine wirkungsvolle Richtschnur für Entscheidungen. Du kannst dafür deine Vision nach dem Muster von Sineks goldenem Circle übersetzen:

– **Nach dem 'WHY' legst du das 'HOW' fest.** Hier geht es um die Umsetzung. Mit welchen Prozessen setzt ihr die Vision um? Auf welche Art und Weise wollt ihr das genau tun? Wie lautet die Strategie? Wie wollt ihr eure Produkte oder Dienst-leistungen erstellen? Was braucht ihr dazu? Und so weiter.

– **Zuletzt kommt das 'WHAT'.** In welche Produkte oder Dienstleistungen gießt ihr eure Vision? Ihr könnt jetzt Dinge sagen wie: 'Als Ergebnis bieten wir unser Produkt / unseren Service xyz an.' An dieser Stelle geht es also um das konkrete Tun, ums Produzieren, um das, was für Kunden und sonstige Abnehmer anfassbar ist.

☐ **Um das 'HOW' und das 'WHAT' zu steuern,** setzt du dann bekannte Systeme zur Zielerreichung ein, zum Beispiel OKR - Objectives and Key Results. Jede Vision muss den Sprung hin zu verbindlichen und nachprüfbaren Aktivitäten mit messbarem Output bei deinen Mitarbeitern schaffen.

Begriffe aus der alten und neuen Welt. Worte spielen eine Rolle. 'Mitarbeiter mitnehmen' ist ein Begriff aus der alten Welt. Heute geht es vielmehr darum, Sehnsüchte in ihnen zu wecken und dann Räume aufzumachen, in denen sie sich entfalten und eigene Kreativität im vorgegebenen Rahmen entwickeln können. Voraussetzung ist, dass sie es freiwillig tun. Du darfst sie nicht zu Mitgestaltung verdonnern, sie müssen es selbst wollen. Klingt selbstverständlich? Von wegen.

→ **Mit Druck zum Mitmachen zu bewegen ist falsch.** Ich habe erst kürzlich eine Firma aus dem agilen Umfeld erlebt, bei der ein Firmenchef ein ernstes Gespräch mit einer Mitarbeiterin geführt hat. Zwar brachte sie gute Ergebnisse bei der Arbeit, war freundlich und ins Team integriert, aber er warf ihr vor: 'Du identifizierst dich nicht', weil sie nicht von sich aus an Strategierunden im Team teilnehmen wollte. Druck ist in so einer Situation aber grundfalsch. Vielmehr musst du die richtige Umgebung für Beteiligung schaffen, 'ein Biotop für gemeinsames Wachstum', wie es einmal ein Freund von mir genannt hat. Der Gründer der New Work-Bewegung Frithjof Bergmann hat es bezeichnet als 'alles, was den Menschen stärkt'.[49] Dafür hat er regelmäßig Standing Ovations bekommen.

So klappt das gut:

- ☐ **Setze in der ersten Runde auf Leistungsträger.** Wende dich an jene Mitarbeiter in deinem Team, die am begeisterungsfähigsten sind. In jeder Firma sind einige immer vorne mit dabei und bringen gerne ihre Ideen ein. In der Regel sind das die sehr guten Mitarbeiter. Fasse sie in einem ersten Team zusammen, lasse sie einige Experimente starten.

- ☐ **Bringe dich selbst in dieses Team mit ein.** Keiner kennt die Vision so gut wie du. Du bist deshalb als Übersetzer und Initialzünder unbedingt nötig. Lass das Team entscheiden, wie und in welcher Reihenfolge sie Themen umsetzen wollen. Erinnerst du dich noch an die hypothesengestützte Unternehmensführung? Genau sie braucht es jetzt. Startet in eurem Team mit der Umsetzung einiger erster Versuchsballons und prüft, ob sie auf Resonanz im Markt stoßen.

- ☐ **Den Rest der Belegschaft nach und nach mit einbeziehen.** Du kannst sicher sein, dass die übrigen in der Firma kritisch auf euer Team schauen werden. Mache deshalb an jeder Stelle transparent, was gerade in eurer Vorhut passiert. Irgendwann solltest du dann fragen, wer noch mitmachen will. Sei sicher: Wenn die Freiwilligen aus dem ersten Team gute Ergebnisse erzielen, wollen die bis dato Zögerlichen auch irgendwann dabei sein.

- → **Die Hotelkette Upstalsboom** ist eine bekannte Erfolgsgeschichte, bei der es so gelaufen ist. Als der Hotelier Bodo Janssen diesen Prozess 2010 gestartet hatte, lagen Qualität, Wirtschaftlichkeit und Mitarbeiterzufriedenheit am Boden. Das Problem lag ganz klar in der Führung. Nachdem die Erkenntnis bei Bodo Janssen durchgesickert war, hat er den Schalter sehr konsequent umgelegt. Er hat erst einmal sich selbst ins Visier genommen. Eine seiner großen Lessons Learned lautet daher auch 'Jemand, der etwas bei sich im Unternehmen verändern will, ist gut beraten, erstmal bei sich anzufangen'. Und weiter: 'Wir haben dann stückweise alles geändert.' Er hat Geld, Zeit und Ressourcen in Angebote zur persönlichen Weiterbildung gesteckt, hat Zeiten im Kloster für die Mitarbeiter gesponsert und ihnen eine firmenweite Weiterbildung in Corporate Happiness ermöglicht. Seine Mitarbeiter konnten entdecken, woran sie Spaß haben. Er hat genau also genau das Prinzip verfolgt, mit einigen ersten Mitarbeitern zu starten und sie zu Botschaftern am Arbeitsplatz auszubilden. 'Wir haben nicht jeden genommen', sagt er. Auf die Frage: 'Wer hat Lust, so zu wachsen?' hatten sich initial 60% Frauen gemeldet, 40% Männer. Auch war nicht jeder Mitarbeiter sofort begeistert: Um die 10-15% verließen das Unternehmen, nachdem er den Wandel eingeläutet hatte.

Bei Start seiner Initiative war das Betriebswirtschaftliche zunächst zweitrangig. Trotzdem sind zuerst die Krankheitstage gesunken, dann hat sich der Umsatz verdoppelt. Die Wertschöpfung durch die Mitarbeiter insgesamt ist gestiegen. Laut Janssen 'passiert so etwas, wenn man nicht auf den Erfolg / Umsatz schielt, sondern sich mit den Menschen beschäftigt.' Er sieht als Schlüsselfaktor die Wertschätzung, die er durch den Prozess an die Mitarbeiter gezeigt hat. Ein angenehmer Nebeneffekt: Upstalsboom ist genau dadurch bekannt geworden und wird heute von Bewerbern überrannt.

Die stille Revolution, Film von Kristian Gründling nach der Vision von Bodo Janssen[50]

Sylvia machte eine Pause. Ich kannte das Upstalsboom-Beispiel, deshalb sagte ich gedankenvoll: „Ich halte nicht soviel von solchen Konzepten wie Corporate Happiness. Mir ist das zu soft." Sylvia nickte. „Es muss für dich passen. Wichtig ist aber vor allem, dass du dich auf einen Ansatz festlegst und ihn konsequent durchziehst. Es muss ein Ansatz sein, mit dem ihr euch wohlfühlt. Es gibt kein Richtig oder Falsch. Dir muss außerdem klar sein, dass es ein Marathon ist. So eine Transformation wie bei Upstalsboom kann in Abhängigkeit von der Größe des Unternehmens oder der Anzahl der Standorte auch schon drei Jahre in Anspruch nehmen, bis die Änderungen tatsächlich verfestigt sind. Auch du als Firmenchef wirst dich dabei verändern.

Entscheidend finde ich dabei immer, respektvoll auf die Mitarbeiter und auf das zu schauen, was so ein Prozess bei ihnen auslöst. Ein Unternehmer war da mal einigermaßen zynisch. Er sagte, nachdem einige Mitarbeiter in so einem Veränderungsprozess gekündigt hatten: 'Dann haben wir jetzt ja Platz frei für die Richtigen.' Das nützt niemandem, mit solchen Bemerkungen muss man aufpassen. Sie können die gesamte Stimmung im Team kippen lassen." Sylvia setzte sich aufrechter hin. „Das ist ein gutes Stichwort. Auch bei solchen Prozessen gibt es nämlich einige echte No Go's", sagte sie. „Hier sind ein paar Beispiele."

# Wie du Mitarbeiter garantiert nicht erreichst

$\rightarrow$ **Hinter verschlossenen Türen werkeln.** Eine knapp 120-köpfige Softwareschmiede aus Bayern steckte in einer laufenden Umstrukturierung. Es war ein Vorhaben mit großer Tragweite, da es den Zuschnitt aller Gruppen, letztlich also die Arbeit jedes Einzelnen im Team berührte. Der Anspruch der Geschäftsführung war von vorneherein, die Mitarbeiter daran zu beteiligen. So hatten sie die besten Köpfe aus jedem Bereich ausgewählt, in Summe ca. 25 Personen. Sie trafen sich jetzt schon seit mehreren Monaten. Soweit so gut. Der Knackpunkt war aber: Die Geschäftsführung hatte sie um Stillschweigen gebeten, da es sich ja eine laufende Strategiearbeit handelte. Sie wollte die übrige Belegschaft nicht verunsichern und verhindern, dass unausgereifte Ergebnisse verfrüht nach außen dringen.

Deshalb hatten sie nichts weiter zum Fortschritt in der Gruppe kommuniziert. Leider führte genau dieses Stillschweigen zu massiver Verunsicherung. Die Gerüchteküche blühte, und die übrigen Mitarbeiter waren durch das Stillschweigen der Kollegen maximal verunsichert. „Was passiert da hinter verschlossener Tür? Wird es so schlimm, dass sie uns deshalb nichts sagen dürfen?", mutmaßten sie. Besonders schlecht kam das Update des Geschäftsführers auf dem Jahresabschluss-Meeting an. Letztlich war es gar keines. Er hatte lediglich einen Zeitstrahl mit dem Fahrplan der laufenden Umstrukturierung mitgebracht. Seine einzige Aussage war: „Zum Datum x wollen wir das Ergebnis bekanntgeben." Zu den inhaltlichen Details sagte er nichts.

Der Unmut im Anschluss an das Meeting war groß, besonders unter den Programmierern, die mit ihrer derzeitigen Arbeitsumgebung zufrieden waren und jede noch so kleine Änderung fürchteten.

Sprich: Es ist absolut notwendig, dass du deinen Mitarbeiter regelmäßig und ganz transparent spiegelst, wo ein Veränderungsvorhaben steht. Es wäre die Aufgabe der Geschäftsführung in der Software-Schmiede gewesen, alle im Team regelmäßig zu informieren. Sie muss aktiv werden, sonst riskiert sie Abwanderung. Gerade in Branchen wie der Softwareentwicklung sind gute Mitarbeiter rar, und du solltest sie bei Laune halten.

→ **Die Mitarbeiter demotivieren.** Eine Tech-Firma aus Frankfurt hatte ein jährliches Wachstum von 20% und mehr. Aber: Ihre Technologie veränderte sich rasant. Kunden spiegelten immer wieder Bedarf für neue Features. Der CEO hatte deshalb Angst, dass seine Firma Chancen verschlafen würde. Seine Einschätzung war: „Wir haben das Wissen bei uns im Haus, wohin sich der Markt verändert. Was uns fehlt, ist ein systematisches Marktscreening." Jetzt hatte er in der Vergangenheit schon öfter Ideen für Weiterentwicklungen beim Team eingeholt. Das Problem lag aber darin, dass keine davon umgesetzt wurde. Der Grund: Ausnahmslos alle Mitarbeiter in der Firma liefen unter Vollauslastung. Der große Engpass lag darin, Ressourcen neben dem Tagesgeschäft freizuschaufeln. Neue Ideen waren bereits öfter als interne Projekte gestartet worden, wurden dann aber immer wieder aufgrund von dringenden Kundenprojekten gekippt. „Sie flutschen uns durch die Finger wie ein Aal", sagte der CEO unglücklich.

Hinzu kam, dass viele Mitarbeiter inzwischen demotiviert waren. Nachdem der Visionsprozess bereits fünfmal gestartet und stets im Sand verlaufen war, war mittlerweile auch ihre Energie versickert. Die Folge: Keiner beteiligte sich mehr freiwillig. Der CEO wollte deshalb einen externen Berater holen, der einen 1-tägigen Strategietag durchführen sollte - mit Großbesetzung. Teilnehmen sollten nicht nur die Mitglieder der Geschäftsführung, sondern auch das Management-Team inklusive der technischen Gruppenleiter, Vertreter der Regionen und ausgewählte Mitarbeiter, in Summe ca. 25 Teilnehmer. Seine Vorstellung war, in dieser Runde mit Hilfe der externen Moderation eine Vision für die Zukunft, konkrete Geschäftsideen und auch noch eine Umsetzungsstrategie auszuarbeiten.

„Das kann doch nicht klappen", kommentierte ich spontan. „Vor allem löst das doch auch gar nicht das Problem von vorher, sprich: dass es nie zur Umsetzung kam, weil keine freien Ressourcen da waren." „Stimmt." Sylvia nickte energisch. „Der Auftrag konnte gar nicht funktionieren. Im Grunde wollte der CEO wieder mehr vom Gleichen im etwas anderem Gewand. Er ist das Problem nicht an der Wurzel angegangen. Die Geschäftsführung hätte einen sauberen Prozess aufsetzen müssen, um zuerst strategische Leitplanken einzuziehen.

Als nächstes hätte sie organisatorische Änderungen anstoßen müssen, eben damit künftige Initiativen nicht wieder versanden. Macht das klarer, wie es laufen sollte?" Sylvia schaute mich fragend an. Mir kam noch ein Gedanke. „Wie ist es denn mit dem Thema Leitbild?", interessierte ich mich. Sylvia kommentierte es mit einer kaum sichtbaren Handbewegung. „Der Knackpunkt", begann sie, „liegt immer darin, zu welchem Zeitpunkt du die Mitarbeiter einbindest.

So solltest du es besser nicht machen:

→ **Ein Leitbild im stillen Kämmerlein ausarbeiten.** Die drei Geschäftsführer einer Dienstleistungs-Company hatten zusammen mit einem Coach Unternehmenswerte und ein Leitbild ausgearbeitet. Das alles geschah hinter verschlossenen Türen, sozusagen im stillen Kämmerlein. Als sie es dann an die Mitarbeiter verkündeten, löste es geringe bis gar keine Begeisterung aus. 'Der Marketingleiter musste dafür sorgen, dass sie jubeln', sagte ein Vertriebsmitarbeiter hinterher kritisch. Auch hier war das Problem die fehlende Einbindung in den Prozess: Nachdem die Geschäftsführung ihre Vision definiert hatte, hätte sie Werte und Leitbild zusammen mit den Mitarbeitern erarbeiten sollen. Ihnen wäre damit eine ganz andere Zustimmung sicher gewesen.

→ **Mitarbeiter einbinden als bloße Alibi-Veranstaltung.** Dieses Beispiel zeigt, wie fatal sich eine mangelhafte Einbindung vom Team auswirken kann. Ein Geschäftsführer hatte eine Idee. Sein Innovationsteam sollte innerhalb des Firmengebäudes umziehen und einen eigenen Kreativraum für die künftige Arbeit gestalten. Das Team war begeistert und machte sich voller Eifer ans Werk. Sie holten Angebote ein, besorgten Materialien. Nur: Irgendwann hatte der Geschäftsführer dann doch entschieden, dass sie keinen Kreativraum brauchten. Er stoppte alle Vorbereitungen mitten im laufenden Prozess. Ein schlimmerer Schlag für die Motivation der Teammitglieder war kaum vorzustellen. Sie engagierten sich nicht mehr, hatten innerlich gekündigt.

Diese beiden Beispiele zeigen: Du musst konsequent bleiben. Was du verkündest oder was ihr gemeinsam beschließt, muss auf jeden Fall umgesetzt werden, sonst verlierst du die Mitarbeiter. Das waren jetzt einige Beispiele, wie du dein Team garantiert nicht für deine Vision begeisterst", kommentierte Sylvia. „Hier sind deshalb noch ein paar Ideen und Tipps, wie es klappen kann."

## Tipps & Tools: Wie bewegst du Mitarbeiter?

☐ **Es geht darum, wie glaubwürdig du als Unternehmer handelst.** Nichts ist stärker, als wenn alle im Unternehmen, Mitarbeiter wie Inhaber, hinter einem gemeinsamen „Know-Why" stehen. Die erfolgreichsten Unternehmer verfolgen einen klaren Sinn, beziehen Haltung und haben Angebote und ihre Marke darauf abgestimmt. Sie lehnen auch schon mal Aufträge oder Kunden ab, weil sie nicht in diese Philosophie passen. Damit sind sie echt. Ausnahmslos alle im Team merken anhand von solchen Entscheidungen, ob es Inhabern bzw. Geschäftsführern damit ernst ist. Glaubwürdig zu bleiben sichert dir Vertrauen.

☐ **Ängste bei Mitarbeitern ernst nehmen.** Du hast gewonnen, wenn dein Team Unsicherheiten und Ängste offen kommuniziert. Die Voraussetzung ist: Du musst diese Nöte ernst nehmen und darauf reagieren. So hat ein Unternehmer beispielsweise bei einem kritischen Thema einen externen Workshop durchführen lassen und hinterher gemeinsam diskutiert, was Abhilfe schaffen könnte.

☐ **Mitarbeiterbefragungen** sind ein gutes Instrument, mit dem du Vertrauen aufbauen kannst - wenn du die Ergebnisse ungeschönt und offen präsentieren lässt. In der Regel rechnet niemand mit einer solchen Offenheit, und entsprechend positiv fällt die Reaktion aus.

☐ **Unkonventionelle Ideen ausprobieren.** Ein Firmenchef hatte sich etwas Besonderes für sein Führungsteam ausgedacht. Zweimal im Jahr wurden die Mitglieder vom Pförtner abgefangen und nicht mehr ins Unternehmen hereingelassen. Stattdessen wurden sie in ein Hotel gekarrt. Die Aufgabe an sie in neutraler Umgebung lautete: „Baut unser Unternehmen noch einmal komplett neu auf." Es gab keine Denktabus. Ihnen wurde gesagt: „Stellt euch vor, eine gute Fee kommt." Oder: „Ein Milliardär kommt." Und weiter: „Beide sagen euch: Ihr habt unbegrenzte Möglichkeiten." Es ist erstaunlich, wie viele gute Ideen bei solch einem Offsite entstehen.

☐ **Mitarbeiter wollen stolz auf ihr Unternehmen sein.** Es kann deshalb Sinn machen, dass du gemeinsame Projekte innerhalb, aber auch außerhalb der Firma förderst. Ein Geschäftsführer hat sich zum Beispiel an einem Projekt der Entwicklungshilfe in Ruanda beteiligt und vor Ort Schulen bauen lassen. Die Mitarbeiter konnten direkt bei dem Projekt mitmachen und es auch besuchen. Für sie war das ein großer Anreiz, eine gemeinsame Gelegenheit, Gutes zu tun.

☐ **Wie macht das Team mit? Ein Beispiel für eine gelungene Leitbild-Erstellung.** Und zu guter Letzt? Wir haben vorhin im Fallbeispiel gesehen, wie die Entwicklung von einem Leitbild nicht laufen sollte. Hier ist ein Erfahrungsbericht, wie es besser klappt.

→ Die Inhaber der Medialine Group, Stefan und Martin Hörhammer, wollten den Zusammenhalt im Team stärken. Hintergrund: Das Systemhaus war über die Jahre sowohl organisch als auch durch Zukäufe stark gewachsen. Die beiden Gründer sahen deshalb die Notwendigkeit zu etwas Verbindendem. Erinnerst du dich an die richtige Reihenfolge? Zuerst benötigst du Klarheit. Dein eigener Grundwert und damit die strategische Stoßrichtung muss dir wie der Nordstern vor Augen stehen, dann kannst du mit einem Leitbild starten. Das ist bei der Medialine Group umgesetzt. Stefan und Martin wissen sehr klar, wofür sie stehen - mehr dazu später, wenn wir uns die Speiche 'Beitrag' aus der Rad-Methodik anschauen. Das war ihr Startpunkt, um die Mitarbeiter einzubeziehen:

> *«Wir sind aktuell in der Entwicklung von einem Leitbild, weil wir merken, dass es zunehmend im Unternehmen schwieriger wird, unsere Werte zu transportieren. Weil man natürlich nicht mehr mit jedem einzeln lange spricht. Gar nicht, weil man das nicht will, aber es ist einfach irgendwo zeitlich ein Thema. Und es ist auch so, dass tatsächlich extern danach gefragt wird. Gerade Kandidaten, die zu uns ins Unternehmen kommen wollen, interessiert: Wofür steht ihr. Was ist eure Denkweise. Was sind eure Werte, die für euch wichtig sind.*
>
> *Allerdings lassen wir das Leitbild von unseren Mitarbeitern entwickeln. Es ist nicht so, dass Martin und ich uns am Wochenende einschließen und sagen: So, liebe Freunde, hier ist unser Leitbild. Ich glaube, dass ein Leitbild, das Mitarbeiter selbst entwickeln, etwas ist, hinter dem sie unglaublich stehen, das sie dann auch natürlich verbreiten und verteidigen.»*
>
> *Stefan Hörhammer, Interview im April 2021*

Sylvia stoppte an dieser Stelle und zog einen Zettel aus ihrer Dokumentenmappe heraus. „Hier", sagte sie. „Das gebe ich dir mit. Es betrifft noch einige interessante Fakten rund um das Thema Vision.

- Erstens: Ein Fallbeispiel, das zeigt, inwiefern du eine Vision auch in einer Krise entwickeln kannst.

- Zweitens: Dann gehe ich noch auf Familienunternehmer ein. Sie haben oft gar nicht so ein großes Thema damit, eine Vision zu entwickeln, weil sie ihnen sozusagen schon als Erbe mit in die Wiege gelegt wird.

- Drittens: Du hattest eben bei dem Punkt 'David gegen Goliath' geschmunzelt. Dann wird dich ein Zitat von Christian Miele interessieren, dem Präsident vom Bundesverband Deutsche Startups. Er sieht sogar die Zukunft in diesen kleinen 'Davids'. Äußerst spannend."

Sie stand auf. „Ich schlage vor, dass wir noch eine kurze Pause machen. Anschließend kümmern wir uns um das Thema Führung und welche Rolle für dich in deinem Unternehmen richtig ist."

## Knowledge: Wie eine Vision in der Krise hilft

Kannst du eine Krise zu deinem Gewinn machen? Und wie hilft dir dabei eine Vision?

**Wieso eine Vision hilft, wenn der Schock groß ist.** Eine rund 30-köpfige Beratung in Baden-Württemberg befand sich in der Krise. Der Beginn der Corona-Pandemie hatte einen Umsatzeinbruch von über 80% mit sich gebracht. Wie konnte es dazu kommen? An für sich war die Beratung mit dem besten Quartal ihrer Firmengeschichte in das Jahr 2020 gestartet. Ihre Dienstleistung war nachgefragt. Die Beratung half Kunden bei der Digitalisierung, indem sie Onlineshops und sogar ganze Plattformlösungen für sie umsetzten. Aber: Die Firma hatte schon vorher eine Sollbruchstelle. Ihr Umsatz stammte von einigen wenigen Kunden, die zudem alle auch noch aus den gleichen Branchen kamen. Der Inhaberin war das schon seit längerem bewusst, und sie hatte eigentlich im Laufe des Jahres daran arbeiten wollen, um mittelfristig neue Kundengruppen und Geschäftsfelder zu erschließen.

Nur: Das war sie bislang nicht angegangen, weil andere Themen dringender waren. Und weil keiner einen so dramatischen Einbruch in so kurzer Zeit hätte voraussehen können.

Jetzt also Corona. Das Geschäft ging auch deswegen so stark zurück, weil die Branchen der Kundenfirmen – unter anderem Automotive-Zulieferer – just zu den am stärksten betroffenen gehörten. Sofort traten die Kunden massiv auf die Kostenbremse und nahmen Kürzungen bei den laufenden Bestellungen ihrer Lieferanten vor. Für die Beratung hieß das: Mehrere große Projekte wurden zuerst auf ein Minimum heruntergefahren und kurze Zeit später sogar komplett gestoppt. Schließlich wurden sogar die bereits beauftragten neuen Vorhaben fürs Folgequartal storniert.

Die Firmengründerin hatte einige schlaflose Nächte. Was jetzt tun? Kurzarbeit anmelden? Oder direkt Entlassungen vornehmen? Keines von beiden – sie entschied sich für die Flucht nach vorne. Sie rief ein Treffen mit allen Mitarbeitern ein und stellte den Ernst der Lage offen und ohne Beschönigung dar. Gleichzeitig präsentierte sie eine Übersicht über die Optionen. Es passierte etwas Unerwartetes. Alle Mitarbeiter stimmen ein: „Wir wollen die Krise als Chance nutzen. Wir wollen als Sieger aus ihr hervorgehen, und wir sind bereit, unseren Beitrag zu leisten." Es kam ein deutliches 'Wir schaffen das'-Signal aus der Belegschaft.

Gemeinsam wurde ein Plan entwickelt. Schon immer hatte die Inhaberin vom Image des Dienstleisters wegkommen wollen, der für Kunden ausschließlich Auftragsarbeiten umsetzt. Sie wollte stattdessen eine eigene Produktlinie entwickeln, die ihrer Beratung ein regelmäßiges Einkommen über laufende Wartungsverträge sichern würde. Tatsächlich kamen jetzt die besten Vorschläge für neue Produkte aus den Reihen ihrer Mitarbeiter. Unterstützt durch die gesamte Belegschaft brachte sie jetzt die nötigen Schritte zur Finanzierung des Kurswechsels auf den Weg. Sie beantragte KFW-Kredite und sicherte so die Liquidität bis zu Anfang des folgenden Jahres.

Als sie zu mir ins Mentoring kam, waren die nächsten Schritte schnell klar:

- Ideen für neue Produkte und Geschäftschancen konzipieren

- neben den bisherigen auf krisensichere Branchen wie die Wasserwirtschaft und Behörden setzen

- Interviews mit Kontakten und 'friendly usern' aus dem Unternehmerumfeld führen, um den tatsächlichen Bedarf zu bestätigen

- dafür erste Prototypen - MVPs, minimal viable products - entwickeln und diese mit Interessenten und neuen Kundengruppen verproben, bevor allzu viel Entwicklungsarbeit in die neuen Produkte hineingeflossen war.

Die Unabhängigkeit von den bisherigen Kunden rückte damit in greifbare Nähe. Die Unternehmerin ist ein Paradebeispiele dafür, dass immer der richtige Zeitpunkt für eine neue Vision ist - selbst in der größten Krise. 'Diamanten entstehen unter Druck', sagt ein Sprichwort.

Der beste Beleg: Warum gibt es Unternehmer, die selbst unter Corona-Bedingungen das beste Jahr ihrer Firmengeschichte hatten?

→ **Eine Frage der Einstellung.** Ein Unternehmer aus der Strategieberatung konnte seinen Gewinn um über 35% verbessern. Er sagt: „Da draußen sind mega Opportunities. Auch in einer Krise. Es ist eine Frage der Einstellung. Ich mache das Ganze zu meinem Gewinn. Wir haben nicht groß rumgeheult. Wenn du anderen die Schuld an deiner Situation gibst, dann gibst du damit anderen die Macht. Du sagst vielleicht: 'Das ist ja gerade furchtbar.' Das hilft aber nicht. Du musst es für dich annehmen und dann Attacke machen."

→ **Neue Ideen in der Krise entwickeln.** Selbst bei einem Geschäftseinbruch in der Krise kannst du neue Ideen entwickeln. Ein gutes Beispiel ist der Fernsehkoch Tim Mälzer. Er war erfinderisch. Während Corona hatte er Tickets für ein 'remote'-Kochevent verkauft. Es funktionierte so, dass er seinen Kunden eine Kochbox nach Hause schickte. Zu einem definierten Termin kochte er dann übertragen via Microsoft Teams gemeinsam mit ihnen. So konnte er, trotz Distanzgebot, etwas mit Kunden gemeinsam erleben. Die Tickets fanden guten Absatz, ein Kochevent umfasste den Verkauf von 50 Tickets.

Eine wichtige Lektion lautet also: Auch Krisenzeiten bergen Chancen. Es ist eine Frage vom Mindset, sie zu nutzen. Der Inhaber der Strategieberatung warnt: „Gib nicht anderen die Macht über dich." Ergo: Du solltest deine Handlungen nicht von äußeren Umständen bestimmen lassen. Du bist ihnen nicht hilflos ausgeliefert.

## Knowledge: Family Business

**Stichwort Familienunternehmer: „Als ich die Noppen vom Fuß-
boden gerochen habe."** Gerade die Nachfolger aus Familienunternehmen haben es manchmal einfacher, ihre Seele im Unternehmen
auszudrücken. Ihnen wird eine Vision sozusagen mit in die Wiege
gelegt. Oft fühlen sie sich sehr früh emotional mit dem Unternehmen
verbunden. Ich erinnere mich an einen jungen Brauereibesitzer in der
20. Generation, der stolz die Erwähnung der Firma in einer uralten
Handwerksrolle aus dem Mittelalter präsentierte. Gerade erneuert er
die Traditionsmarke behutsam. In Firmenvideos tritt er zusammen mit
seiner Familie auf, und aus jedem Post in den Social Media spricht
seine Verbundenheit mit dem heimischen Unternehmen. Das ist häufig
der Fall. So erzählt eine Familienunternehmerin, wie der Grundstein
für ihre eigene Verbundenheit schon in der Kindheit gelegt wurde: Ich
wusste in dem Moment, dass ich die Firma übernehmen will, als ich
wieder den Noppengeruch vom Fußboden in der Nase hatte." Sie war
quasi im Unternehmen aufgewachsen, bevor sie für ein paar Jahre ins
Ausland gegangen war. Die Mitgesellschafter ihrer Eltern waren früher
wie eine erweiterte Familie für sie und auch untereinander befreundet
gewesen. Sie erinnert sich an die Gesellschafterversammlungen aus
ihrer Kindheit und vor allem auch an die gemeinsamen Kaffeerunden
im Anschluss.

**Diese frühe Verbundenheit ist typisch.** So sagt der Familienunternehmer Christian Roigk von ROIGK GmbH & Co., dem deutschen Markt-
führer in Schwimmsportgeräten und Wasserattraktionen: „Wenn ich
durch die Produktion gehe und das Öl rieche, dann fühle ich mich zuhause."

Obwohl sein Vater längst im Ruhestand ist, schaut dieser nach wie vor im Unternehmen vorbei, ist allerdings nicht mehr operativ eingebunden. Seine eigene Tochter - sie ist heute 13 Jahre alt - ist bereits heute häufig in der Firma. Weil sie pferdeverrückt ist, hat er für sie früher Pferdemodelle im 3D-Drucker des Unternehmens ausgedruckt. Manchmal experimentieren sie gemeinsam an etwas herum. Für ein Referat in der Schule hat er ihr alte Familienfotos zusammengestellt, die den Firmengründer - seinen Großvater - Ende der 70er Jahre vor den Firmentoren zeigen. Zwei der Mitarbeiter von damals sind heute noch bei ihm beschäftigt, beide mittlerweile über 40 Jahre im Unternehmen.

**Nasch dein Ding. Erneuerung einer Traditionsmarke.** Ein tolles Beispiel ist für mich auch Philipp Hitschler, der mit 27 Jahren die heimische Süßwarenfirma - Marke: *hitschies - nasch dein Ding* - übernommen hat. Ich habe ihn auf einem Netzwerktreffen meiner Unternehmervereinigung kennengelernt. Bereits sein Social Media-Profil zeigt einen alten VW-Bus aus den 50er Jahren mit der Firmenaufschrift Hitschler Kaugummi. Sämtliche Videos und Posts von ihm zeigen seine Verbundenheit zur Firma und wie er die Traditionsmarke seines Großvaters für die heutige Zeit überführt.

Auf seinem LinkedIn-Profil beschreibt er sich selbst mit den Worten: „Jung, dynamisch und mit einer gesunden Portion Mut ausgestattet führe ich unser Familienunternehmen hitschler in 4. Generation. 'Wer nicht mit der Zeit geht, geht mit der Zeit' getreu diesem Motto wird bei hitschler agiert. Schon mein Großvater sagte, Wissen kann dir keiner nehmen! Entsprechend habe ich meine mehrjährige Erfahrung in der FMCG - Branche außerhalb des Familienunternehmens gesammelt mit dem Ziel, eines Tages das Unternehmen an die 5. hitschler Generation zu übergeben." Für mich ist er ein Beispiel für viele Nachfolger in Familienunternehmen, die eine langjährige Vision in die Neuzeit überführen - mit frischen Ideen und absolut zeitgemäß.

**Wie Verbundenheit mit dem Familienunternehmen schon in der Kindheit entsteht:**

«*Mein Vater war Zeit meines Lebens selbständiger Maschinenbaumeister. Er hat vier Töchter. Ich erinnere mich noch sehr gut, wie er damals von unserem kompletten Umfeld bemitleidet wurde: „Dann übernimmt ja niemand die Firma." Diese Denke war so selbstverständlich und gesellschaftlich so verankert, dass dies auch immer frei vor uns Mädels gesagt wurde. Mein Vater ist kein Feminist. Vielleicht war es unser größtes Glück, nie einen Bruder gehabt zu haben, und so musste er 'notgedrungen' mit seinen Töchtern machen, was er vielleicht mit einem Sohn getan hätte. Wir haben gemeinsam Motorräder restauriert und gefahren, an Autos geschraubt, sind schon früh auf dem Gabelstapler gesessen und haben von Anfang an die Einstellung mitgegeben bekommen: Wenn man was will, muss man es sich bauen.*

*Und wenn man was will, was es noch nicht gibt, muss man sich halt ausdenken, wie es gehen könnte. Letztendlich sind drei der vier Töchter Ingenieure geworden. Nicht, weil wir ihm gefallen wollten. Es war für unser Empfinden nie ein typisch 'männlicher' Beruf. Es war einfach die Fortsetzung der Befriedigung der Neugier, die uns von klein auf nahegelegt wurde. Sachen verstehen, hinterfragen, anwenden und etwas Neues schaffen können. Einfach Empowerment at its best. »*

Christine Batsch. Kommentar auf LinkedIn vom März 2021

CHRISTINE BATSCH,
BATSCH VERFAHRENSTECHNIK

## Knowledge: David gegen Goliath

Inhabergeführte Firmen haben das Zeug, zu neuen Goliaths zu werden - auch wenn sie heute noch keiner kennt. Christian Miele, Präsident des Bundesverbands Deutsche Startups e.V, stößt in das gleiche Horn. Er zeigt Beispiele von inhabergeführten Startups, die in den DAX aufgestiegen sind. Eine neue Zeit beginnt - Zeit, den Blick auf die heutigen 'underdogs' zu richten. Immer noch kommen sie viel zu selten in der öffentlichen Wahrnehmung vor.

> *«Delivery Hero, Zalando und Hellofresh sind nun im DAX. Alle drei Firmen sind nach 2008 gegründet worden und werden noch heute von den Gründern geführt. Mal als kleines Startup gestartet, heute im wichtigsten, deutschen Aktienindex. Ein Vorgeschmack darauf, was in den kommenden Jahren noch geschehen wird. Onwards and upwards!»*
>
> *LinkedIn Post von Christian Miele, President at German Startups Association, vom 04.09.2021*

# 13

# Das Rad - Führung

## Dein Ökosystem definieren

*«Ich wusste, dass ich abgeben muss. Ich war viel zu operativ in meiner Firma unterwegs, in zu vielen Themen drin. Dann habe ich jemanden eingestellt. Im Grunde habe ich den Heilsbringer gesucht, der sofort voll performed und mir alles abnehmen kann. Nach zwei, drei Monaten habe ich gemerkt, dass das so nicht funktioniert. Es war immer noch zuviel Wissen bei mir. Das konnte der Neue gar nicht haben, um Entscheidungen so wie ich zu treffen. Ich habe dann die Leitplanken für ihn enger gezogen, ihm die Themen langsamer übergeben.*

*Dass er sich erst einarbeiten muss, habe ich dann akzeptiert. Und allmählich fing es an, zu funktionieren. Ich bin immer mehr aus dem Operativen rausgekommen. Meinem Team hat das gut getan. Ich bin ein kreativer Kopf. Mein Team habe ich damit früher oft genervt, weil ich für ihren Geschmack zu stark hin und her gesprungen bin. Das wird jetzt besser.*

*Sie sehen mich als Visionär und kommen mit ihren Ideen wieder zu mir.»*

— Unternehmer, 39, Maschinenbau

**Deine Rolle im Unternehmen finden.** Dich so ausrichten, dass ihr gemeinsam im Team Spitzenleistungen bringt. Die richtige Form der Führung im Unternehmen finden. Ein passendes Umfeld für dich - ich nenne das 'dein Ökosystem' - schaffen. Diese Speiche vom Rad ist mir persönlich wichtig", sagte Sylvia. Ihre Augen leuchteten. Wir waren gerade von einer kurzen Pause zurückgekommen und hatten wieder im oberen Stockwerk Platz genommen.

„Aus eigener Erfahrung heraus. Wir hatten ja vorhin über meine Besonderheit mit dem Asperger gesprochen. Als ich noch meine eigene GmbH hatte, war das eine echte Herausforderung für meine beiden Mitgründer in unserem Geschäftsführungsteam. Ich bin manchmal anders gegenüber unseren Mitarbeitern aufgetreten, als sie es von mir erwartet hatten. Eine Führungsrolle einzunehmen ist mir schwergefallen. Eher habe ich mich in der Rolle eines 'primus inter paris' gesehen.

Meine Anerkennung habe ich mehr durch fachliche Kompetenz als durch klare Ansagen gewonnen. Das fanden meine beiden Mitgründer manchmal gar nicht gut, obwohl ich eigentlich denke, dass die Mitarbeiter mich dadurch nicht weniger akzeptiert hatten. Wir hatten dadurch echte Spannungen. Heute denke ich, dass wir im Vorfeld der Firmengründung viel mehr hätten klären müssen, um solchen Schwierigkeiten vorzubeugen. Diesen Rat gebe ich auch heute jedem im Mentoring mit." Sie schloss ab.

„Also, was ich damit sagen will. Jede deiner Eigenschaften hat Vorteile, bringt aber auch Nachteile mit sich. Deswegen ist es so wichtig, dass du

- **deinen Platz und deine Rolle findest,** in der du deine beste Leistung bringen kannst und die dich gleichzeitig zufrieden macht

- **deine Schwächen durch andere ausgleichst,** die vielleicht richtig gut sind in dem, was du nicht kannst

- **du ein gut gemischtes Führungsteam hast.** Viele Unternehmer träumen von einem High Performance Team, von einer Führungsmannschaft auf Augenhöhe, die sie ergänzt und entlastet. Sie denken, dass sie so zu Spitzenleistung in ihrem Unternehmen kommen. Sie haben Recht

- **du klar im Vorfeld einer Zusammenarbeit deine Erwartungen kommunizierst.** Dazu gehört, was du bereit bist zu leisten, aber auch, wo deine Grenze liegt. Du solltest ebenfalls klar machen, was du von den anderen im Führungsteam erwartest, ob bei einer gemeinsamen Gründung oder bei einem Einstieg in ein bestehendes Geschäftsführungsteam.

**Wann der Inhaber die Firmenkultur prägt.** „Die Voraussetzung dafür ist allerdings", leitete Sylvia über, „dass du dich sehr gut kennst. Du solltest dir deiner Stärken und Schwächen bewusst sein. Gerade im kleineren inhabergeführten Unternehmen ist es das A und O." „Was heißt für dich 'kleinere'?", hakte ich nach. Sylvia griff den Punkt sofort auf. „Eine gute Frage. Für mich liegt die Grenze so bei 200, 250 Mitarbeitern. Bis zu dieser Größe prägst du als Inhaber dein Unternehmen. Meistens sind sämtliche Strukturen und Prozesse noch von dir vorgegeben. Ab einer Größe von ungefähr 200 Mitarbeitern wird das anders. In der Regel hast du dann Bereiche und Abteilungen aufgebaut, die sich darum kümmern. Sie entwickeln dann eigene Ideen, losgekoppelt von dir. Wohlgemerkt", Sylvia malte mit ihrem Finger einen Kreis auf den Tisch, „sind das ungefähre Richtwerte. Es kann bei dir auch anders laufen. Auf jeden Fall prägen die Persönlichkeit und Werte vom Inhaber gerade kleinere Unternehmen massiv.

**Daniel Düsentrieb, Tekki-Nerd oder Goldesel?** Bist du ein Daniel Düsentrieb, also der klassische Tekki-Nerd, dann gibt es einen Experimentier- und Spieltrieb wahrscheinlich auch bei vielen Mitarbeitern in deiner Company. Ist dir ein gutes Verhältnis zu deinen Kunden wichtig, dann wird sich dein Team vermutlich auch ein Bein für eure Kunden ausreißen. Betrachtest du eure Kunden dagegen als Goldesel - verzeih das harte Wort -, dann wird dein Team sie mit großer Wahrscheinlichkeit auch nicht sehr gut behandeln.

Ich werde nie vergessen, wie mir ein Unternehmer mal gesagt hat: 'Wir wissen ja, wie es richtig geht. Das sagen wir dem Kunden aber nicht, weil wir so ja viel mehr Geld verdienen können.'" „Nee, oder?" erwiderte ich einigermaßen schockiert. Ich konnte es kaum glauben. „Doch, das war so", bestätigte Sylvia. „Ich fand es damals auch unsäglich, wobei wir wieder bei den Werten sind, die du vertrittst. Wie anders dagegen werden Entscheidungen in einer Firma getroffen, in der immer ein Platz im Meetingraum freigelassen wird - das soll den Kunden symbolisieren, der eben auch noch mit am Tisch sitzt.

Also, auch wenn es platt klingt: Das Unternehmen ist der Spiegel von dir als Persönlichkeit. Deswegen ist so wichtig, dass du dich sehr gut kennst und dein Unternehmen darauf ausrichtest." Ich stimmte spontan zu. Das Beispiel vom freien Platz am Tisch für den Kunden gefiel mir ausnehmend gut. Damit konnte ich mich viel eher identifizieren. „Sehr spannend", sagte ich. „Und wie mache ich das genau? Mein Unternehmen um mich herum auszurichten? Ich bin nicht so sicher, dass ich mich dafür gut genug kenne." Sylvia stimmte mir zu. „Ja, das macht so einigen Schwierigkeiten. Weißt du was, ich gebe dir ein paar Beispiele, wie Unternehmer mit einer ziemlich speziellen Persönlichkeit das geschafft haben. An Stories von anderen wird oft klarer, worum es geht. Ok?" Ich nickte, das kannte ich ja schon von Sylvia. „Gerne", ermunterte ich sie. Sie begann zu erzählen. „Vier Typen von Persönlichkeiten begegnen mir immer wieder bei Inhabern. Überprüfe dich mal, ob dich in einem von ihnen wiedererkennst."

**Teste dich selbst: Welcher Typ Anführer bist du?**

☐ **1. Bist du der Typ Superhirn?** Einige sehr gute Unternehmer sagen von sich, dass sie hochbegabt sind - du hast es bei dir ja auch schon vermutet. Was heißt das im Alltag? Ein Kunde von mir ist der Typ Genie. In seiner Tech-Firma ist er sozusagen der Super-Tekki. Ähnlich wie Bill Gates, der ja auch noch Jahre nach seinem Ausscheiden aus der aktiven Programmierung zuverlässig Fehler im Code erkannt hat. Heißt: Dieser Unternehmer legt ein so hohes Tempo vor, dass der Rest vom Team da oft nicht mithalten kann. Ständig generiert er neue Ideen. Andererseits läßt er sie auch sehr schnell wieder fallen, wenn ihn etwas Neues reizt. Zur Umsetzung kommt es in vielen Fällen also gar nicht. Wenn die Menschen in seinem Umfeld nicht so schnell begreifen wie er, reagiert er unwirsch. Die Folge: Viele im Team sind inzwischen unzufrieden, fühlen sich überfordert und erkennen keinen klaren Kurs mehr. „Mittlerweile hat er fast alle bei uns sauer gefahren", hat mir sein CFO unter vier Augen geklagt.

☐ **2. Bist du der Visionär?** Ein Unternehmer aus dem Handel kam einmal zu mir ins Mentoring, weil der Rest vom Team nicht mehr mit ihm Schritt halten konnte. Was war passiert? Bei ihm war das Problem, dass er in einer sehr traditionellen Branche unterwegs war. Es ging also im Tagesgeschäft viel mehr darum, immer wieder die gleichen Abläufe zu wiederholen als innovative Neuerungen einzuführen. Dieser Unternehmer hatte aber ständig neue Ideen vorgestellt, womit er den anderen in seiner Company - egal ob Führungsteam oder Mitarbeitern - gehörig auf die Nerven gefallen war. Er hat sein Team schlichtweg überfordert.

☐ **3. Bist du der geborene Anführer?** Führen bedeutet orchestrieren, klare Ansagen zu machen, dein Gegenüber zu coachen. „Und vor allem akribisch etwas nachzuhalten", so hat es der Inhaber einer Blockchain-Firma eingeschätzt. Es gibt Unternehmer, die in der Führungsrolle aufgehen und große Freude daran haben, ihre Mitarbeiter zu entwickeln. Der Blockchain-Unternehmer selbst sah sich vor allem als Visionär - ihm war völlig klar, dass Führung nicht gerade seine Stärke war. Letztlich hat er dann speziell für den Part der Mitarbeiterführung einen operativen Geschäftsführer eingestellt.

☐ **4. Bist du ein Tüftler?** Diesen Personen macht es Spaß, die Abläufe im Unternehmen zu optimieren. Sie verschlanken Prozesse und führen neue Systeme ein. Immer legen sie dabei selbst Hand an und können sich stundenlang ins Tüfteln an Details vertiefen, weil es ihnen soviel Freude macht.

→ Ein Unternehmer aus dem Taunus entspricht diesem Typus Tüftler. Er hat 60 Mitarbeiter und ist Familienunternehmer in vierter Generation. Sein Geschäft ist seit den 50er Jahren stabil und zählt viele treue Kunden, bei denen Innovationen eher sehr langsam und über Jahrzehnte hinweg zum Einsatz kommen. Auch dieser Unternehmer hat sich aus der Personalführung zurückgezogen und umfangreiche Kompetenzen auf seinen Prokuristen verlagert. Er wirkt sehr zufrieden - eben weil er so gerne selbst 'schraubt' und das beibehalten kann. Auch wenn viele klassischen Führungstheorien ihm raten würden, bei seiner Firmengröße doch gar nicht mehr operativ tätig zu sein, muss er dem nicht Folge leisten. In seinem jetzigen Setting kann er sich weiter verwirklichen, und die Führung der Firma läuft trotzdem rund.

Ich ließ die vier Typen noch einmal vor meinem geistigen Auge Revue passieren. „Ehrlich gesagt", gab ich zu, „erkenne ich mich in allen vier Beispielen ganz gut wieder. Diese Eigenschaften habe ich schon auch. Vermutlich bin ich eher der Typ Superhirn oder Supertekki. Tüfteln tue ich auch ganz gerne. Ich glaube ehrlicherweise auch nicht, dass ich richtig gut in der Führung bin. Einmal wollte ich eine größere Idee umsetzen, die mehrere Companies eingebunden hat. Ich wollte einen Campus auf die Beine stellen, auf dem alle aus verschiedenen, aber artverwandten Firmen kommen und gegenseitig profitieren.

Das ist grandios schief gegangen. Ich habe die Komplexität vom Projekt unterschätzt. Immer klappte irgendetwas nicht, einer hat nicht geliefert, beim nächsten stimmte die Qualität nicht. Es kam mir vor, als müsste ich einen Sack Flöhe hüten. Letztlich habe ich es gehasst. Irgendwann habe ich das Projekt dann eingestampft." Eher unbewusst machte ich eine unwirsche Handbewegung. „Ich mag es lieber, wenn ich Dinge selber kontrollieren kann und die Fäden in der Hand behalte."

**Wieviel willst du kontrollieren?** „Kontrolle behalten ist ein sehr gutes Stichwort", sagte Sylvia. Sie zog einen weiteren Zettel aus der Mappe vor ihr heraus. „Den richtigen Platz und die passende Rolle für dich zu finden hat viel damit zu tun, ob - und in welchem Ausmaß - du bereit bist, loszulassen." Sie deutete auf ein Beispiel:

→ **Delegieren ohne Nachdruck.** Ein Unternehmer aus der Zulieferindustrie wollte New Work einführen. Besonders agiles Arbeiten hatte es ihm angetan. Es lief allerdings schlecht. Was stellte sich heraus? Für ihn war ein Aha-Erlebnis, als er erkannte: „Bestimmte Themen habe ich zwar an die Teams delegiert. Aber eigentlich nehme ich sie nur als Alibi dazu, und am Ende entscheide ich dann doch wieder selbst."

**Kontrolle abgeben.** „Es geht darum, die Kontrolle abzugeben", erklärte Sylvia. „Der Unternehmer hat am Ende einen Stellvertreter eingesetzt. Das war ein sehr fitter CTO, der früher große Budgets verantwortet hatte. Auf ihn setzte er deshalb große Hoffnung, denn sein Workload war viel zu hoch, und er wünschte sich Entlastung. De facto passierte aber etwas anderes. In seiner Abwesenheit hat der Stellvertreter Anweisungen an die verschiedenen Teams gegeben und Entscheidungen getroffen. Als der Unternehmer zurückkam, war er entsetzt und machte alles sofort rückgängig. Selbstkritisch sagte er: 'Mein Stellvertreter hat mich gestört in meiner Entscheidungswelt. Er ist in mein Ökosystem reingegrätscht.'"

„Wie hat er das aufgelöst?", fragte ich neugierig. „Tja", antwortete Sylvia. „Im Grunde war er nicht bereit, die Kontrolle abzugeben. Er hat das erkannt und sich vom Stellvertreter getrennt. Stattdessen hat er seinen Prokuristen, der schon viele Jahre im Unternehmen war, mit mehr Befugnissen ausgestattet. Mit dem arbeitet er jetzt komplett anders zusammen, und das klappt. Sprich: Er vermittelt an ihn, wie er's gerne hätte, und der Prokurist setzt das dann genauso um."

„Das leuchtet mir ein", sagte ich. „Und wie komme ich jetzt bei diesem Thema weiter? Woher weiß ich, welche Führung für mich passt?" Sylvia hielt mir den Zettel hin. „Dazu kommen wir gleich. Ich möchte dich bitten, erstmal diese Fragen zu beantworten."

## *Teste dich selbst: Wie willst du führen?*

1. Bist du noch zu viel in deiner Firma drin? Sagst du: „Wäre ich weg, würde es nicht laufen?"

2. Hast du eine Grundentscheidung über deine Rolle getroffen? Sagst du:

   ☐ „Ich möchte nicht mehr in Details drin sein", „Ich möchte nicht mehr Fachkraft sein." Willst du nur noch am Unternehmen arbeiten, deine Mitarbeiter coachen, als Mentor oder Mentorin vorangehen?

   ☐ Oder bist du gerne Fachkraft, möchtest du auch künftig noch weiter direkt mit Kunden oder an Sachthemen und Technik arbeiten?

3. **Woran misst du deinen eigenen Wert?** Wann bist du zufrieden mit dem Beitrag, den du für deine Firma erbracht hast?

   ☐ Bist du eher zufrieden, wenn du das Team förderst und du Ideen einbringst?

   ☐ Oder macht es dir Freude, wenn du eure Prozesse optimierst und neue Systeme evaluierst und bei euch einführst?

4. **Bist du bereit, Kompetenzen abzugeben?**

   ☐ Bist du auch bereit, dazu nötige organisatorische Änderungen zu treffen?

   ☐ Vertraust du deinen Mitarbeitern?

   ☐ Welche Entscheidungen sollen bei dir bleiben?

   ☐ Wie ist es, wenn du länger abwesend bist: Siehst du dann Dinge, die nicht so laufen, wie du es willst?

> **Tool, mit dem du dein Verhalten analysieren kannst:**
>
> **Wieviel % der Entscheidungen liegen bei dir, wieviele bei deinem Team?**
>
> **Setze den Schieberegler an die Stelle,** von der du denkst, dass sie treffend die Situation in deiner Firma widerspiegelt. Achtung: Es geht hier nur um dein Bauchgefühl. Es gibt kein Richtig oder Falsch.

Ich←— 10% ———— 50% ———— 100%—→Team

**Den Schieberegler nach rechts verschieben.** Ich legte das Blatt zur Seite. „Fertig", sagte ich. Mit den Fragen hatte ich mich nicht leicht getan. Vor allem hatte ich länger über dem Schieberegler gebrütet, bevor ich schließlich meine Zuordnung getroffen hatte. „Lass sehen", sagte Sylvia. Sie schaute einige Minuten auf den Zettel. „70% der Entscheidungen liegen bei dir?", hakte sie nach. "Ja", gab ich etwas unglücklich zu. „Du hast ja gesagt, dass ich ehrlich sein soll."

„Na klar", bestätigte Sylvia, „genau richtig. Nur wenn du ehrlich bist, können wir daran arbeiten. Ich erlebe das oft anders. Mancher sagt mir zum Beispiel 'Bei uns im Unternehmen können alle entscheiden.' Es stimmt aber nicht. Wenn ich Mitarbeitern den gleichen Schieberegler vorlege und sie ihren Wert unabhängig vom Firmenchef eintragen können, landen sie oft ganz woanders. Deshalb: Du solltest die Meinungen deiner Mitarbeiter immer realistisch anhören. Lege ihnen zum Beispiel auch diesen Schieberegler vor. Oder lass es durch einen Externen wie mich anonym machen, damit sie nicht Angst haben müssen, sich bei dir in die Nesseln zu setzen.

Wenn du Entlastung willst", rundete sie das Thema ab, „dann sollte dein Ziel immer sein, den Schieberegler in realiter nach rechts zu verschieben."

**Entscheidungen von großer Tragweite.** Das leuchtete mir ein. Ich nahm mir fest vor, diese Übung mit den Teams meiner bisherigen Companys zu machen. Allerdings konnte ich nicht wirklich vorhersagen, wie ihre Antwort ausfallen würde. Sylvia ergänzte noch einen weiteren Punkt. „Beim Führen ist immer die Kernfrage, wer die endgültige Entscheidung trifft - wer also das letzte Wort hat. Ein Spritzgusshersteller hat zum Beispiel einmal sämtliche Messevorbereitungen in letzter Minute mit einem Handstreich umgeworfen - nachdem er sie vorher ans Team delegiert hatte.

Bei ihm war ganz klar, dass er alle Entscheidungen treffen wollte, auch wenn es zwischenzeitlich anders aussah. Aber die Taten sind es, die deine wirkliche Präferenz zeigen, nicht deine Bekundungen. Das zeigt sich schon bei einfachen Entscheidungen, wenn es darum geht, welcher Preis herausgeht oder wieviel Rabatt ihr an Kunden zugesteht. Bist du es, der den Preis vorgibt, oder ist es dein Team? Der Spielraum für Entscheidungen kann aber noch viel weiter reichen und sich beispielsweise auf eine strategische Vorgabe erstrecken wie: 'Wieviel Umsatz wollen wir im vierten Quartal erreichen?'

Auch hier gibt es zwei Möglichkeiten. Befindest du dich ganz links auf dem Schieberegler, wirst du die Vorgabe treffen. Du gibst dann also zum Beispiel vor, dass dein Team 1,6 Mio Euro Umsatz erreichen soll. Wenn du allerdings auf der rechten Seite vom Schieberegler liegst, dann könntest du einen Workshop mit dem Team machen und deine Crew zu einer Vorgabe kommen lassen. Du könntest mit der Frage einleiten: 'Welchen Umsatz schaffen wir gemeinsam in Q4?' Ganz erstaunlich ist: Oft liegt der Wert nicht geringer, wenn du dein Team fragst. Aber das Commitment deiner Teammitglieder ist viel höher. Sie stehen hinter den Zahlen, denn schließlich haben sie selbst mit entschieden. Und ich habe schon oft erlebt", ergänzte Sylvia, „dass sie sich dann im laufenden Quartal ein Bein ausreißen, um nicht ihr selbst gegebenes Commitment zu reißen."

**Das Team mitentscheiden lassen.** „Mega", sagte ich ehrfürchtig. So hatte ich es bislang noch nicht gemacht. Das Team auch bei Umsatzvorgaben mitentscheiden lassen? Alle Achtung. Sylvias Worte grätschten in meine Überlegungen herein. „Es gibt einen Führungsstil, bei dem du deine Mitarbeiter das meiste selbst entscheiden lässt. Kennst du Holacracy?" Ich schüttelte den Kopf. Sylvia setzte zu einer Erklärung an. „Das ist ein relativ neues Führungssystem.

→ Ich habe neulich mit 9Elements aus Bochum eine Firma besucht, die es anwendet. Sie hat sämtliche Chefs abgeschafft. Wer sich aus dem Team dort für ein Thema berufen fühlt, nimmt es sich und bearbeitet es. Der Prozess, dieses Führungssystem einzuführen, war wohl zwischenzeitlich nicht einfach - vorher hatte diese Firma auch klassische Hierarchie-Ebenen -, aber mittlerweile klappt es erstaunlich gut. Für mich sind sie ein echter Vorreiter in diesem neuen Führungsstil. Natürlich sind die Firmenchefs Sebastian Deutsch und Mehmet Eray Basar nach wie vor haftende Geschäftsführer. Die Rechtsform dieser Firma ist eine GmbH, und da geht das nicht anders. Aber darüber hinaus haben sie es sehr konsequent umgesetzt.[51]

Wir können das gerne mal vertiefen", sagte Sylvia, als sie meinen interessierten Blick sah, „dann erzähle ich dir auch gerne mehr davon, wo die Fallstricke liegen. Allerdings nicht mehr heute, da haben wir noch andere Themen, wenn wir alle deine Ziele erfüllen wollen. Einverstanden?" Als ich nickte, fuhr sie fort. „Also: Welche Führung passt jetzt zu dir? So wie du dich beschrieben hast - ich nenne das mal als Typ Visionär oder Superhirn - sehe ich zwei große Möglichkeiten. Natürlich", sie zwinkerte, „gibt es daneben noch viele Unterarten."

# Führung für Visionäre und Superhirne

☐ **Bist du der Typ Unternehmer, der künftig eine Art Masterführung übernehmen will?** Diese Unternehmer sind nur noch zu einem kleinen Anteil ins laufende Geschäft eingebunden. Sie sehen eine Hauptaufgabe für sich aber darin, die Mitarbeiter weiter zu entwickeln. Es macht ihnen auch persönlich Freude, als Mentor da zu sein und Führungskräfte oder auch ausgewählte Teammitglieder zu coachen. Gerade viele Unternehmer vom neuen Typus wollen das Miteinander in ihren Firmen stärken. Sie setzen neue Strukturen auf, fördern die Unternehmenskultur.

→ „Das klappt hervorragend", sagt ein Familienunternehmer in zweiter Generation, der damit einen komplett anderen Kurs als sein Vater, der Patriarch, einschlägt. Während dieser die Firma noch sehr konservativ geführt und alle Macht auf sich vereint hatte, geht er als Nachfolger jetzt zusammen mit seinem Führungsteam erfolgreich neue Wege bei der Mitarbeiterführung. Und das, obwohl er in einer traditionellen Branche unterwegs ist - als Automobilzulieferer und im Metallbau.

☐ **Oder willst du komplett herausgehen und gar nicht mehr selbst führen?** Erinnere dich an den Super-Tekki-Unternehmer, der fast alle im Team sauer gefahren hatte. Seine Mitarbeiter versetzte er permanent in Stress, weil seine Sprunghaftigkeit wenig Kontinuität für sie bedeutete. Viele geniale Unternehmer kommen mit Mitarbeitern nicht gut klar. Du hast dich ja als Superhirn beschrieben, der 70% selbst entscheidet.

→ Mein Ratschlag damals an den Super-Tekki war: Er sollte sich künftig nur noch auf seine Stärken konzentrieren und komplett aus der Mitarbeiterführung herausgehen. Das hat er dann auch getan. Wir haben eng mit seinem Führungsteam an einer Lösung gearbeitet, die am Ende alle zufrieden gestellt hat. Er selbst hat dann nur noch an der Produktentwicklung gearbeitet. Wir haben ihn sozusagen in Abstimmung mit allen 'gekapselt' und eine Art Blase für ihn geschaffen, in der er fernab vom täglichen Klein-Klein aus dem Tagesgeschäft Dinge für die Firma entwickeln konnte. Mit dieser Lösung ist er richtig aufgeblüht. „Das Programmieren hat mir immer richtig Spaß gemacht", hat er gesagt. „Jetzt kann ich das wieder machen. Ich baue uns jetzt systematisch als kreative Ideenschmiede auf und ziehe einzelne Mitarbeiter für Spezialthemen heran. Gemeinsam können wir völlig Neues schaffen. Im operativen Geschäft bin ich eigentlich gar nicht mehr drin." Sprich: Auch in die Mitarbeiterführung ist er gar nicht mehr eingebunden. Die übernehmen sein Geschäftsführer und die restliche Führungscrew.

→ Auch der Unternehmer aus dem Handel hat sich nach der Mentoring-Session und der anschließenden Begleitung für diese Lösung entschieden. Heute läuft das Tagesgeschäft weitgehend ohne ihn. Inzwischen konzentriert er sich fast ausschließlich auf neue Kooperationen, eröffnet weitere Standorte, verbessert das Produktangebot. Sein neuester Coup: Er hat eine groß angelegte Medienkampagne mit einem bekannten Prominenten gestartet und hofft, ihr Produktangebot damit noch bekannter zu machen. Persönlich war dieser Shift für ihn auch gut, denn mittlerweile verbringt er einen guten Teil seiner Zeit gar nicht mehr vor Ort. Davon hatte er immer geträumt: „Mein persönlicher Einsatz ist weniger geworden, dafür aber fokussierter."

**Inwiefern ein Rollenwechsel sogar zu besseren Zahlen führt.** "Hatte das Auswirkungen auf die Zahlen bei diesen Unternehmern?", wollte ich wissen. Sylvia nickte. „Den Unternehmen hat das sogar gut getan. Die Führungsteams treffen mittlerweile auch größere Entscheidungen weitgehend ohne die Firmenchefs. Ganz klar: Seitdem sie die Weichen in diese Richtung gestellt haben, sind die Zahlen ihrer Unternehmen sogar recht deutlich verbessert." „Toll", sagte ich. „Was beide Beispiele gut zeigen", fasste Sylvia zusammen, „ist, dass du bereit sein musst, dich aus dem Tagesgeschäft zurückzuziehen. Das ist die Voraussetzung, an der viele scheitern. Diese Unternehmer haben es gemacht und ihre Rolle so definiert, dass es funktioniert. In der Wirtschaftspresse kannst du viel darüber nachlesen. So beschreibt ein brand eins-Artikel, wie der Gründer des Leinsamen-Pizzaherstellers Lizza, Marc Schlegel, seine Rolle nach Übernahme von Anteilen durch das mittelständische Familienunternehmen Cremer neu justieren musste. Sehr spannender Bericht."[53]

Sie sah mich erwartungsvoll an. „Und? In welche Richtung willst du gehen?" Ich streckte die Beine von mir und dehnte mich. Mein Bauch gab eine ganz klare Antwort, fühlte ich. „Letzteres", entgegnete ich trocken. „Ich glaube, das Beispiel vom Super-Tekki kann für mich passen. Ehrlich gesagt will ich einfach tolle Schulungsangebote entwickeln. Ich habe gar nicht den Anspruch, ein klasse Team zu formen. Das wäre mir viel zu kompliziert. Mir reicht, wenn mich fitte Assistenten im Backoffice unterstützen." „Das ist doch ein gutes Ergebnis", kommentierte Sylvia. „Gut, dass du es so klar für dich siehst. Das macht es einfacher. Es geht immer darauf zurück, wieviel du bereit bist abzugeben."

**Teste dich selbst: Bist du bereit abzugeben?**

☐ **Wie gut kennst du dich tatsächlich? Wie sicher kannst du dich einem Typus** - Superhirn, Visionär, Master-Anführer - zuordnen?

☐ **Wie sicher bist du dir über deinen gewählten Kurs?** Wie stark willst du künftig noch in die Mitarbeiterführung eingebunden sein? Trittst du gerne als Coach und Mentor auf? Willst du selbst noch Hand anlegen und hast Spaß am Tüfteln, Programmieren, Prozesse optimieren oder ähnlichem?

☐ **Hast du deine Vorstellungen schon offen kommuniziert?** Sobald du eine Entscheidung getroffen hast, solltest du zumindest den inneren Kreis in deiner Firma informieren. Ich rede immer gerne von 'konzentrischen Kreisen': Im innersten Kreis stehst du selbst, im nächsten dein Führungsteam, direkt darauf folgen deine besten Leistungsträger und in den äußeren Kreisen die restlichen Mitarbeiter. Ein hochbegabter Unternehmer war beispielsweise mit seiner Art immer auf Unverständnis gestoßen - die anderen im Team konnten ihm oft schlichtweg nicht folgen. Am Ende hat er sich entschieden, es seinen engsten Mitarbeitern zu erzählen. Sie haben erleichtert reagiert. „Das erklärt vieles", sagten sie. Sein Fazit war daraufhin: Er hätte es schon viel früher zum Thema machen sollen. Das Team hätte viel mehr Verständnis gehabt, und insgesamt wäre die Leistung vermutlich auch besser gewesen. Sein Beispiel ist noch einmal eine Ermunterung an dich, auch Besonderheiten in deiner Person offen und transparent zu kommunizieren.

☐ **Bist du bereit, die dazu nötigen organisatorischen Änderungen zu treffen?** Wir hatten ja schon einige Varianten angesprochen. Ob du deinen Prokuristen stärkst oder jemanden aus deinem Führungsteam zum Geschäftsführer machst, es gibt viele Möglichkeiten, Kompetenzen abzugeben. Wenn du es nachlesen willst: Die verschiedenen Rollen im Unternehmen lassen sich unterteilen in Fachkraft, Manager und Unternehmer (nachzulesen in dem Buch: E-Myth Mastery von Michael E. Gerber[53]).

**Unterschiede zwischen Fachkraft, Manager und Unternehmer.** Systeme und Prozesse zu entwerfen und Mitarbeiter darin zu führen, ist eine Manageraufgabe. Wenn du dich dagegen vor allem als Visionär siehst, befindest du dich in der klassischen Unternehmerrolle. Wenn du selbst weiter Hand anlegen und tüfteln möchtest - oder wenn du gerne weiter mit Kunden arbeiten willst -, bist du in der Rolle der Fachkraft. Jede Kombination ist in deiner Firma denkbar, wenn es wirtschaftlich funktioniert. Lege immer zuerst fest, was du als Unternehmer überhaupt entscheiden musst und welche der drei Tätigkeiten tatsächlich zu dir als Person passen. Es sind auch Doppelrollen denkbar. Du kannst zum Beispiel als Geschäftsführer auch die Rolle des Managers im Sinne von Michael E. Gerber ausüben. Alternativ kannst du auch reiner Gesellschafter bleiben und die Rolle des Unternehmers einnehmen, der die Vision entwickelt und die Firma in die Zukunft führt.

☐ **Vorher Glaubenssätze ummodeln.** Ein Familienunternehmer wünschte sich, auch einmal längere Zeit abwesend vom Betrieb zu sein, also durchaus mal zwei, drei Monate am Stück. Was ihm lange nicht bewusst war: Er hatte den Glaubenssatz von seinem Vater, der die Firma vor ihm geleitet hatte, verinnerlicht: „Ein guter Chef muss vor Ort sein." Diese Haltung abzulegen fiel ihm unglaublich schwer, gerade weil er mit der Haltung seines Vaters groß geworden war. Der erste Schritt war deshalb, sich überhaupt dessen klar zu werden. Mittlerweile hat er seine Hausaufgaben gemacht. Er hat sich erst einmal langsam vorgetastet und Verantwortung zunächst in kleinem Umfang abgegeben. Als nächste Maßnahme kann er sich vorstellen, einen Produktionsleiter einzustellen. Schon jetzt sagt er: „Ich habe schon so viele Tätigkeiten abgegeben, dass ich jetzt auch wegbleiben kann." Vielleicht klappt das noch keine zwei Monate, aber er ist auf einem guten Weg dahin.

☐ **Wie soll deine neue Rolle aussehen?** Am besten hältst du deine Entscheidung schriftlich fest und formulierst sie im Detail aus.

- Was wirst du noch selbst tun?
- Was sollen andere übernehmen?
- Welche Entscheidungen werden immer bei dir bleiben?
- Welche kannst du an andere übergeben?

Ich schaute von den Fragen auf der Liste auf. Geschrieben hatte ich noch nichts. „Alles davon werde ich noch nicht beantworten können", vermutete ich. „Das macht nichts", erklärte Sylvia. „Das musst du auch noch nicht. Am wichtigsten ist, dass dir klar ist, worum es geht und dass du eine Richtung für dich erkennst. Nimm dir am besten ein paar Minuten Zeit und schreibe deine Gedanken zu jedem dieser Punkte auf. Wir schauen heute Abend dann noch einmal darüber, wenn wir alle deine Ergebnisse im Zusammenhang betrachten.

Du hast ja schon gesagt", fasste sie zusammen, „dass du dich gerne aus der aktiven Führung heraushalten möchtest. Trotzdem - oder auch gerade dann - solltest du alle Mitarbeiter, die in deinen Firmen arbeiten, hinter deinem Kurs versammeln. Du kannst ein großer Anführer sein, auch wenn du gar kein Team führst. Damit kommen wir dann zur nächsten Speiche in der Rad-Methodik. Das ist dann der Fall, wenn Menschen für dich durchs Feuer gehen." Ich grinste angesichts dieser Formulierung. „Das klingt ja mal gewaltig", sagte ich. Ich griff zu einem Blatt Papier und legte die Fragen daneben. „Komm, ich notiere dann mal meine Antworten. Hoffentlich geht das schnell, weil ich auf den Punkt mit dem Feuer jetzt mal wirklich gespannt bin."

**Teste dich selbst. Bist du ein guter Anführer?**

- ☐ Glaubst du daran, dass die Summe aller Teile größer ist als jedes einzelne Teil, sprich: Glaubst du, dass du deine große Vision nur zusammen mit anderen erreichen kannst?

- ☐ Geht es dir vor allem darum, dass du persönlich deine Ziele erreichst?

- ☐ Oder willst du auch, dass deine Mitmenschen eigene Ziele erreichen? Zielst du darauf ab, dass sie weiterkommen, und bist du stolz, wenn sie etwas schaffen?

- ☐ Grundsätzlich gefragt: Liegen dir deine Mitarbeiter und generell deine Mitmenschen wirklich aufrichtig am Herzen?

Ich kaute gedankenverloren auf der Kappe von meinem Stift. Sylvia war nach unten gegangen und holte sich einen neuen Kaffee. Diese paar Fragen sahen so einfach aus, dachte ich, sie hatten es aber wirklich in sich. Ich war nicht sicher, was ich antworten sollte. Wollte ich, dass meine Mitarbeiter weiterkommen? Klar, natürlich. Irgendwie schon. Aber war mir das wirklich wichtiger, als meine eigenen Ziele zu erreichen? Da war ich mir nicht so sicher, dachte ich unglücklich. Ich hatte mir ja vorgenommen, ehrlich zu sein. Gerade fühlte ich ganz klar, dass ich gerne so sein wollte - aber es augenscheinlich nicht war. Das war keine schöne Erkenntnis. War ich wirklich so egoistisch, dass ich mir selbst näher als meine Mitmenschen war? Als Sylvia die Treppe wieder hoch kam, erkannte sie meine Ratlosigkeit sofort. „Du steckst fest, oder?", stellte sie fest. „Ein konstruktiver Vorschlag, lass uns gleich in Ruhe darüber sprechen. Vorher gebe ich dir aber ein bisschen Hintergrund, warum diese Fragen wichtig sind, ok?

**Wie es die besten Unternehmer machen.** Großartige Unternehmer schaffen ein Gefühl, etwas gemeinsam hinzukriegen, und zwar zwischen Angestellten und Firmenleitung, aber auch zwischen Kunden und Unternehmen. Damit inspirieren sie ihre Mitmenschen zum Handeln, anstatt sie zu bloßen Erfüllungsgehilfen für die Erreichung ihrer eigenen Ziele zu machen." Sylvia hielt inne. „Ich sehe gerade viele neue Chefs, die eben nicht nur ihre eigenen Ziele in den Vordergrund rücken. Du erkennst das in ihrer Sprache, wenn sie Dinge sagen wie: 'Ich würde mich total über ein Arbeitsumfeld freuen, in dem ich gar keine Termine mehr vorgeben muss.'

Ein Ziel von ihnen lautet dann zum Beispiel so: 'Ich möchte dahinkommen, dass meine Mitarbeiter gerne Erfolge und Misserfolge teilen, weil sie die Firma voranbringen wollen.' Es sind diese neuen Firmenchefs, die in ihre Profile in den Social Media Rollenbezeichnungen schreiben wie der CEO des Händlers von Gebrauchtsoftware MRM Distributions, Ernesto Schmutter: 'Human. Father.' Sie sehen sich in erster Linie als Mensch. Solchen Unternehmern ist lieber, dass von hundert Ideen im Team vielleicht zwei richtig gute dabei sind, die dann auch umgesetzt werden, anstatt dass nur sie die Ideen entwickeln. Sie bevorzugen, dass jemand im Team Initiative entwickelt, als dass sie selbst die Ziele vorgeben. Dabei gestehen sie den Beschäftigten zu, Fehler zu machen und ermutigen gerade dadurch, dass es im Team vor Ideen nur so sprudelt. Ihren Erfolg messen solche Unternehmer zum Beispiel an einer Messgröße wie: 'Wenn wir mit keinem Headhunter mehr arbeiten müssen, weil tolle Talente über Empfehlungen aus der eigenen Belegschaft kommen.'

**Diese Führer sind in der Lage, Menschen zu inspirieren, anstatt sie zu manipulieren.** Aus meiner alten Welt", ergänzte Sylvia nachdenklich, „stammen zwei Sprüche, die ich immer schon verächtlich fand: 'If you give Peanuts you get Monkeys.' Und ein Manager im Konzern hat mal über einen Mitarbeiter gesagt: 'Der packt das ja eh nicht, bei dem musst du Spoonfeeding machen', sprich: Du musst ihm alles haargenau bis ins kleinste Detail vorgeben, damit er es richtig macht. Ich dachte schon damals, was für eine unglaubliche Arroganz sich in diesen Worten ausdrückt. Diese neuen Chefs sind anders. Sie inspirieren ihr Team so, dass es für sie durchs Feuer geht. Dafür muss aber eine Voraussetzung erfüllt sein: Lass sie uns mal systematisch anschauen.

# Der Turbo: Echte Wertschätzung

Die erste und wichtigste Voraussetzung für gute Anführer liegt in ihrer Haltung zu Mitmenschen: Sie empfinden echte Wertschätzung für ihr Team. Als Chef interessieren sie sich aufrichtig für ihre Angestellten. Es muss ihnen so ernst damit sein, dass es sich dann auch in ihren Taten ausdrückt. Ein menschlicher Umgang ist ihnen wichtig. Und eine Sache garantiere ich dir." In Sylvias Augen blitzte es. „Wenn Mitarbeiter echtes Interesse bei dir merken, dann geben sie dir etwas zurück. Nämlich Loyalität. Einsatz. Du kannst wetten, dass sie sich dann ein Bein für dich und die Company ausreißen.

**Echte Wertschätzung gewinnt dir die Herzen.** Diese Erkenntnis ist nicht neu. Kennst du das Buch von Dale Carnegie, 'Wie man Freunde gewinnt'?" Ich schüttelte den Kopf. Sylvia fuhr fort. „Er hat es 1936 geschrieben. Der Untertitel lautet, 'Die Kunst beliebt und einflussreich zu werden'. Klingt gut, oder? Lies es mal, trotz der etwas altmodischen Sprache enthält es immer noch viele tolle Impulse. Carnegie sagt zum Beispiel, dass sich Wertschätzung schon in der Sprache im Alltag zeigt. Kleine Sätze wie 'Es tut mir leid, dich zu bemühen' oder 'Bist du so freundlich', „Darf ich dich bitten', 'Hättest du was dagegen wenn...' und sich regelmäßig zu bedanken, nennt Carnegie 'Öl im Getriebe der täglichen Arbeitsmühle'.[54] Auch wenn es trivial klingt, ich habe selbst schon oft am eigenen Leib erfahren, was solche Worte und kleinen Gesten für einen Unterschied machen. Du brauchst dir keine Sorgen machen, dass du dadurch deinen Status herabsetzt und an Autorität verlierst. Das Gegenteil ist der Fall." Ich ließ ihre Worte nachwirken. „Kannst du mir Beispiele geben?", wollte ich wissen. Sylvia nickte. „Ja. Ich fange mal mit einem Negativbeispiel an. Das macht klar, wie es nicht laufen sollte.

→ **Fehlendes Interesse zeigt mangelnde Wertschätzung.** Ein Firmenchef aus dem KI-Bereich wollte seinen rund 30 Mitarbeitern etwas Gutes tun. Er selbst hatte ein Seminar zur Persönlichkeitsentwicklung besucht, das ihn restlos begeistert hatte. Es ging darum, die eigene Bestimmung herauszufinden. Kurzerhand buchte er die gleichen Trainer für seine Mitarbeiter. Sie sollten alle 30 im Team aufgeteilt in zwei Tranchen durch das gleiche Seminar schleusen. An für sich ist das eine gute Sache. Aber: Kannst du dir vorstellen, was passiert ist?" Sylvia schaute mich an. Ich schüttelte den Kopf, gespannt. „Erstmal", sagte Sylvia, „war seine Firma eine ausgemachte Tech-Company mit vielen genialen, aber sehr speziellen Charakteren." „Halt Technik-Nerds, oder?", sprach ich aus, was mir als erstes in den Sinn kam. Sylvia nickte. „Genau. Sie interessierten sich für Technik, aber manche von ihnen für wenig drumherum. Ich weiß noch, dass einer stolz darauf war, noch nie ein Buch gelesen zu haben. Persönlichkeitsentwicklung hielten einige von ihnen für überflüssigen Blödsinn und hatten auch keine Lust darauf. Und jetzt also diese Zwangsteilnahme an einem Persönlichkeits-Seminar, das schon ziemlich tief ans Eingemachte ging, denn deine Bestimmung entdeckst du nur, wenn du dich sehr tief mit deinem bisherigen Leben und deiner Vergangenheit beschäftigst. Diese Details wollten einige auf keinen Fall vor den anderen preisgeben. Also stieß die Initiative vom Firmenchef nicht bei jedem Mitarbeiter auf Gegenliebe. Nichtsdestoweniger ließ er keine Ausnahmen zu. Die Teilnahme am Seminar war nicht freiwillig, weil sie während der Arbeitszeit angeboten wurde.

Dann fiel dem Inhaber noch etwas anderes auf die Füße. Andere im Team hatten sich mit Leib und Seele auf die Seminarinhalte eingelassen. Für sie kamen Erkenntnisse heraus, die sehr tief gingen und weitreichende Konsequenzen für sie hatten, denn sie berührten auch ihre künftigen Ziele und Wünsche für ihre Arbeit im Unternehmen. Aber: Der Firmenchef lehnte hinterher ab, mit ihnen über die Ergebnisse zu sprechen, weil er das unwichtig fand. Ich erinnere mich an einen Mitarbeiter, der mir hinterher ungläubig gestand: 'Ich habe ihn auf dem Gang auf meine Ergebnisse angesprochen. Er hat mir gar nicht zugehört. Und ich dachte, der interessiert sich dafür, wenn er schon so einen Prozess mit uns startet.'

**Für ein wertschätzendes Arbeitsklima sorgen.** „Insofern", schloss Sylvia, „ist eine an für sich gut gemeinte Initiative deutlich nach hinten losgegangen. Anstatt Vertrauen aufzubauen, hat sie eher mehr kaputt gemacht. Die motivierten Mitarbeiter waren hinterher frustriert. Umgekehrt", sagte Sylvia, „kann ich dir viele tolle Beispiele für Unternehmer geben, die im Arbeitsalltag echte Wertschätzung zeigen. Einer meiner liebsten Unternehmer hat mir einmal gesagt: 'Ich möchte mein Ego nicht so stark in den Vordergrund stellen.' Das ist spannend, denn aus meiner Sicht ist er jemand, bei dem das überhaupt nicht Thema ist. Ich habe während der Beratung öfter mit ihm und seinem Team zusammengesessen und an Themen gearbeitet, und mir ist dabei immer seine Fürsorge für Mitmenschen aufgefallen. Als erstes schafft er eine gute Stimmung, indem er Sätze sagt wie: 'Wie schön dass du nach deinem Urlaub jetzt wieder mit dabei bist' (gerichtet an einen Mitarbeiter, der den ersten Tag nach drei Wochen Abwesenheit wieder zurück war).

Wenn jemand ein Thema einbringt, stellt er meistens noch eine Rückfrage dazu. Insgesamt hört er mehr zu, als dass er selber redet. Er findet klare Worte, wenn er spricht. In der Folge ist die Stimmung in diesen Runden immer gelöst, vertrauensvoll. Die Mitarbeiter öffnen sich, lachen häufig - wohlgemerkt in Statusbesprechungen im Business. Trotzdem akzeptieren sie ihn als Chef. Das ist allein sein Verdienst, denn seine Art führt dazu, dass sich alle gut aufgehoben fühlen. Auch ich als externe Beraterin habe mich zugehörig und als Teil des Ganzen gefühlt. Wenn du das in deinem Business schaffst, egal ob bei deinen Mitarbeitern, Kunden oder Geschäftspartnern, dann ist das großes Kino und wird dich weit nach vorne katapultieren. Diese Verhaltensweisen bewirken das:

☐ **Dem anderen ungeteilte Aufmerksamkeit widmen**, nicht parallel aufs Handy oder auf die Uhr schauen, keine Gespräche zeitgleich führen.

☐ **Verständnis dafür zeigen, was der andere sagt,** auch wenn das Gegenüber sich ungeschickt ausdrückt.

☐ **Mit dem Herzen zuhören:** Dem anderen das Gefühl geben, zu

Wort gekommen, wirklich gehört worden zu sein. Darüber nachdenken, was der andere sagt, es aufgreifen und in anderen Worten wiederholen, respektvoll mit eigenen Beiträgen darauf aufbauen.

☐ **Beiträge anerkennen:** Jedem Einzelnen das Gefühl vermitteln, einen wertvollen Teil zum Ganzen beizutragen. Dadurch motivierst du dein Gegenüber, sich einzusetzen. Achtung: Du solltest es aufrichtig meinen. Nichts zerstört mehr Vertrauen, als wenn du nicht aufrichtig bist.

**Weitere Positivbeispiele.**

→ **Mitarbeiter honorieren diese Wertschätzung.** Durch Zufall geriet ich auf einer Digitalkonferenz in einen interessanten Vortrag von Tim Mois, dem Founder von sipgate. Die Firma ist ein Vorreiter in agilem Arbeiten aus dem Telco-Bereich. Sein Beitrag hatte mir gut gefallen, und er kündigte ein Buch über ihre Methodik an, das man auf dem Stand in der Convention-Area abholen konnte. Um den Menschenmassen zu entgehen, habe ich mich schon vor Ende des Vortrags auf den Weg dorthin gemacht. Meine Rechnung ging auf, ich war die einzige Besucherin am Stand. Ein Endvierziger, Vollbart, offensichtlich IT-ler, nett, hatte Standdienst. Über das Buch und mein Lob zum Vortrag kamen wir ins Plaudern. Und dann sagte er unvermittelt diesen Satz: 'Ich bin seit 18 Jahren in der Firma, aber ehrlich, so einen Chef hatte ich vorher noch nie.'

Nach so etwas", erklärte Sylvia, „halte ich immer Ausschau. Das sind für mich die wahren Vorbilder. Noch in meiner Zeit bei Microsoft, als ich das Top-Management beraten hatte, habe ich für diesen Effekt den Begriff geprägt: 'Für diesen Chef würde ich durchs Feuer gehen.' Wir erzählten uns damals eine War-Story aus den Gründungszeiten von Microsoft. Über ein befreundetes Unternehmen ging die Legende, dass ein Chef in einer schlimmen Schneekatastrophe in den US weder Geld noch Zeit gescheut hatte, um die Mitarbeiter und deren Familien per Helikopter herausfliegen zu lassen. Die Loyalität dieser Mitarbeiter anschließend war mit keinem Gold der Welt aufzuwiegen.

Grundsätzlich ist es egal, ob so eine Fürsorge vom Chef im etablierten Konzern oder vom Startup gezeigt wird. Auf die Geste kommt es an. Es funktioniert ohne Ausnahme.

→ **Verankerung in der Unternehmenskultur.** Noch ein Beispiel. Die erfolgreichsten Unternehmer handeln nach klaren Grundsätzen. Besonders Familienunternehmen sind hier stark. Die meisten kennen die Firma ABUS als Hersteller von Sicherheitstechnik und Schlössern und weniger aufgrund ihrer bemerkenswerten Unternehmenskultur. Ich habe ihren Campus in Wetter bei einer Netzwerkveranstaltung besucht, und was ich gesehen habe, hat mich beeindruckt. Der Vorsitzende der Geschäftsführung Christian Bremicker leitet das Familienunternehmen in vierter Generation. Er steht für christliche Werte, an denen die Mitarbeiter ihre Handlungen im betrieblichen Alltag ausrichten. Ein Motto ihrer Unternehmenskultur lautet: 'Behandle den anderen so, wie du selbst behandelt werden willst.' Oder, im christlichen Sinn ausgedrückt: 'Was du nicht willst, das man dir tu, das füg auch keinem anderen zu.' Wenn du das konsequent durchdenkst und anwenden willst", stellte Sylvia fest, „dann hat das schon viele Konsequenzen für den Umgang und das Miteinander in einer Company."

„Das ist ein gutes Stichwort", sagte ich. „Wie kann ich so eine Einstellung denn in meiner Firma in konkrete Maßnahmen übersetzen?"

Sylvia setzte sich aufrechter hin. „Hier sind ein paar Ideen."

## Tipps & Tools: Wertschätzung im Betriebsalltag ausdrücken

☐ **Zeit für deine Mitarbeiter einplanen.** Kennst du noch das gute alte 'Management by Walking Around'? Es ist keine so schlechte Idee. Auf jeden Fall solltest du Zeit für deine Mitarbeiter einplanen. Ein hochrangiger Manager bei Thyssenkrupp klagte einmal, er würde sich so gerne Zeit für seine Mitarbeiter nehmen. Er selber schaffte es aber nicht, weil sein Kalender bis zum Bersten mit Terminen angefüllt war. Das ist in der kleinen Firma anders: Da gestaltest du.

→ Der Vorstand einer kleinen AG mit 40 Mitarbeitern nahm sich an den Vormittagen konsequent Zeit für seine Mitarbeiter. Er wies seine Sekretärin an, niemanden vor 11:00 Uhr zu ihm durchzustellen, weil er zwischen 08:30 bis 11:00 Uhr immer seine Runde bei den Mitarbeitern drehte. Dabei nahm er sich Zeit für Fragen wie diese:

- "Was beschäftigt dich?"
- "Kann ich etwas für dich tun?"

☐ **Servant Leadership.** Es gibt einen Namen für diesen Führungsstil: Servant Leadership. Rebecca R. Merrill, die Co-Autorin des bereits zitierten 'First Things First' von Stephen R. Covey, beschreibt im Buch dieses Leadership-Konzept. Einige hilfreiche Redewendungen daraus:

– „I'd like to meet with you regularly, and I'm willing to do anything I can to help you succeed."

– „My job is to be a resource to you. What would you like me to do?"

— „Okay, what can we learn from this? And what's your next plan of action?"

Du siehst, was ein wesentlicher Punkt in diesem Konzept ist: Nämlich die Antwort nicht selbst zu geben, sondern sie durch das Gegenüber finden zu lassen. Das spiegelt sich auch in dieser Formulierung wider:

— „When they asked for advice, sometimes I'd make a suggestion - 'Have you considered this possibility?' or 'Maybe you could approach it this way.' But more often I'd say, 'That's a real concern. What do you recommend?' On some occasions, I gently brought up things they hadn't considered."

aus: Stephen R. Covey, A. Roger Merrill, Rebecca R. Merrill. First Things first[55]

☐ **Regelmäßige Updates fürs Team einplanen.** Gerade wenn du ein schnell wachsendes Unternehmen führst, ist es extrem wichtig, dass du nicht die Tuchfühlung zu deinen Mitarbeitern verlierst. 'Permanente Kommunikation' heißt das Zauberwort. Einige Firmenchefs haben deshalb feste Tage dafür reserviert. Sie diskutieren zum Beispiel jeden Montag intern den Stand der unterschiedlichen Projekte mit den Mitarbeitern. Manchmal ist die Runde noch größer. Dann trifft sich das gesamte Führungsteam mit allen Mitarbeitern zur 'Brotzeit' (in Bayern auch schon mal zum Weißwurstessen) und bringt die Kollegen auf den neuesten Stand in der Firmenentwicklung.

☐ **Rituale schaffen.** Der Reigen der gemeinsamen Termine geht weiter:

Viele Firmen starten ihre Arbeitswoche am Montagmorgen mit einem Frühstück. Wer da ist, kommt dazu - abteilungsübergreifend. Für ein Systemhaus aus Österreich ist das Mittagessen heilig. Wer am jeweiligen Tag da ist, trifft sich Mittags immer zur gleichen Uhrzeit in einem gesonderten Raum. Die Teamassistentin organisiert vorher via Gruppenchat die Bestellung: „Welche Richtung soll es heute sein?" Beim gemeinsamen Zusammenkommen besprechen sie dann Angelegenheiten aus der Firma und Privates. Keiner möchte den Fixtermin mehr missen. Das Team hat er über die Zeit deutlich zusammengeschweißt.

☐ **Leistungen würdigen.** Was tust du, wenn dein Team ein großes Projekt beim Kunden erfolgreich gestemmt hast? Geht ihr zur Tagesordnung über oder legt ihr eine Pause ein? Die Finanzabteilung bei einem Büromöbelhersteller hatte ein internes Riesenprojekt gestemmt. Am nächsten Tag kamen alle mit Augenringen zurück. Sie wurden freudig überrascht: Der Inhaber hatte Champagner für sie alle bereitgestellt und eine kleine Feier organisiert, um ihren Einsatz zu würdigen.

☐ **Mitarbeiter an der Ausgestaltung beteiligen.** In der Zentrale einer Bäckereikette gab es regelmäßig ein gemeinsames Frühstück, bei dem alle möglichen Themen besprochen wurden. Irgendwann, so schien es, war allerdings der Wurm drin. Es gab währenddessen ein ständiges Kommen und Gehen. Mitarbeiter spielten mit ihrem Handy, anstatt sich auf ihr Gegenüber zu konzentrieren. Der Chef machte es zum gemeinsamen Thema. „Warum ist es nicht mehr so wie früher?", fragte er in die Runde. „Woran liegt es, dass wir gerade so viel schlechter kommunizieren?" Zwar glaubte er es zu wissen, aber er wollte, dass die Mitarbeiter von selbst darauf kommen. Es entspann sich eine hitzige Diskussion, bei der sich der Chef zurücklehnte. Am Ende hatten die Mitarbeiter eine eigene Lösung gefunden. Heute ist das Spielen am Handy Tabu, und jeder kommt und geht zur selben Zeit.

Es ist wieder wie vorher - aber besser, weil sich der Zusammenhalt noch einmal verstärkt hat.

☐ **Ehrliche Sorge für die Mitarbeiter.** Wir hatten eben bereits über den Chef gesprochen, der seine Mitarbeiter per Helikopter aus einem schlimmen Schneesturm herausfliegen ließ. So dramatisch muss es gar nicht sein. Ehrliche Sorge kannst du auch in der täglichen Führung zeigen. Während des Corona-Lockdowns saß eine Alleinerziehende, Mutter von drei Kleinkindern, weinend vor ihrem Chef, weil sie ihre Arbeit nicht geschafft hatte. Ihr Nachwuchs hielt sie zuhause im Homeoffice permanent auf Trab. Am Stück zu arbeiten war kaum möglich. Der Unternehmer zögerte keine Sekunde: „Das Team springt für dich ein", sagte er zu. „Mach dir keine Sorgen." Er hielt Wort und sprach mit jedem Einzelnen in ihrem Team. Jeder gab das Commitment, die Mutter zu unterstützen und einen Teil ihrer Arbeit zu übernehmen. Fürs gemeinsame Teamgefühl war das sogar noch einmal ein echter Schritt nach vorne.

☐ **Vorschusslorbeeren geben, Vertrauen schenken.** Ein Kunde von mir hat einen Mitarbeiter eingestellt, der sich im offenen Justiz-Strafvollzug befand. Tagsüber konnte dieser Mitarbeiter in der Firma arbeiten, abends musste er dann aber zurück ins Gefängnis und dort schlafen. Ich wäre deutlich vorsichtiger gewesen: „Das kannst du nicht machen", hatte ich dem Firmenchef vorher geraten. „Lass es besser sein." Zum Glück hat er nicht auf mich gehört. Er glaubte fest an das Gute im Menschen - und hat so einen zuverlässigen und treuen Mitarbeiter gewonnen, der seine Chance ergriff und sein Vertrauen nie missbrauchte.

☐ **Sich als menschlicher Arbeitgeber zeigen und gut zahlen.** Wertschätzung muss sich immer auch in einer gerechten Bezahlung ausdrücken. Nicht umsonst setzen viele moderne Firmenchefs auf Modelle zur Gewinnbeteiligung. Ich habe einmal auf einer Konferenz eine schöne Geschichte vom Inhaber der früheren Schütze AG - ein Digital-Dienstleister, heute Nortal - gehört. Er rief einen neuen Mitarbeiter vor Ende der Probezeit zu sich ins Büro. O-Ton: „Ich beende Ihre Probezeit sofort vorzeitig. Sie haben sich zu schlecht verkauft - ich zahle Ihnen künftig 5.000 € mehr." Kannst du dir vorstellen, was diese kleine Geste, die ihn im Endeffekt nicht die Welt gekostet hat, beim Mitarbeiter für einen Aha-Effekt ausgelöst hat? Die Folge ist eine Loyalität, die durch nichts zu erkaufen ist. Es bleibt das Gefühl: „Die gehen ehrlich mit mir um", „Ich bin bei einem guten Arbeitgeber." Und ich bin mir absolut sicher, dass sich eine solche Geste wie ein Lauffeuer im Team herumspricht.

☐ **Und zu guter Letzt: Es gibt keinen Pauschalrat.** Wofür du dich entscheidest, muss zu dir und deinem Unternehmen passen. Du hattest eben schon mal kurz anklingen lassen, dass du kein Freund von so manchen Konzepten bist. Ich selber komme aus einer Branche, in der viele Tech-Nerds beschäftigt sind. Es sind aber spezielle Typen, die ein bestimmtes Umfeld brauchen. Als ich damals noch meine eigene IT-Firma hatte, interessierten mich Konzepte, bei denen die Experten zu eher ungewöhnlichen Maßnahmen rieten. Ich sollte Glücksarmbänder verteilen oder Kärtchen mit dem Spruch 'Ich verdanke dir ein Lächeln' an zehn Mitarbeiter im Unternehmen geben, verbunden mit der Aufforderung, dass sie diese selbst innerhalb von 24 Stunden weiterreichen sollten. Beim nächsten Firmen-Offsite nahm ich mir enthusiastisch einen Slot heraus, um diese und einige interaktive Gruppenübungen mit unseren Mitarbeitern auszuprobieren. Kurz gesagt: Ich hatte schon mal bessere Ideen. Gerade die Tech-Freaks im Team runzelten die Stirn und waren befremdet. Der Sprung zu ihrem

Arbeitsalltag und zu sonstigen Seminaren und Workshops, die sie früher besucht hatten, war zu groß. Ehrlicherweise hätte ich das voraussehen können. Aus dieser Zeit stammt meine wichtigste Lektion: Sämtliche Maßnahmen müssen immer zum Team passen. Der Wurm muss dem Fisch schmecken."

**Gefahr: Sich im eigenen Saft drehen.** Sylvia hielt inne. „Beantwortet das deine Frage?" Ich nickte. „Das Konzept der Servant Leadership gefällt mir richtig gut", stimmte ich zu. „Das werde ich auch mal ausprobieren und an meine Geschäftsführer vorstellen. Toll." Sylvia streckte sich. „Freut mich. Ich finde ja immer, dass man am Beispiel von anderen am besten lernt. Bei vielen ist ja gerade das Problem, dass sie sozusagen rein 'selfmade' sind - das heißt, dass sie über die Jahre hinweg ihre eigenen Systeme, Prozesse und Unternehmenskultur aufgebaut haben und damit ja auch einigermaßen gut fahren. Aber ein Nachteil zeigt sich dann doch.

Es ist eins, ein Gefühl für den Markt, für Technologien und für Trends zu entwickeln. Das beherrschen die meisten sehr gut. Eine andere Sache ist es dann aber, sich beim Thema Führung nur auf sich selbst zu verlassen. Es birgt die Gefahr, mit Scheuklappen durch die Gegend zu laufen. Anführer einer Organisation zu sein, Begeisterung beim Team zu wecken und den Einzelnen mitzunehmen ist noch einmal eine ganz andere Herausforderung und stößt oft genug an Grenzen. Weil viele nie in anderen Unternehmen gearbeitet haben, fehlen ihnen Insights in sonstige Best Practices. Deswegen ist vielen so wichtig, Ideen von außerhalb zu hören. Sie einfließen zu lassen bringt die Führung in ihrem Unternehmen nochmal ganz anders voran."

Ich ließ ihre Worte auf mich wirken. „Klingt logisch", stimmte ich zu. „Ehrlich gesagt habe ich mir früher nie die Zeit genommen, auf Netzwerktreffen oder Konferenzen zu gehen. Wir haben völlig im Tagesgeschäft festgesteckt. Auch Seminare habe ich schon ewig nicht mehr besucht." Ich schmunzelte leicht. „Vielleicht ändert sich das ja jetzt, wenn ich selbst zum Seminaranbieter werde." Sylvia betrachtete mich nachdenklich. „Aus genau diesem Grund, eben weil der Austausch so vielen fehlt, sammele ich ja immer Case Studies, drehe kleine Videos oder halte fest, wie besonders gute Unternehmer es genau machen." Ihr kam ein Einfall. Sie schob den Tisch vor ihr ein kleines Stückchen zur Seite und stand auf. „Ich habe eine Idee", sagte sie. „Wir haben ja schon über die Impact-Unternehmer gesprochen. Wenn du magst, zeige ich dir einige Best Practice-Videos von Firmenchefs, die Wertschätzung in der Unternehmenskultur verankert haben. Spannend: Bei großartigen Unternehmern ist das Ringen um eine gute Unternehmenskultur zentral. Es ist sozusagen in der DNA ihrer Firmen verankert, und sie arbeiten permanent daran weiter. Nachdem wir jetzt so viel theoretisch gesprochen haben, ist das auch jetzt vielleicht eine ganz gute Abwechslung, oder? Sollen wir heruntergehen?" Ich stand ebenfalls auf. „Gerne. Bin sehr gespannt darauf."

**Case Studies: Wertschätzung in der Unternehmenskultur verankert**

„Der erste", sagte Sylvia, als sie den Fernseher einschaltete, „ist einer meiner liebsten Unternehmer. Er heißt Tim Langenstein. Ich freue mich immer, wenn ich ihn spreche, und so muss Wirtschaft doch auch sein, oder? Er ist Vorstandsvorsitzender bei einem ERP-Hersteller, einem echten Familienunternehmen, in dem auch noch sein Vater, Onkel, seine Schwester und jetzt auch sein Sohn beschäftigt sind. Das Unternehmen besteht seit Ende der 90er Jahre." Sie schmunzelte. „Ungewöhnlich für die IT-Branche, die man ja eher als kurzlebig kennt, oder?" Sie neigte leicht den Kopf. „Wie auch immer, was mir bei ihnen besonders auffällt, ist ihre Warmherzigkeit im Umgang. Gegenseitiger Respekt ist allenthalben fühlbar, ob bei Mitarbeitern oder mir gegenüber als Externer. Mach dir am besten selbst ein Bild." Sie öffnete ein YouTube-Video, das sie im Interview mit beiden zeigte.

→ **Wertschätzung im Arbeitsalltag ausdrücken.** Die e.bootis AG ist ein Essener ERP-Hersteller. Der Mittelständler wurde zwischenzeitlich an die Amerikaner verkauft, dann von der Gründerfamilie zurückgekauft und ist heute spezialisiert auf deutsche Familienunternehmen. Sie sind selbst ein typisches Familienunternehmen: Gegründet im Jahr 1999, sind heute noch sowohl der Gründer Dr. Dr. Karl Langenstein als auch sein Sohn Dr. Tim Langenstein in der Firmenleitung aktiv. Tim hat den Vorstandsvorsitz im Sommer 2020 vom Vater übernommen. Im persönlichen Kontakt mit der Inhaberfamilie ist die gegenseitige Wertschätzung fühlbar. Beide verbindet vieles. „Sicher haben wir auch mal Stress. Aber ich habe das Gefühl, wir arbeiten immer besser zusammen", sagt Tim. Auch privat machen sie viel zusammen. Es gibt gemeinsame Rituale, ob das Tennisspiel am Sonntag oder gemeinsames Jagen. Der Bruder vom Gründer ist Entwicklungsleiter in der Firma, die Schwester vom heutigen Vorstandschef arbeitet im Marketing, und gerade ist einer seiner drei Söhne mit Anfang 20 ins Unternehmen eingestiegen. Selbst in den Urlaub zum Skifahren und Bergsteigen fährt die Familie zusammen.

**Mitarbeiter sind langfristig beschäftigt**. Viele der rund 120 Mitarbeiter sind langfristig in der Firma beschäftigt. Die Fluktuation unter den Beschäftigten ist minimal. Manche Mitarbeiter haben lange das Rentenalter erreicht und arbeiten selbst mit fast 70 Jahren in Teilzeit weiter. e.bootis wächst jedes Jahr organisch um rund 10%. Sie setzen keine Headhunter ein, Mitarbeiter kommen meist über Empfehlungen. Ein Vorstellungsgespräch im klassischen Sinne gibt es dann eigentlich gar nicht mehr. Ungewöhnlich für eine IT-Company: Es kommen fast keine Freiberufler zum Einsatz.

**Schon der Einstellungsprozess verläuft anders als gewohnt.** Zeugnisse sind nachrangig. e.bootis sucht Menschen, die ins Team passen und die Lust auf die Firma haben. Nach der Einstellung folgt eine längere Einarbeitung, die auch schon mal ein ganzes Jahr dauern kann. Interne Rotation ist an der Tagesordnung. Ein Mitarbeiter fängt vielleicht in der Beratung an und wechselt dann in den Vertrieb. Der Umgang mit den Mitarbeitern ist familiär. Die Langensteins sind ebenso wie ihre Geschäftsführer und Teamleiter ganz nah am Einzelnen dran und planen gemeinsam die persönliche Weiterentwicklung.

**Wie sieht Führung konkret aus?** Tim Langenstein betont, dass es immer ein Geben und Nehmen zwischen Vorgesetzten und Mitarbeitern ist und „weniger eine fertige Methode aus dem BWL-Lehrbuch", wie er sagt. „Es geht darum, etwas auszuprobieren, festzustellen, ob es funktioniert. Wenn das der Fall ist, gehen wir weiter in diese Richtung." Das heißt auch, die Ziele soweit auf den einzelnen Mitarbeiter herunter zu brechen, dass dieser einen Sinn darin sieht und sie für erreichbar hält. Gegenseitige Transparenz sieht er dabei als wesentlichen Faktor an.

**Verantwortung übernehmen.** Wie das geht, hat sich während der Corona-Pandemie gezeigt. Für den Fall, dass es zuhause finanziell eng werden würde, hatten die Langensteins ihren Beschäftigten Darlehen angeboten und reduzierte Arbeitszeiten ermöglicht, falls Angehörige gepflegt werden mussten.

**Sicherheit geben.** O-Ton Tim Langenstein: „Wir sind dafür verantwortlich, dass unsere Leute einen sicheren Arbeitsplatz haben." Wer sich wie e.bootis im Projektgeschäft mit oft großen Volumina bewegt, weiß, dass Projekte auch mal schiefgehen können. Oberste Priorität ist daher immer, das große Ganze abzusichern und trotzdem schlagkräftige kleine Einheiten zu bilden. Unter dem Dach der AG gibt es bei e.bootis deshalb mehrere kleine eigenständige GmbHs, denen die Mitarbeiter zugeordnet sind. Teilbereiche sind also outgesourct. Dahinter steht die Idee, Verantwortung abzugeben. Die Mitarbeiter arbeiten dann also für 'ihre' Einheit und fühlen sich stärker gebunden. Übergreifende Teamleiter sorgen dafür, dass Querschnittsaufgaben abgedeckt werden.

**'Autoritär in den Grundwerten, partizipativ in den Details.'** Bei e.bootis ist keine Organisationsform, auch nicht die aktuelle, in Stein gemeißelt. Die Langensteins entwickeln ihre Strukturen gemeinsam mit den Mitarbeitern weiter. Dazu stehen beide Seiten im ständigen Dialog.

„Erinnerst du dich, wie Hermann Simon die DNA von Hidden Champions beschreibt?", wies mich Sylvia auf ein Detail hin, als das Video zu Ende war. „Die Langensteins sind ein gutes Beispiel dafür: ‚Wir sagen, wie wir uns kurz-, mittel und langfristig bewegen wollen und nehmen die Leute dabei mit', so hat es Tim Langenstein mir gegenüber beschrieben." „Stark", kommentierte ich spontan. Sylvia nickte bestätigend. „Ja. Besonders die geringe Fluktuation bei ihnen beeindruckt, oder? Und das in einer Branche, in der Schnelllebigkeit an der Tagesordnung ist." Sie öffnete ein weiteres Video. „Das zweite Beispiel, das ich dir zeigen möchte, stammt ebenfalls aus dem Tech-Bereich. Es geht um das Thema Nachfolge, darum, einen guten Übergang für ein Lebenswerk zu finden, so dass die Firma weiter besteht und die Beschäftigten zufrieden bleiben. Dieses Thema betrifft viele.

→ **Eine Nachfolge mit Wertschätzung regeln.** Der Gründer vom Düsseldorfer Systemhaus it-on.Net, Karsten Agten, bewegte sich mit seinen knapp 60 Jahren aufs Rentenalter zu. Sein Interesse war: Den Übergang mit einem Partner gestalten, der nicht sofort alles Bewährte niederreißt und verändert. Er hat seine Firma dann an die Medialine Group verkauft. Sie beschäftigt rund 310 Mitarbeiter. In der Muttergesellschaft Medialine AG sind etwa 160 Leute angestellt, weitere Gesellschaften sind durch frühere Zukäufe hinzugekommen. Es ist eine überregionale Organisation mit 19 Standorten, die sich aus einer 2-Mann-Studentenfirma 1999 über organisches und anorganisches Wachstum zur heutigen Größe entwickelt hat.

Wo wir beim Thema Wertschätzung sind: Mir ist damals sofort aufgefallen, wie reibungslos der Verkauf an die deutlich größere Firmengruppe gelaufen ist - eher ungewöhnlich bei diesem oft schwierigen Thema. Ich hatte dir die beiden Inhaber der

Medialine AG, Stefan und Martin Hörhammer, ja eben schon beim Thema Leitbild vorgestellt. Geholfen hat sicherlich, dass die beiden in der Vergangenheit schon mehrere Akquisitionen durchgeführt hatten und Learnings daraus anwenden konnten. Beispielsweise hatten sie das Datum des Ausscheidens von Karsten Agten offen gelassen. Die Übergangszeit war auf mindestens drei Jahre angelegt. In dieser Zeit wollten sie zwar kleinere Änderungen vornehmen, ansonsten aber Strukturen und Prozesse weitgehend stabil lassen. Vor allem stellten sie damit auch sicher, dass nicht direkt nach Ablauf der Übergangsfrist alles schlagartig anders wird. So ein Vorgehen macht Sinn, denn: Mitarbeiter fürchten bei einer Nachfolge nichts mehr, als dass sich von heute auf morgen alles in ihrer Company verändert. Insofern war das offengelassene Ausscheidedatum ein geschicktes Signal, um Ängste bei den Beschäftigten zu besänftigen.

Die Hörhammer-Brüder wollen mit einer Akquisition wie dieser vor allem Menschen finden, die ähnlich wie sie ticken. Für sie ist das die Voraussetzung, um später gut zusammenzuarbeiten. Es ist immer zuerst der Mensch da, der zu ihnen passt und für den dann ein Einsatzgebiet gefunden wird:

> *«Ich hoffe, dass der überwiegende Teil der Mitarbeiter sagt, dass wir fair sind. Mir ist sehr wichtig, dass wir ein gutes Gefühl für Gerechtigkeit innerhalb des Unternehmens haben und tatsächlich einen Spirit hinkriegen, der uns unternehmensweit auszeichnet. Es zeigt sich sehr gut daran, dass wir in vielerlei Hinsicht unser Personalwachstum ja nicht auf dem Reißbrett planen, das heißt es geht nicht so, dass wir sagen, wir brauchen da noch drei Leute für die und die Abteilung.*

*Sehr häufig ist es so, dass wir über unterschiedliche Wege interessante Menschen finden, die zu uns passen und dann überlegen, wir sie gut einsetzen können. Es führt dazu, dass wir sehr unterschiedliche Charaktere haben, die aber sehr gut miteinander agieren, weil viele Gemeinsamkeiten im Denken da sind. Mit zunehmender Größe fällt das natürlich schwerer, aber es ist schon sehr erfolgreich. »*

— *Stefan Hörhammer, Interview Februar 2021*

Sylvia schaltete den Bildschirm ab. „Und?", fragte sie. „Spannend", sagte ich. „Besonders interessant finde ich, mit wieviel Respekt Stefan Hörhammer von den verschiedenen Menschen im Unternehmen spricht. Für mich kommt da wirklich aufrichtige Wertschätzung durch." Ich dachte kurz nach. „Ich muss sagen, dass wir wohl bisher ziemlich in unserem eigenen Saft gekocht haben. Sowas zu sehen motiviert mich nochmal anders." Sylvia ergänzte noch einen Punkt. „Dann wird dich interessieren, dass Stefan Hörhammer auch noch gesagt hat: 'Erfolgreichen Unternehmern fällt es vermutlich immer schwer sich einzugestehen, in etwas nicht so gut zu sein.' Aber, und das ist die gute Nachricht, man kann das lernen. O-Ton von ihm: 'Man muss es sogar tun. Die Kunst ist, aus Fehlern zu lernen.' Er nennt das, mit einer gewissen Demut an Themen heranzugehen. Das fand ich auch sehr stark." Sylvia überlegte einen Moment. „Du hast ja eingangs auch gefragt, wovon eine wertschätzende Einstellung abhängt. Zu diesem Thema habe ich noch Hintergrundwissen für dich. Die Betriebswirtschaftler sprechen von Menschenbildern, die Einstellungen und Entscheidungen zugrunde liegen. Vielleicht kennst du den Begriff vom 'homo oeconomicus', vom streng rational und nutzenmaximiert handelnden Menschen?"

Ich nickte. Sylvia fuhr fort. „Menschenbilder wurden in den Wirtschaftswissenschaften untersucht. Hier ist eine kleine Zusammenfassung, wenn du es später noch einmal nachlesen willst." Sie reichte mir ein Blatt aus ihrer Dokumentenmappe. Ich schob es zu den anderen. Es war mittlerweile eine ganz gute Sammlung zusammengekommen. Sylvia schaltete den Fernseher ab und rollte das Kabel zusammen. „Damit kommen wir dann zur letzten und vielleicht wichtigsten Speiche aus der Rad-Methodik, zum Thema 'Beitrag leisten'. Denn hier kommt alles zusammen, deine Innensicht - dein Kern - und das, was du damit in der Außenwelt bewirken kannst. Du hast ja gefragt, was Impact-Unternehmer genau ausmacht und worauf es auf der Reise zum nachhaltigen Unternehmer ankommt.

Es geht um dein WHY I CARE, also um das, was nur du in diese Welt bringen kannst, weil die Kombination aus deinen Fähigkeiten und Erfahrungen einzigartig ist. Es geht darum, wie du mit deinem Kern zu etwas Größerem beiträgst. Aus spiritueller Sicht tust du damit das, wofür du in diesem Leben gemeint bist. Denk an Platons Dämon, demzufolge du mit einem Zweck auf diese Welt gekommen bist, den du aber vergessen hast. Manche fragen mich, 'Was soll ich denn eigentlich noch in diese Welt einbringen, es gibt doch alles schon?' Und: 'Wieso sollte denn gerade mein Beitrag wichtig sein?'" Sylvia schüttelte heftig den Kopf. „Nein, von wegen", sagte sie leidenschaftlich.

**Warum dein Beitrag wichtig für die Welt ist.** „Das Gegenteil ist der Fall. Ihr Beitrag ist nicht nur wichtig, die Welt braucht ihn auch. Ich halte es an dieser Stelle mit den Buddhisten. Ihrer Meinung nach wurde eigentlich noch gar nichts gesagt, weil es ja ganz neu durch dich empfunden wird. Was dich im Kern ausmacht gibt es nur ein einziges Mal in dieser Welt, darum kannst auch nur du deinen ganz speziellen Beitrag, deine ganz persönliche *contribution* einbringen. Marcel Proust hat es so genannt: ‚Die wahren Entdeckungsreisen bestehen nicht darin, neue Landschaften aufzusuchen, sondern mit neuen Augen zu sehen.'[56] Hier geht es darum, Dinge mit einem neuen Blickwinkel - mit deinem Blickwinkel - zu verbessern.

'Was hat die Welt davon, dass du das tust?', fragt Lydia Keldenich, Unternehmerin und erfahrener Coach. Deshalb", über Sylvias Gesicht breitete sich ein Leuchten aus, „möchte ich dir jetzt sehr gerne als Inspiration zeigen, was das WHY I CARE von großartigen Unternehmern ausmacht, bevor wir dann über deinen Beitrag sprechen. Ich freue mich immer, es zu zeigen, denn da liegt eine ganz schöne Kraft dahinter." Sie schaute mich prüfend an. „Das ist wie gesagt der letzte Punkt in der Rad-Methodik. Damit haben wir dann alles komplett und sollten auf deine Ziele schauen, wo du jetzt stehst. Ok?"

## Knowledge: Menschenbilder - der Faktor hinter der Unternehmenskultur

**Der Begriff „Menschenbild" wird in den Wirtschaftswissenschaften verwendet.**

Er bezeichnet das Bild, das wir von Menschen und dem Umgang miteinander haben. In der Regel bestimmt es unbewusst unser Denken und Handeln und letztlich auch, wie wir uns im Zweifelsfall entscheiden.

**Es gibt zwei grundlegend verschiedene Ansätze.** Die Gefahr: Wenn wir zu einseitig zu einem dieser beiden Bilder tendieren, wirken sie wie ein Stereotyp. Was nicht in unser Bild passt, lassen wir erst gar nicht zu uns vordringen. Diese Einengung kann also wie ein mentaler Filter wirken und unseren Handlungsspielraum unnötig beschränken. Besonders in der Krise kann das fatale Folgen haben. Zu den zwei Ansätzen:

1. **Das klassische Ingenieurmodell.** Dahinter steht die 'Metapher vom Ingenieur, vom mechanistischen Denken und von bürokratischen Organisationen': Bei uns in Deutschland ist dieses Bild verbreitet, weil sich im Konzernmanagement oft ein hoher Anteil von Ingenieuren, Technikern und Naturwissenschaftlern findet. Wenn Top-Manager in der Öffentlichkeit oft als Technokraten bezeichnet werden, kommt das nicht von ungefähr: Ein Großteil hat eine sehr technisch-rationale Sichtweise. Das Menschenbild, das sich dahinter verbirgt, ist der rein an Nutzenmaximierung interessierte Manager. Auch im deutschen Mittelstand ist diese Organisationsform in Form der typischen Ingenieurs-Company weit verbreitet.

**Effizient, vorhersehbar.** Eine solche Organisation funktioniert wie eine Maschine. Arbeitsplätze und Prozesse sind detailgenau beschrieben, Abläufe sind geplant, vorgeschrieben und durchgetaktet. Firmen sind hierarchisch strukturiert mit genau definierten Dienstwegen und klarer Unterteilung in Funktionen und Aufgaben. Für den Einzelnen resultiert daraus oft eine langweilige, entfremdete Arbeit. Ein Beispiel sind Schnellrestaurants. Hier ist selbst das Lächeln der Mitarbeiter vorgeschrieben und durchgetaktet.

**Die Annahme dahinter.** Menschen werden in einem solchen Umfeld betrachtet wie Zahnräder im Getriebe. Sie dienen als Hilfsmittel zur Erreichung von Zielen. Maschinen können optimiert werden: Effekte von Optimierungen sind daher berechenbar. Kapazitätsgrenzen werden über Ressourceneinsatz aufgelöst. Kommt es zu einer Krise, sprich: Störung, tauschen die Chefs in einem solchen System einzelne Zahnräder aus. Sie nehmen an, dass es nach dieser Reparatur anschließend wieder reibungslos anläuft. Mitgefühl mit den Entlassenen hat keinen Platz. Einige klassische Managementtheorien bauen auf diesem Organisationstypus auf (zum Beispiel MBO – Management by Objektives).

2. **Das Bild von Bedürfnissen und der Motivation:** Hierbei handelt es sich sozusagen um die Gegenbewegung. Menschen nehmen eine völlig unterschiedliche Rolle zum ersten Bild ein. Dahinter steht die Annahme, dass Individuen und Gruppen nur funktionieren, wenn ihre Bedürfnisse befriedigt werden. Je wertvoller und motivierender die Arbeit ist, desto stärker gibt sie ihnen Sinn. Dadurch steigt ihre Loyalität zum Unternehmen, und sie erreichen Ziele besser.

**Anspruch an die Führung.** Dieses zweite Bild ist die Grundidee der klassischen Organisationsentwicklung. Ihrzufolge werden Mitarbeiter weitestgehend durch die Führung motiviert, an die somit hohe Anforderungen gestellt werden. Sie stellt die Bedürfnisse der Mitarbeiter an vorderste Stelle.

☐ Also: Bei welchem Menschenbild ordnest du dich ein?

nach: Susanne Alwart, Arbeit mit Metaphern.
In: Armin Rohm (Hrsg.) Change Tools[57]

# 14
## Das Rad - Beitrag leisten

## Hin zu einem größeren Nachhaltigkeitsbegriff

Wir waren wieder ins obere Stockwerk gegangen. Es war spät geworden. Draußen brach langsam die Dämmerung herein. Während einer kurzen Pause und bei einer frischen Tasse Tee waren wir ins Plaudern über die aktuellen Themen in der Politik gekommen. Gerade am Vortag hatte es wieder eine bundesweite Klima-Aktion der Fridays For Future-Bewegung gegeben. Sylvia griff das Thema auf. „In unserer Welt gibt es mehr als genug Probleme", erklärte sie. „Die aktuelle Bedrohung der Umwelt, Missstände in der Gesellschaft: Selten waren die Themen drängender als heute.

Die Impact-Unternehmer, von denen ich vorhin gesprochen habe, finden sich nicht damit ab. Sie schaffen Lösungen und treiben Innovationen voran - mit Verantwortung, weil sie nach Werten wie Ethik, Moral, sozialer Verantwortung und fairem Miteinander handeln. Wie gestern schon gesagt", ergänzte sie, „können sie damit zu Leuchttürmen in der Gesellschaft werden, die klare Signale an andere senden. Ohne jetzt pathetisch zu klingen: Ich glaube, es sind heute immer noch Zeiten für großen Mut." Sie schmunzelte. „Und für das Beste in uns.

Meiner Meinung nach werden Wachstumsfantasien nach dem Muster 'Wir wollen unseren Umsatz und Gewinn jedes Jahr um 70% steigern - ohne Bezug zu den gesellschaftlichen Anforderungen' - bald der Vergangenheit angehören.

**Hin zu einem neuen nachhaltigen Unternehmertum.** Es hat längst ein neues nachhaltiges Unternehmertum in unsere Wirtschaft Einzug gehalten, wobei es um Nachhaltigkeit im größeren Sinne geht. Früher wurde der Begriff mal zu stark rein ökologisch verstanden, was aber vorbei ist. 'Nachhaltig' umfasst heute verschiedene Dimensionen, nämlich neben der ökologischen auch eine ökonomische und eine soziale. Bei den meisten Unternehmen hat sich dieser größere Nachhaltigkeitsbegriff längst eingebürgert."

„Du redest immer vom nachhaltigen Unternehmertum und von Impact-Unternehmern", hakte ich nach. „Vorhin hattest du ja Vertreter wie Dirk Rossmann, Götz Werner und Michael Otto genannt und einige Unternehmerinnen vorgestellt. Kannst du bitte nochmal für mich zusammenfassen, was die alle verbindet?" Sylvia schaute nachdenklich. „Das ist eine gute Frage", stellte sie fest. „Es ist keine homogene Gruppe. Manche sind jung und kurz am Markt. Andere können auf eine jahrzehntelange Unternehmensgeschichte zurückblicken. Aber sie haben etwas gemeinsam: Sie brennen für etwas.

Sie haben ein 'WHY I CARE', heißt sie leisten einen Beitrag für eine größere Sache und sind damit nachhaltig in einem umfassenderen Sinn. Sie positionieren sich klar. Ihren Kunden helfen sie mit Angeboten, sicher durch die Klippen dieser Zeit hindurch zu navigieren. Das kann auch Beispiele beinhalten, an die du vielleicht gar nicht denkst." Sie zeigte auf das Kännchen mit Hafermilch, das immer noch auf dem Tisch stand. „Nimm deine Vorliebe für vegane Milch.

Vegane Ernährung liegt im Trend, aber aus meiner Sicht kann auch ein Unternehmer, der ganz klassisch mit Fleisch handelt, nachhaltig sein.

→ Clemens Böckel betreibt unter der Marke 'BÖCKELS Beste' erfolgreich eine Kette von Currywurstbuden. Sein Unternehmen zählt rund 120 Mitarbeiter, davon sechs im Führungsteam. Warum ist er in meinen Augen nachhaltig? Erstens: Seine Unternehmensphilosophie lautet 'Wir stärken und begeistern Menschen.' So definiert er den Sinn seiner Firma. Sich selbst und seine Mitarbeiter weiterzuentwickeln, liegt ihm am Herzen. Er hat eine Coachingausbildung gemacht, nimmt Auszeiten im Schweigekloster und begeistert sich für die Erkenntnisse der Positiven Psychologie. Die Inspirationen, die er aus seinen Weiterbildungen mitnimmt, bietet er zuerst seinem Leadershipteam und anschließend auch dem Rest seiner Mitarbeiter an. Er nennt das: 'Ich möchte meinen Mitarbeitern Workshops in Themen anbieten, die mich selbst gestärkt haben.' So hat er zum Beispiel für seine Mitarbeiter einen Workshop zu Werten angeboten und sie ermutigt, dass sie sich auf die Suche nach ihrem eigenen Kern machen. Was mir besonders gefällt: Ihm ist bewusst, dass einzelne Mitarbeiter durch diese Angebote zu der Erkenntnis kommen könnten, dass ihre Zukunft außerhalb seiner eigenen Firma liegt. 'Das ist natürlich nicht das Ziel, gleichzeitig bin ich okay damit', sagt er, 'wenn das heißt, dass sie damit ihrer inneren Bestimmung näher gekommen sind und sich mehr verwirklichen können.' Früher, so sagt Clemens Böckel, habe er karitatives und unternehmerisches Handeln gedanklich getrennt. Mittlerweile versteht er seine Rolle als Firmenchef als Chance, um Impulse, durch die er selbst Festigung erfahren hat, in die Gesellschaft zu bringen.

Privat ist Clemens verheiratet, glücklicher Familienvater und engagiert sich ehrenamtlich in einer Unternehmerorganisation.

Was ich damit sagen will", rundete Sylvia ab, „Nachhaltigkeit ist vielmehr auch eine Haltung. Es geht darum, wie du Wirtschaft betreibst. Das sind für mich Impact-Unternehmer, egal aus welcher Branche sie kommen. Der Tech-Unternehmer Stefan Hörhammer hat das gut zusammengefasst:

*«Ich halte uns im guten Sinne für altmodische Unternehmer. Eine Sache ist im altmodischen Unternehmertum ganz fest verankert, und das ist Verantwortungsbewusstsein. Für Mitarbeiter, Kunden, für einen Standort. Wir haben uns ganz bewusst dafür entschieden, an unserem Heimatort mit unserer Zentrale zu bleiben und auch dort unsere Steuern zu zahlen. Die Tatsache, dass man mit seinem eigenen Geld agiert, führt dazu, dass man sehr genau darüber nachdenkt, was man da tut. Und ein altmodisches Unternehmerbild ist natürlich davon geprägt, Profit zu machen, aber nicht nur. Es ist darauf ausgelegt, nachhaltig Profit zu machen, und nachhaltig kann ich nur Geld verdienen, wenn meine Mitarbeiter gerne für mich arbeiten, gerade im heutigen Arbeitsmarkt,*

*wenn meine Kunden nicht nur einmal, sondern zweimal, dreimal und immer wieder bei mir kaufen, und wenn das Umfeld es so wahrnimmt und ein Vertrauen darin hegt, dass man selbst morgen auch noch da ist. »*

— *Stefan Hörhammer, Interview Februar 2021*

„Interessant, dass er von altmodisch spricht", kommentierte ich trocken. „Für mich ist das hochmodern." „Stimmt", pflichtete Sylvia mir bei. „Für unsere Gesellschaft sind diese Impact-Unternehmer ein spannender Hebel, denn sie geben diese Werte an ihr Umfeld und an ihre Mitarbeiter weiter. Nimm Clemens Böckel als Beispiel. Sie haben so das Zeug, die Wirtschaft zu verändern." Sie gab sich einen Ruck und setzte sich auf. „So, jetzt aber zu inspirierenden WHY I CARE-Statements von Unternehmern und Unternehmerinnen, die einen solchen Beitrag in ganz verschiedenen Bereichen leisten. Ich habe dir mit Absicht mal eine große Vielfalt zusammengestellt, um zu zeigen, was das alles sein kann. Hier sind sie." Sie öffnete eine Datei auf dem Laptop und ließ eine Powerpoint-Show durchlaufen.

# WHY I CARE-Statements von Inspirierenden Unternehmern

### WHY I CARE: Die Digitalisierung in der Medizin vorantreiben

*«Wir wollen mit unserer Hautarzt-App allen Menschen auf der Welt helfen, egal wo sie sich befinden, unabhängig vom Status, unabhängig vom Ort. Dermanostic ist nicht nur für die Schweiz und Österreich gedacht. Jeder hat ein Handy. Auch in Afrika. Die Menschen dort haben gar keinen Zugang, kein Geld. Aber auch dort hat jeder ein Handy. Das ist ja wie das Fernsehen für die Außenwelt. Wenn man das koordiniert, auch gewisse Förderungen*

*von den Staaten dort bekommt, kann man politisch super viel be-*
*wegen.*

—*Dr. Estefánia Lang, Interview zusammen mit Dr. Alice Martin, Dermano-*
*stic GmbH im August 2021*

## WHY I CARE: Eine Branche wie die Pflege neu denken

«*Pflege ist eine Speiche meines Rades. In der Mitte steht mein persönliches WARUM: Menschen, die keinen Status haben, einen Status zu geben. Für dich mag das neu sein, aber wir in der Pflege kennen das. Das will keiner. Es ist nicht sexy. „Es ist Krankheit und Siechtum auf Kunden- und dick und tätowiert auf Mitarbeiterseite", hat mir mal jemand gesagt. So wird es gesehen in der öffentlichen Wahrnehmung. Das ist ja genau mein Thema, das zu ändern. Also Wertschätzung, die in der Pflege fehlt, die für die Pflege fehlt, zu erhöhen. Ich habe es mir zur Lebensaufgabe gemacht, das zu ändern. Aus diesem Grund höre ich ja auch oft „Ach, ihr seht ja gar nicht nach Pflege aus" oder „Hätte ich jetzt nicht gedacht, dass du in der Pflege bist." Ich frage dann immer nach: „Warum nicht? Wie sieht Pflege denn aus?" und: „Geht es eigentlich nur ums Aussehen oder vielleicht auch darum, was wir wirklich tun?"*»

— *Ulrich Zerhusen, Zerhusen & Blömer GmbH, Interview Februar 2021*

## WHY I CARE: Wirtschaft und Lehre an der Hochschule verbinden

«*Wie kann man ein Modell wie Porters Five Forces[10], das Ende der 70er Jahre entwickelt wurde, auf die heutige schnelllebige Welt übertragen? Welche Implikationen hat das auf ein Startup, welches heute im 21. Jahrhundert unterwegs ist und nicht mehr in den 70er oder 80er Jahren? Es braucht Anpassung, Weiterentwicklung, Hinterfragen und Reflektieren. Das, was wir in den ganzen agilen Methoden ja auch immer wieder machen, und da darf die Wissenschaft keinen Halt machen. Wie kann man das vielleicht auch anders denken, vielleicht mal andere Richtungen einschlagen?*

*Warum nicht in der praktischen Lehre ganz konkret Unternehmen anschauen, was man davon lernen, was man verallgemeinern und dann wieder anwenden kann. Und an Studierende sagen: „Eure Aufgabe in den nächsten zwei Jahren wird sein, parallel zum Studium ein Unternehmen zu gründen. Und an der Hochschule reflektieren wir dann alles, was wir hier machen." Es geht darum, das Thema so spannend für die Leute zu machen, so dass sie sagen: „Hey, ich habe eine Idee, ich mache das jetzt, ich ziehe es durch." Und zu scheitern ist auch nicht schlimm, auch das ist ein Lernen. Als Mentor oder Coaches zu fingieren ist vielleicht wichtiger, als BWL-Theorien bis in den Kern durchzugehen.»*
— *Alexander Hochgürtel, Angel Investor New Forge Investment Fund, Interview September 2021*

## WHY I CARE: Für Familienunternehmen die besten Mitarbeiter finden

*«Der Weg vom Manager zum Unternehmer war für mich ein erklärtes Lebensziel. Nicht der Karriere willen, sondern vielmehr, um etwas Nachhaltiges zu schaffen und der Welt etwas zu hinterlassen. Als Manager habe ich schnell begriffen, dass man mit den richtigen Menschen in seinem Umfeld die großen Ziele viel schneller erreichen kann. Daher sehe ich meinen Beitrag heute darin, gemeinsam mit meiner Mannschaft für große Familienunternehmen die richtigen Menschen zu begeistern und zu gewinnen. Somit können wir unseren eigenen Impact multiplizieren. Das Mantra*

*unserer Kunden ist dabei auch für uns gültig. Für mich war immer klar, dass ich nur in einem Hochleistungsteam arbeiten und mich mit großartigen Persönlichkeiten umgeben möchte. Wir stellen daher die Bedürfnisse unserer Mitarbeiter in den Mittelpunkt, sind dafür in eine virtuelle Organisation gewechselt, fördern das persönliche Wachstum durch gezielte Weiterbildung und integrieren alle Teammitglieder in zentrale Fragestellungen, um das eigene Leben aktiv mitzugestalten. Arbeit muss neu gedacht werden, und wir möchten ein gestaltendes Element dieser Bewegung sein.»*

— *Tim Oldiges, Headgate GmbH, Interview im September 2021*

## WHY I CARE: Spiritualität und Wirtschaft verbinden

*«Mein Großvater sagte, obwohl er in einer herausfordernden Zeit lebte, einen Tag vor seinem Tod: ‚Schön war's. Morgen sterbe ich!' und stieg, nach einem langen Herbstspaziergang, mit noch roten Wangen lächelnd ins Auto. Das war meine Initiation, meine Motivation, die mich auf eine leidenschaftliche, lebenslange Reise schickte. Was war der Schlüssel, um so leben bzw. sterben zu können? Ich wollte ihn entdecken und mit den Menschen teilen. Jahrzehnte später verkörpere ich dieses Ziel. Der Schlüssel liegt im eigenen, authentischen Sein. – Es klingt so einfach, fast abgedroschen.*

*Ich schreibe gerade an meinem Buch: Abflug ins eigene Sein. Jeder Mensch hat seine eigene Seelen-Motivation, und um diese freizulegen, gibt es unterschiedliche Wege. Wenn das Sein und Tun eines Menschen mit der authentischen Seelen-Motivation übereinstimmen, wirst du zum Glückspilz des Augenblicks und zum Leuchtturm in der Gesellschaft.»*

— *Sohan Anne Boeing, Unternehmerin, Beirätin und spirituelle Lehrerin, YOGAdelta GmbH, Interview im September 2021*

**Übung: Was ist dein WHY I CARE?**

☐ Kannst du dein WHY I CARE ähnlich wie diese Unternehmer und Unternehmerinnen in drei, vier Sätzen formulieren?

_____

_____

_____

_____

Sylvia hielt die Präsentation an. „Mich beeindruckt besonders", erklärte sie, „dass Sohan Anne Boeing einen scheinbaren Widerspruch auflöst. Wenn viele an Yogaschulen denken, haben sie das Bild von einer Hobbyveranstaltung vor Augen, weniger von einem Wirtschaftsunternehmen. Die Schule von Sohan Anne Boeing hat vier festangestellte und 18 selbständige Mitarbeiter, ist also auch nicht mehr ganz klein. Von Haus aus ist Sohan eine klassische Familienunternehmerin. Ihr Vater hat mehrere Industrieunternehmen aufgebaut. Parallel zur Leitung der Yogaschule sitzt sie in Beiräten und bestimmt die Geschicke der heimischen Unternehmen. Sie sieht ihre Lebensaufgabe darin, beide Pole zu verbinden und arbeitet heute als Unternehmerin und spirituelle Lehrerin.

Sie ist ein toller Beweis dafür, dass mehr geht, als wir vermutlich alle denken."

**Wie du aus deinem WHY I CARE ein Geschäftsmodell machst.** „Eine Wahnsinns-Spannbreite", bemerkte ich spontan. „Aber alle sind sehr überzeugend." Ich schaute auf das Flipchart mit meinen Zielen, das noch an der gegenüberliegenden Wand hing. „Ich würde mein eigenes WHY I CARE gerne auch so stimmig wie all diese Unternehmer formulieren", sagte ich. „Und vor allem würde ich es auch gerne in ein funktionierendes Geschäftsmodell übersetzen. Wie komme ich dahin?" „Da habe ich noch ein sehr gutes Beispiel", sagte Sylvia. „Und diesmal geht es tatsächlich um ein klimaneutrales Geschäftsmodell, also um Nachhaltigkeit im engeren Sinne. Es geht um eine Unternehmerin, deren WHY I CARE ist, wie wir gut auf dem Planeten weiterleben können. Ich zeige dir, wie sie daraus ein Geschäftsmodell entwickelt hat, und dann gehen wir die Schritte systematisch durch, so dass du sie auf dein Schulungszentrum anwenden kannst." Sie startete noch einmal die Datei auf dem Rechner.

# Hin zu einem nachhaltigen Geschäftsmodell - wie geht das?

→ **Pionierin in der nachhaltigen Software-Entwicklung.** Friederike ist studierte Ingenieurin der Informations- und Elektrotechnik. Zusammen mit ihrem Mann Nils führt sie erfolgreich ein Software-Unternehmen, das sich auf individuelle Lösungen für den Mittelstand spezialisiert hat. Heute ist sie eine Pionierin in der nachhaltigen Software-Entwicklung. Spannend ist, wie sich ihre heutige Vision aus den Anfängen von einem klassischen Geschäftsmodell entwickelt hat.

**Von den Anfängen als Dienstleistungs-Company.** Ursprünglich zu dritt mit nur einem ersten Mitarbeiter gestartet, haben sie größere Softwareentwicklungs-Projekte in diesen Anfangstagen der Firma mit Hilfe von remote arbeitenden Freelancern abgewickelt. Schon das war eine Herausforderung, denn nicht alle Kunden wollten akzeptieren, dass ihr Dienstleister nicht vor Ort mit ihnen arbeitet. Als Friederike mit ihrem kleinen Team dann auch noch bei einem Kunden notfallmäßig die Entwicklungsabteilung ersetzte, war ihr klar: So geht das nicht weiter. „Unser Geschäft hängt an ein bis zwei Großkunden und ist alles andere als stabil. Wir sind in der typischen Todeszone einer kleinen Firma. Wenn jetzt ein Projekt wegbricht, wenn auch nur ein Mitarbeiter aus dem Team ausfällt, dann überstehen wir das nicht."

Insofern war Friederikes großes Ziel damals wie heute: Weg von beliebigen Dienstleistungs-Aufträgen kommen. Eine Firma zu werden, die Produktentwicklung anbietet. Das hat geklappt. Heute ist ihr Unternehmen auf 20 festangestellte Mitarbeiter angewachsen. Gelungen ist der Sprung über ein Startup, an dem sie und ihr Mann sich zunächst beteiligen und für das ihr Unternehmen die Produktentwicklung durchführt. Außerdem haben sie kleinere Webplattformen für andere Kunden gebaut. Das hat sie über das erste Jahr zu den nächsten Einstellungen getragen, bis sich das Team auf sechs Leute vergrößert hatte und schließlich ein großer Sprung auf 18 Festangestellte gelang. Es lief rund - auch weil sie und ihr Mann jetzt Prozesse nachzogen, für Wiederholbarkeit sorgten und darauf hinarbeiteten, dass alle Mitarbeiter die gleichen Tools nutzen. Jetzt konnte Friederike den nächsten Schritt planen: Wirklich Sinn stiften. Das Geschäftsmodell anpacken, die Softwareentwicklung nachhaltig machen. Bei Friederike klingt das so: „Wir wollen unseren

**Nachhaltigkeits-Impact maximieren**, wie wir nur irgendwie können." Bei ihr kamen jetzt frühere Ideale wieder durch. „Wir sind sowieso dadurch gesegnet, dass wir auf diesem Fleck der Erde wohnen, dass wir nicht im Krieg sind, dass wir überhaupt studieren durften." Und sie erinnert sich: Damals, im Studium, als sie 18 Jahre war und gerade ihren Mann kennengelernt hatte, da haben sie sich versprochen: „Wir haben keinen Schimmer was, aber wir werden etwas Gutes daraus tun für die Welt."

**Zuerst muss es wirtschaftlich sein.** Jetzt, mit einer funktionierenden Firma, war die Zeit reif. Sie sagt trocken: „Uns war klar, dass wir jetzt mal auf den Punkt kommen müssen, was dieses Gute denn sein kann." Zusammen mit ihrem Mann hat sie dann Scaling-Programme besucht und ihr bisheriges Geschäftsmodell reflektiert. Dabei wurde ihr Wunsch klar, das Geschäftsmodell in Richtung Nachhaltigkeit zu verändern. Ihr Hebel: $CO_2$-Emissionen einsparen, weil das aus ihrer Sicht den größten Impact auf das Klima und für Zukunftsfähigkeit hat. Sie beschäftigte sich damit, wer überhaupt das meiste $CO_2$ ausstößt und an welchen Stellen sie mit ihrem Geschäftsmodell zu einer Verringerung beitragen könnte. So landete sie beim Thema der nachhaltigen Softwareentwicklung. Um herauszufinden, was möglich ist, besuchte sie Konferenzen, ging in Dialog mit Gleichgesinnten und Kunden. „Es hat sich etwas nach Krise angefühlt", gibt sie zu, „die Sinnfrage und wofür wir das eigentlich alles machen zu stellen." Selbst Mutter von zwei Kindern, erkannte sie für sich immer stärker das Ziel, zu einem sicheren Leben für ihre Kinder auf diesem Planeten beizutragen.

**Der Weg zum funktionierenden Geschäftsmodell.** Heute geht Friederike konsequent weiter auf dem Weg hin zur nachhaltigen Softwareentwicklung. Es geht darum, Idealismus und Geschäftssinn in Einklang zu bringen. Manchmal heißt das, Kompromisse einzugehen. Ihre Kunden sind produzierende Unternehmen im Mittelstand. Es geht nicht um das perfekte Geschäftsmodell, weil das in so einem neuen Feld auch noch gar nicht 100% klar sein kann. Manchmal gilt es deshalb, Überzeugungsarbeit bei Kunden zu leisten. Aber immerhin ist die Zeit günstig, denn nicht erst seitdem die Folgen des Klimawandels so deutlich werden, erwacht die Diskussion in Unternehmen über $CO_2$-Einsparungen. Firmenchefs stellen sich die Frage, wie sie klimaneutral produzieren können. Hier können Friederike und Nils Antworten liefern. Mittlerweile kommen viele andere Entwickler auf sie zu und wollen wissen, wie das denn geht mit der nachhaltigen Softwareentwicklung.

„Du siehst", stellte Sylvia trocken fest, „dein Beitrag beginnt immer mit einer persönlichen Betroffenheit. Jetzt würdest du nicht so ein Modell wie Friederike auf die Beine stellen, weil dein Kern und deine Erfahrungen ganz andere sind. Also, wo fängt dein Beitrag an? Und wie machst du ein Geschäftsmodell daraus?

☐ **Du hast eine persönliche Betroffenheit.** Sie gilt es, in Energie umzuwandeln. Du stellst zum Beispiel fest: Dem Planeten geht die Luft aus. Die Unternehmerin Yvonne Jamal hatte einen ganz persönlichen Anlass, daran etwas ändern zu wollen. Ihr Mann stammt von den Malediven. Selbst solche Traumziele sind schon lange kein echter Traum mehr, weil sie durch Klimakrise und Umweltverschmutzung akut bedroht sind. Aber wie kann eine einzelne Person wie Yvonne anfangen, etwas zu ändern?

☐ **Erfahrungen aus früheren Tätigkeiten einfließen lassen.** Yvonne war früher im Einkauf bei Firmen wie TUI und Zalando beschäftigt. Sie hat deswegen die These formuliert: Echte Nachhaltigkeit beginnt in der Beschaffung im Einkauf. Einkäufer sind ganz nah dran an Lieferanten. Sie haben Sorgfaltspflichten - umwelt-, aber auch menschenrechtliche.

☐ **Hin zum Geschäftsmodell.** Aus diesem Gedanken heraus hat Yvonne mit ihrer Kollegin Steffi Kirchberger deshalb das JARO Institute for Sustainability and Digitalization e.V. gegründet. Es soll die nachhaltige Beschaffung vorantreiben und Einkäufer im Thema schulen. Während die Gründerinnen zu Beginn noch belächelt wurden, ist das Thema heute durch das Lieferkettengesetz brandaktuell. Beide haben ein *sustainable supplier network* gegründet, um nachhaltige Lieferanten via Posts, Webinaren, B2B Dialog mit ihrem Einkäufernetzwerk zu verbinden. Zusätzlich bieten sie eine E-Learning Plattform mit einer Zertifizierung für Einkäufer.

☐ **Ihr WHY I CARE lautet:** »Wir wollen Firmen zum Nachdenken über dieses Thema bringen.«

„In dieser Art gibt es ganz viele Beispiele", ergänzte Sylvia. „Das Unternehmen Villisto beispielsweise macht die Heizung so smart, dass sie ökologisch ist. Und und und. Wie sieht das bei dir aus?" Sie stand auf und ging ans Flipchart. Sie schrieb den ersten Punkt an. „Ok - was ist deine persönliche Betroffenheit?" Ich war neben sie getreten und überlegte einen Moment. Nachdenklich formulierte ich: „Also, was ich wirklich glaube, ist, dass die Digitalisierung nicht mehr aufzuhalten ist. Wir brauchen digitale Geschäftsmodelle und digitale Companys, auch weil wir damit viel schneller und viel vernetzter als vorher Lösungen schaffen können." Ich schluckte. „Ich bin fest davon überzeugt, dass wir nur so überhaupt noch Antworten auf Probleme in der Zukunft finden können."

**Was ist deine persönliche Betroffenheit?** Sylvia hatte eifrig am Flipchart mitgeschrieben. Sie trat einen Schritt zurück und ließ meine Worte auf sich wirken. „Das war jetzt, was aus deiner Sicht zu tun ist. Inwiefern bist du persönlich davon betroffen?", hakte sie nach. Ich überlegte kurz. „Ehrlich gesagt ärgert mich immer, wie stümperhaft Digitalisierung immer noch läuft. Und ich kann das beurteilen, denn ich weiß nun wirklich, wie man digitale Geschäftsmodelle und Companys aufbaut. Das Wissen habe ich aus den letzten Jahren, und das möchte ich gerne weitergeben. Ich möchte anderen helfen, dass sie es besser und schneller tun können." Sylvia hatte weiter mitgeschrieben und stoppte jetzt. „Verstehe. Das ist dann auch schon deine persönliche Erfahrung, die du einfließen lassen kannst, oder?", vermutete sie.

Ich hatte Feuer gefangen. „Genau. Und damit sind wir auch schon beim Geschäftsmodell, meiner Idee vom Schulungszentrum für Digitalunternehmer. Ich würde tatsächlich erstmal klein anfangen mit einem ersten Kurs, begleitet von einem einfachen Online-Angebot. Später kann vielleicht ein ganzes Curriculum daraus werden, ähnlich dem Beispiel von JARO, was du eben gezeigt hast." Ich schaute prüfend auf das Chart, auf das Sylvia meine Idee zum Geschäftsmodell ergänzt hatte. Ja, dachte ich, es fühlt sich stimmig an. Sylvia trat einen Schritt zur Seite und deutete auf das Chart mit meinen Zielen vom Workshop-Beginn, das ebenfalls an der Wand hing. „Lass uns doch eben diese neuen Eckpunkte mit deinen Zielen von gestern abgleichen", schlug sie vor. „Magst du anfangen?" „Ok", stimmte ich zu und trat neben sie. Der Reihe nach ging ich Punkt für Punkt durch.

- „Wissen wofür du stehst", las ich die erste Zeile vor. „Ich denke, das haben wir."

- „Eine Strategie für dein weiteres Wachstum finden." Ich überlegte. „Es ist noch offen, was ich mit meinen jetzigen Firmen mache. Soll ich sie behalten? Oder verkaufen?" Sylvia nickte. „Stimmt, das fehlt noch. Das machen wir jetzt gleich."

- „Etwas Größeres in die Welt bringen." Unwillkürlich musste ich lächeln. Der Gedanke fühlte sich gut an. „Ich glaube, das werde ich in Zukunft tun", sagte ich.

- „Dein Privatleben damit in Einklang bringen." Ich sah Sylvia fragend an. „Sehe ich auch als noch offen an", stimmte Sylvia zu. „Da müssen wir jetzt ebenfalls noch im Detail planen, wie und in welchem Ökosystem du künftig den Rücken frei behältst. Wir hatten ja schon über die Möglichkeit von Assistenten gesprochen."

- „In Balance bleiben", las ich den letzten Punkt auf der Liste vor. „Das wird sich dann sozusagen erst herausstellen, wenn ich es tatsächlich umsetze, oder? Wenn wir gleich einen Plan erstellen, dann ist das quasi der Beweis dafür, dass es funktioniert?"

Sylvia nickte zustimmend. „Zum Thema Balance kommen wir gleich noch ganz zum Schluss. Lass uns jetzt dein Geschäftsmodell planen." Sie lächelte. „Nachhaltig natürlich." Geschäftig stand sie auf und holte einen neuen Block mit Flipchartpapier. Ich war aufgeregt. Es ging tatsächlich los - und es fühlte sich gut an. Die nächsten zwei Stunden verbrachten wir damit, einen Schlachtplan für mein Schulungszentrum zu entwickeln. Als wir fertig waren, lehnte ich mich erschöpft zurück. Jeder noch freie Fleck an der Wand hing jetzt voll. Wir hatten vier Charts erstellt:

- eines mit einem **Zeitplan**

- ein weiteres mit nötigen **Voraussetzungen**

- eines mit potenziellen **Hindernissen**

- ein letztes mit **Strategien**, wie ich mich dadurch nicht aus der Bahn bringen lassen würde.

Erstaunlicherweise war es mir nach den ganzen Vorarbeiten leicht gefallen, diese nächsten Schritte zu formulieren. Wieso ging jetzt alles, bei dem ich bisher immer ein Brett vorm Kopf gehabt hatte, plötzlich so einfach? Ich fragte Sylvia. „Das ist typisch", entgegnete sie. „Wenn wir einmal an den Eisberg unter der Wasseroberfläche herangekommen sind, geht es erfahrungsgemäß immer ganz schnell. Und mir scheint, du hast deinen Eisberg heute versetzt."

**So bleibt deine Umsetzung nicht stecken.** Ich schaute über unsere Ergebnisse herüber. Ja, alles machte Sinn. Ein kleines flaues Gefühl regte sich bei mir im Magen. Würde ich das alles wirklich schaffen, wenn es jetzt an die Umsetzung ging? Immerhin war es komplett neues Terrain für mich. „Wie geht es jetzt weiter? Was geschieht, wenn ich feststecke?", fragte ich. Sylvia blickte mich an, verständnisvoll. „Keine Sorge, bei der Umsetzung begleite ich dich. Bei so großen Vorhaben solltest du immer einen Sparringspartner dazu nehmen, jemand, der dir mit einem Blick von außen zur Seite steht. Sonst ist die große Gefahr, dass du ins Stocken gerätst. Erinnerst du dich an das Bild vom Personal Trainer? Deshalb umfasst das Mentoring auch nicht nur diesen ersten Workshop, sondern immer auch eine Begleitung. Das gestern und heute war nur der erste Schritt. Wir haben ab jetzt wie besprochen einmal in der Woche unseren Video-Call, und einmal im Monat treffen wir uns persönlich für einen Tag. Wenn du zwischendurch etwas Dringendes hast, rufst du meine Assistentin an. In der Regel bekommen wir dann kurzfristig etwas eingeschoben. Keine Angst, du bist nicht alleine bei der Umsetzung."

**Warum großartige Ergebnisse auch auf Misserfolgen gründen.** Sie setzte sich. „Du wirst ziemlich sicher ins Stocken kommen, wenn du jetzt anfängst und die ersten Schritte mit deinem neuen Geschäftsmodell verprobst. Du brauchst aber keine Angst vor Rückschlägen zu haben." Sie schmunzelte. „Außergewöhnliche Ergebnisse gründen auch auf Misserfolgen. 'Wir scheitern uns zum Erfolg', hat mir mal ein Unternehmer gesagt. Es geht dann darum, innezuhalten und die Lektion zu erkennen und dann anders weiterzumachen. Dabei helfe ich dir."

Es entstand eine kleine Pause. Sylvia schaute auf die Uhr. „Es ist spät, aber ich denke, wir haben viel erreicht, oder? Vielleicht noch eine Sache, bevor wir den Workshop heute beenden. Es geht um Balance." Ihr Blick wurde verschmitzt. „Vielleicht kommt jetzt doch noch ein 'The Secret', aber anders als bei den US-amerikanischen Ratgeberautoren. Denn vor lauter Fokus auf die Umsetzung sollten wir nicht vergessen, worum es ultimativ geht. Ich fang mal so an: Kennst du noch die Band Queen? Freddy Mercury?" „Na klar", sagte ich. „Vergiss nicht, dass ich Filme mag. Bohemian Rhapsody ist einer meiner Lieblingsstreifen." „Dann erkennst du bestimmt, welcher Song das ist." Sie nestelte am Laptop, und die ersten Klänge füllten den Raum.

*«Whatever happens, I'll leave it all to chance*
*Another heartache, another failed romance, on and on*
*Does anybody know what we are living for?*
*I guess I'm learning*
*I must be warmer now*
*I'll soon be turning, round the corner now*
*Outside the dawn is breaking*
*But inside in the dark I'm aching to be free*
*The show must go on*
*Inside my heart is breaking*
*My makeup may be flaking*
*But my smile, still, stays on. »*
— *Queen 1991 The Show Must Go On, vom Album Innuendo*

Ich erkannte den Song sofort. „Natürlich ist das 'The Show must Go On'", erklärte ich. „Es ist sogar eines meiner liebsten Stücke von Queen." Sylvia nickte. „Als Freddy Mercury diesen Song aufgenommen hat", sagte sie, „war er bereits schwer von seiner Aids-Erkrankung gezeichnet. Der Queen Gitarrist Brian May schrieb ihn und brachte Mercury noch einmal dazu, alle Kraft zusammenzunehmen. Einen Monat vor Mercurys Tod kam die Single dann auf den Markt. Im Liedtext geht es darum, weiterzumachen und das Beste aus seinem Leben herauszuholen. Der Song gilt als Freddy Mercurys Vermächtnis. Und als eine seiner besten Gesangsleistungen überhaupt." Ich räusperte mich, einmal, zweimal. „Solche Persönlichkeiten berühren mich sehr", sagte ich. „Menschen, die wirklich bis zum letzten Augenblick noch ihr ganzes Sein ausgedrückt haben." In Sylvias Augen funkelte es. „Stimmt, das ist es, worum es im Leben geht, würde ich sagen. Wenn wir jetzt nochmal über Balance sprechen, ist das die ultimative Frage, oder? Das war doch auch deine Frage vom Anfang."

# Kismet. Schicksal

„Weißt du eigentlich, was ein Freund von mir gesagt hat, bevor ich zu dir ins Mentoring gegangen bin?", bemerkte ich. „'Du stehst ja auf diesen deep shit', so hat er es genannt." „Na", Sylvia schmunzelte. „Dann ist aber das, was ich dir jetzt noch erzählen möchte, wirklich *the real deep shit*. Worum geht es im Leben? Aus meiner Sicht sind es zwei Sachen. Hier hast du dein 'The Secret'." Sie zwinkerte mir zu. „Willst du es hören?" „Erzähl", sagte ich, gespannt, was kommen würde. Sylvia schien nach Worten zu suchen, dann fing sie an zu sprechen, heiser.

„Erst einmal: Wir müssen überhaupt nichts im Leben fürchten. Das ist meine feste Überzeugung. Du brauchst keine Angst vor gar nichts zu haben. Ich habe dir ja gestern bei unserem Spaziergang erzählt, wie ich damals gesundheitlich so am Ende war. Als mein Körper nicht mehr schlafen konnte?", rief sie mir unser Gespräch von gestern zurück ins Gedächtnis. Ich erinnerte mich an jedes Wort. Da war vor allem auch die eigenartige Art und Weise, wie sie über ihren Körper sprach - als hätte er eine ganz eigene Intelligenz. Sylvia hatte schon weiter geredet. „Damals bin ich rein meinen Instinkten gefolgt. Vorher hätte ich nie für möglich gehalten, dass es so etwas überhaupt gibt. Aber sie sind da. Du hast eine Stimme in dir, die dir sagt, was gerade dran ist - wenn du sie wahrnimmst. Alle Sinne haben mich damals nach Brasilien zurückbeordert. Jetzt muss man wissen, dass ich aus meiner Vergangenheit eine wirkliche Verbindung zu diesem Land habe.

Zuerst bin ich mit 17 Jahren für 12 Monate als Austauschschülerin da gewesen, später habe ich im Studium meine Diplomarbeit zusammen mit der Wirtschaftsförderung der Deutschen Entwicklungshilfe geschrieben. Ich habe also einige Zeit da verbracht. In dem Alter, mit 17 und 24, war mir, ehrlich gesagt, vieles in dem Land nicht so ganz geheuer. Es gibt da eine sehr spirituelle Seite. Die Naturreligionen wie Macumba und Candomblé - hast du davon schon mal gehört? Es sind quasi Religionen wie Voodoo, die über die Jahrhunderte mit dem Katholizismus vermischt wurden. Spiritualität begegnet dir sozusagen auf Schritt und Tritt. Auf Flüssen schwimmen Blumengebinde als Opfergaben, und auf Friedhöfen findest du Tierknochen. Einmal war ich auf einer Insel, in einer Hütte im Dschungel, und als Nachts die Generatoren abgeschaltet wurden, konntest du die ganze Zeit die Trommeln hören. Damals, mit 17, hat mich das komplett verstört." Sie lächelte. „Ich konnte nichts, aber auch gar nichts damit anfangen."

**Wenn das Leben Horkruxe für dich auslegt.** Sie fuhr fort. „Nach Abschluss der Diplomarbeit war ich zuletzt vor über 20 Jahren da. Und dann in meiner dunkelsten Phase, haben mich alle Sinne dahin zurückgeführt. Es klingt verrückt, ich weiß. Aber da war eine deutliche innere Stimme, die gesagt hat: 'Geh nach Brasilien.'" Sylvia sah mich an. „Wir haben ja gestern über die Horkruxe bei Harry Potter gesprochen - die vergrabenen Seelenanteile?" Ich nickte. „Klar", sagte ich. „Das war beim Thema Trauma, oder?" Sylvia sah nachdenklich aus. „Ich glaube, dass es sie wirklich gibt. Es war ein Nachhausekommen. In Brasilien war für mich ein Horkrux, ein Seelenanteil wie bei Harry Potter, vergraben, von dem ich überhaupt nichts mehr wusste.

Es fing an beim Hinflug, beim Kreisen über Salvador da Bahia, als da dieser riesige Regenbogen am Himmel stand, der größte, den ich je gesehen habe. Dann ging es weiter im Hotel am nächsten Morgen. Schlafen konnte ich auch dort nicht. Also saß ich frühmorgens am Pool, als noch keiner außer mir wach war, und im Radio spielte das Lied, das ich damals, 20 Jahre zuvor, rauf und runter gehört hatte. Und dann flossen bei mir das erste Mal in dieser ganzen Zeit der Krankheit die Tränen, endlich. Es war wie eine Befreiung." Sie blickte gedankenverloren auf den Holzfußboden. „Und diesmal, anders als die Jahre vorher, konnte ich mit der Spiritualität der Leute umgehen. Völlig Fremde haben mich auf der Straße umarmt. Es geht weiter. Durch mehrere recht unwahrscheinliche Zufälle gelangte ich schließlich an die Küste von Bahia, in den Ort Imbassaí. Natürlich habe ich auch dort nicht geschlafen, das machte aber nichts. Am Strand, um vier Uhr morgens, ist es dann passiert. Ich war noch im Dunkeln ans Meer gegangen, an diese großartige Atlantikküste. Und jetzt, glaube es oder nicht, war plötzlich ein Gefühl da, als wäre die Decke zu einer anderen Welt dünner als anderswo. Und ich erkannte auf einmal mit absoluter Sicherheit, ich bin gehalten.

Mir kann gar nichts passieren. Die Krankheit bedeutet nichts. Und ich wusste, wenn ich sterbe, ist da eine Stimme, die sagen wird: Endlich kommst du." Sie sah mir in die Augen. „Ich weiß Julian, das ist jetzt der richtige *deep shit* und bestimmt überhaupt nicht für jeden geeignet. Aber du hast gesagt, du wolltest es hören. Man kann natürlich auch sagen, dass alles damals Halluzinationen waren, nach dieser langen Phase der Schlaflosigkeit. Vielleicht. Aber was ich weiß, ist, dass seitdem alles anders ist." Sie schaute mich an, versuchte einzuschätzen, ob sie weitererzählen sollte. Unmerklich nickte ich. Sie sprach weiter.

**Wenn dein Schicksal Karabinerhaken auswirft.** „Du kennst ja meine Redewendung, 'als hättest du den Stecker zum Universum gefunden'. Sie stammt aus dieser Zeit. Denn genau das ist seit damals passiert. Seitdem haben sich meine Sinne geöffnet. Oft weiß ich vorher, was geschieht. Oder ein kürzliches Beispiel: Ich hatte über vier Jahre keinen Kontakt mehr zu einem Geschäftspartner, und an diesem einen Morgen im Hotel habe ich gemerkt, dass ich anders an ihn dachte. Und da war sogar eine kleine Stimme im Hinterkopf, die sagte: 'Na, wart mal ab.' Und tatsächlich, Mittags hatte ich eine E-Mail von ihm im Kasten, nach vier Jahren Funkstille." „Nee, oder?", wunderte ich mich. Konnte sowas sein? Sylvia machte eine bestätigende Geste mit der Hand. „Es ist gar nicht so abgedreht. Seitdem habe ich viel recherchiert. Lies zum

Beispiel einmal das Buch 'Energieheilung' von Dr. Ann Marie Chiasson, einer Ärztin, die lange Zeit unter Naturvölkern in Mexiko gelebt hat.[58] Sie schreibt über ein Energiefeld, an das wir angeschlossen sind und in das wir uns einklinken können - die Naturvölker können es noch. Wir haben diese Fähigkeit wahrscheinlich auch mal gehabt, aber im Laufe unserer Zivilisation verlernt." Sie schüttelte den Kopf. „Also, Julian", sagte sie, „wir sind doch ans Universum angeschlossen. Und es ist gar keine so große Sache. Seit dieser Zeit bin ich anders unterwegs. Ich glaube, dass unser Schicksal wie ein Förderband ist. Die ganze Zeit schickt dir das Leben darauf Gelegenheiten vorbei. Du hast im Grunde Karabinerhaken bei dir am Gürtel und kannst jederzeit entscheiden, ob du dich einklinkst.

Oder eben auch nicht. Ob du auf dem richtigen Weg bist, merkst du an unwahrscheinlichen Zufällen, die auf deinem Weg auftreten. So etwas nennen Forscher wie Ann Marie Chiasson Synchronizitäten. Ich spreche einfacher von 'Brotkrumen wie bei Hänsel und Gretel, die für dich ausgelegt sind'. Hast du auch schon mal beobachtet, dass manche Themen bei dir immer wieder auftreten, bei anderen aber nie? Auch das gehört in diesen Bereich. Manche Themen stehen zu einem bestimmten Zeitpunkt bei dir an und werden vermutlich immer wieder auftauchen, bis du sie endgültig gelöst hast." Sie zögerte. „Und eine Sicherheit habe ich mittlerweile. Ultimativ", ergänzte sie, „glaube ich heute, dass wir gar nichts fürchten müssen. Wir brauchen keine Angst zu haben - gar keine, vor gar nichts. Auch der Tod muss dir keine Angst mehr machen. Ist das Demut? Zumindest macht es zufrieden mit dem, was du hast. Die Lebenszeit ist kurz - wie ein Stock, der immer kürzer wird. Was macht dich glücklich? Darum geht es." Sie lächelte.

**This way or no way.** Ich ließ Sylvias Worte auf mich wirken. Mir kam noch ein Gedanke. „Was hat sich seit Brasilien für dich verändert?", wollte ich wissen. Sylvia dachte kurz nach. „Ich glaube", fing sie an,

„Brasilien war der Punkt, an dem ich dann meinen Kern klar hatte. Ich konnte anschließend ganz anders vorangehen. Du hattest eben gesagt, dass dich Persönlichkeiten wie Freddy Mercury so inspirieren. Mich inspirieren sie übrigens auch." Sie schaute versonnen. „Warum ist das so? Ich glaube, weil wir spüren, dass sie schon früh, über ihr ganzes Leben hinweg, etwas ohne Zweifel gemacht haben.

Wir spüren quasi unbewusst, dass sie die Steckdose ans Universum gefunden haben. Ich habe noch eine Anekdote von einem anderen Sänger - kennst du noch David Bowie?" Ich nickte. Sie sprach weiter. „Er hat am Ende seines Lebens einen Liedtext geschrieben: 'This way or no way You know, I'll be free'.[59] Sprich: Er hat nichts im Leben bereut. Jetzt muss man wissen, dass Bowie sein ganzes Leben über Gas gegeben hat. Er nahm Drogen, ist über seine Grenzen gegangen. Nichts, was man kopieren muss - entsprechend krank war er zum Schluss, gezeichnet von seinem wilden Lebensstil. Und trotzdem hat er gesagt: 'Ich würde mein Leben wieder genauso weiterleben. Zweifelsfrei.'" Sie drehte den Sessel ein Stückchen näher zu mir hin. „Seit Brasilien sage ich das auch. Es war im Grunde für mich der Punkt der Heilung. 'This way or no way', wie Bowie gesagt hat - danach war das für mich Realität. Ich habe mein Leben durch eine neue Brille gesehen. In gewisser Weise habe ich mich selber gefunden."

Sie lächelte. „Ich habe damals meine Firmenanteile verkauft, bin ausgestiegen. Zum ersten Mal habe ich nichts mehr gesteuert, sondern bin einfach dahin gegangen, wo es sich gut anfühlte. Es hat mich dahin gebracht, dass ich heute vor dir sitze und von Steckdosen zum Universum rede. Ich tue genau das, wofür ich gemeint bin - Menschen wie dich zu deinem Kern zu führen." Sie lächelte versonnen. „Und ehrlich, Julian? Ich glaube, du wirst ihn jetzt finden." Sylvia stoppte. Wir schwiegen beide. Ich schaute sie nur an. Das Schweigen dehnte sich über Sekunden, über Minuten, wie es schien. Ich schluckte, einmal, zweimal. Und dann stand ich auf und umarmte sie. Etwas später. Ich stand wieder auf dem Parkplatz. Es war schon dunkel, und mein Tesla war einer der letzten Wagen. Irgendwie fühlte ich mich benommen, leer. Aber - auch glücklich. Und plötzlich, als ich im Auto saß, kamen mir Tränen in die Augen. Ich hatte viel verstanden, viel gelernt in diesen letzten zwei Tagen. das war es aber nicht. Es war, dass ich mich mir selber gestellt hatte. Zum Schluss vom Workshop, als wir uns verabschiedet hatten, hatte mir Sylvia noch ein Zitat ihrer Lieblingsautorin Martha Beck mit auf den Weg gegeben. „So machen es die Indianer", hatte sie gesagt. „Vielleicht ist das ja auch der Punkt, an dem du gerade stehst." Ich ließ das Zitat Revue passieren.

> «...some American Indian tribes send young men out on „vision quests". These men leave their names and their childhoods back at the hearth fire and go into the wilderness alone, surviving as best they can until Something happens. They aren't told what the Something will be, only that they'll know it when they experience it. It may be a dream, a storm, an encounter with a wild animal, or simply a mental epiphany. Whatever it is, this Something tells the vision quester who he is, and perhaps a bit about his mission in life. Then, and only then, he goes back to the tribe. He tells them his new name, the name of his essential self, which he discovered on his own. »
>
> aus: Martha Beck, Finding your own North Star[60]

Noch kannte ich meinen wahren Namen nicht, dachte ich langsam, während ich den Wagen startete. Aber: ich wusste jetzt, wo ich suchen würde. Und ich war auf dem Weg nicht alleine, wir würden ihn zusammen weitergehen. Wir und viele andere, die sich auf Neuland vorwagen. Die ihr WHY I CARE in die Welt bringen wollen. Mein neues Leben begann.

# 15
## 3 Monate später - Julian

Ich saß am Schreibtisch und hatte eine handgeschriebene Karte vor mir. Sie kam von Sylvia. Darauf stand ein Spruch:

> «*Wege entstehen dadurch, dass man sie geht.* »
> — *Franz Kafka*

Heute Morgen, als ich zum Briefkasten gegangen war, lag sie darin. Ich dachte an unseren ersten Mentoring-Workshop zurück. Sylvia stand mir plötzlich ganz intensiv vor Augen. Ich war jetzt das erste Mal in meinem Leben in einer für mich ganz neuen Situation: Ich wusste nicht mehr, was jetzt kommen würde. Meine Angst vor dem Mentoring war gewesen, dass ich jetzt, just vor Beginn der dunklen Jahreszeit, in ein Loch fallen würde, wenn ich nicht mehr operativ an meinen Firmen arbeiten würde. Ich hatte Angst vor einer großen Leere, und der Gedanke war kaum für mich auszuhalten gewesen.

Das war nach dem Workshop vorbei. Ich ließ das Leben jetzt auf mich zukommen. Ich hatte mich auch nicht, wie ich befürchtet hatte, wieder mit Vollgas in ein nächstes Vorhaben gestürzt, um diese Leere zurückzudrängen. Stattdessen hatte ich behutsam, in kleinen Dosen, mit meinen ersten Gehversuchen in Richtung Schulungszentrum gestartet. Dabei hatte mir Sylvia geholfen. Einmal in der Woche hatten wir via Zoom gesprochen und uns mittlerweile auch noch dreimal persönlich getroffen. Vieles hat sich geändert. Früher hätte ich meinen Noise Cancelling Kopfhörer aufgesetzt und durchgeknallt. Mittlerweile arbeite ich meine Ziele nicht mehr so gnadenlos ab wie zuvor. Ich bin jetzt ruhiger und habe für mich erkannt: Was ich mir wirklich für mein Leben wünsche, ist Leichtigkeit. Ich will zur Ruhe kommen, möchte echte Wertschätzung von Mitmenschen erfahren und nicht nur von falschen Freunden, bei denen ich überlegen muss, ob sie wirklich mich oder mein Geld meinen.

Neulich hat mir ein alter Freund einen Brief gesendet, der mich zu Tränen gerührt hat. Ich habe ihn über meinem Schreibtisch zuhause aufgehängt, so dass ich ihn ständig vor Augen habe. „Echte Wertschätzung ist etwas Tolles", hatte Sylvia gesagt. Ja, das stimmt. Wertschätzung, die von Herzen kommt, berührt mich sehr. Vermutlich will ich auch einfach nur geliebt werden. So einfach ist das. Manchmal bin ich noch immer erschöpft, aber ich falle nicht mehr in die alten Muster zurück. An manchen Tagen meine ich körperlich zu merken, wie ich mich entspanne. Dann spüre ich fast, wie die Zellen in mir loslassen, ganz wie im Healing Code, den Sylvia zitiert hatte. Ich lerne, keine Ansprüche mehr an mich zu stellen. Früher habe ich vor allem im Außen gelebt und hatte meinen Außenauftritt gnadenlos kontrolliert.

Heute weiß ich, dass mein Leben nicht planbar ist. Es ist eine Reise mit überraschenden Wendungen. Der Weg zum Glück ist nicht linear, und es geht darum, biegsam auf das zu reagieren, was kommt. Es fühlt sich gut an, vor allem weil ich jetzt weiß, dass ich nicht mehr alles steuern muss. Und trotzdem ist diese Zeit alles andere als eine Zeit des Stillstands. Aus Ecken, an die ich nie gedacht hatte, kommen Optionen. Hat sich eine Schleuse geöffnet? Bin ich jetzt auch ans Universum angeschlossen, wie Sylvia es nannte? Neulich kam ein Kumpel mit einer tollen Option auf mich zu, für die ich mich begeistern kann.

Ich habe mir eines der Bücher besorgt, das Sylvia mir empfohlen hat. Ein Zitat geht mir nicht mehr aus dem Kopf.

> «You may cover a million miles on the way, but ultimately you will come to see that all along, your own North Star has been, simply, you. You are the best destination you could possibly imagine or experience. Welcome home. »
>
> Aus: Martha Beck. Finding your own North Star. Three Rivers Press [61]

Ich habe mit Sylvia in der Begleitung darüber gesprochen. Sie sah glücklich aus, als ich ihr erzählte, wie es auf mich wirkt. „Du bist angekommen", sagte sie zufrieden. Ich will etwas von Bedeutung hinterlassen. Jetzt scheint es langsam realistisch zu werden. Vorher konnte ich andere nicht zu Größe führen, weil ich mich selbst nicht gespürt hatte. Jetzt ist das Alte erst einmal zertrümmert. Aber, und das denke ich voller Inbrunst, das was gerade kommt, ist soviel besser.

# Literaturverzeichnis

[Info:] Sämtliche hier angegebenen Links datieren vom 24.09.2021

[01]   Simon Sinek. Start with Why: How Great Leaders Inspire Everyone to Take Action. H, Penguin Group 2009

[02]   John P. Strelecky, The Big Five for Life: Was wirklich zählt im Leben, Deutscher Taschenbuch-Verlag 2009

[03]   Gary Keller, Jay Papasan, The One Thing: Die überraschend einfache Wahrheit über außergewöhnlichen Erfolg, Redline Verlag 2017

[04]   Rhonda Byrne, The Secret, Simon  Schuster UK 2006

[05]   Gary Keller, Jay Papasan, The One Thing: Die überraschend einfache Wahrheit über außergewöhnlichen Erfolg, Redline Verlag 2017, S. 161

[06]   Tanz mit dem Leben: Das Zitat von Friedrich Nietzsche stammt aus einer seiner berühmtesten Werke, Die fröhliche Wissenschaft. Hintergrundinformationen z.B. auf dieser Website https://www.quellonline.de/das-leben-tanzen/

[07]   Hintergrundinformationen zur US-Serie Undercover Billionaire: z.B. zu den einzelnen Folgen https://www.fernsehserien.de/undercover-billionaire oder https://dmax.de/sendungen/undercover-billionaire/videos/

[08] Ich habe Arnold Weissman auf einer Konferenz für Familienunternehmer getroffen. In einer Pause abseits vom Geschehen
haben wir über Veränderung bei Firmenchefs gesprochen. Der
zitierte Spruch stammt aus diesem Gespräch.

Er ist Autor diverser Bücher, z.B.: Arnold Weissman, Die großen
Strategien für den Mittelstand: Die erfolgreichsten Unternehmer verraten ihre Rezepte, Campus 2011
Arnold Weissman, Erfolgreich mit den Großen des Manage-
ments, Campus 2008

[09] 'Zweck der Existenz', der ZDE von John Strelecky, den seine
Heldenfigur im Buch 'The Big Five for Life - Was wirklich zählt
im Leben'

[10] Porter's Five Forces: 1979 stellte Michael E. Porter erstmals sein
Modell der »Five Forces«vor. Es handelt sich um ein Instrument der Wettbewerbsstrategie, mit dem das Wettbewerbsni-
veau innerhalb einer bestimmten Branche analysiert werden
kann (Stichwort: Wettbewerbskräfte neu betrachten). Die sogenannte Branchenstrukturanalyse hilft, die Wettbewerbsfähig-
keit des eigenen Unternehmens einzuordnen und die potenziel-
le Rentabilität der eigenen Wettbewerbsstrategie zu ermitteln.

[11] Jim Collins, Der Weg zu den Besten: Die sieben Management-
Prinzipien für dauerhaften Unternehmenserfolg, Campus 2011.
Englischer Titel Good to Great: Why Some Companies Make the
Leap and Others Don't, Harper Business 2001.

[12] Margarete    Mitscherlich,    Psychoanalytikerin,    Deutsch-
Dänin. Zum Beispiel nachzulesen unter http://margarete-
mitscherlich.de/

[13] Christian Miele, https://www.zeit.de/zeit-fuer-unternehmer/2021/02/linkedin-gruender-konstantin-guericke-karrierenetzwerk-unternehmer-meetings-wandern

[14] Joe Dispenza, Ein neues Ich: Wie Sie Ihre gewohnte Persönlichkeit in vier Wochen wandeln können, Koha 2019

[15] Der Begriff 'Feuervogel' stammt ursprünglich aus einem Ballett von Igor Strawinsky. Mehr zum Thema Ideal-Ich ist nachzulesen unter Stephen Cope, Die Weisheit des Yoga: Auf der Suche nach einem freien, erfüllten und glücklichen Leben, Goldmann Arkana 2007, S. 47-51

[16] Konstantin Guericke, in: Zeit für Unternehmer Nr. 2/2021, 2. Juni 2021

https://www.zeit.de/zeit-fuer-unternehmer/2021/02/linkedin-gruender-konstantin-guericke-karrierenetzwerk-unternehmer-meetings-wandern

[17] Vom 'Tun' ins 'Sein' kommen. Nachzulesen zum Beispiel über einen Bericht von einem Besuch von Eckhart Tolle in Deutschland: "Im Zustand der Hingabe fließt eine völlig andere Energie, eine ganz andere Qualität in dein Tun. Hingabe verbindet dich wieder mit der Seins-Energie an der Quelle, und wenn dein Tun mit Sein erfüllt ist, dann bringt diese Feier deiner Lebensenergie dich tiefer in das Jetzt."

https://www.lebe-liebe-lache.com/articles/17/1761/eckhart-tolle-live-in-deutschland/

[18/19] Philipp J. Müller, Geldrichtig: Einkommen erhöhen, moralisch handeln, persönliche Freiheit leben. Gabal 2020, S. 263/264

[20] Frank Thelen, 10x DNA: Das Mindset der Zukunft, Frank Thelen Media 2020

[21]    Der Begriff "Stressfass" stammt aus dem Vulnerabilitäts-Stress-Modell oder auch Diathesis-Stress-Modell aus der klinischen Psychologie. Nachzulesen z.B. unter https://www.weka.de/as/arbeitsschutz-profi/images/0721ASPweb.pdf

[22]    Dr. Joseph, Die Funktionsweise des Geistes, in: Glück ist kein Zufall: Das große Lesebuch des positiven Denkens, Heyne Ariston 2009. Der Aufsatz von ihm stammt aus dem Jahre 1962

[23]    Psychologen sprechen von einer 'stress response' aus dem limbischen System, nachzulesen z.B. unter: https://www.health.harvard.edu/staying-healthy/understanding-the-stress-response

[24]    Paula Brandt, Mayday aus der Chefetage: Warum Manager in Krisen scheitern, Ariston 2015

[25]    Olivia Fox Cabane: The Charisma Myth: Master the Art of Personal Magnetism, Penguin, S. 23/24

[26]    Dale Carnegie, Wie man Freunde gewinnt: Die Kunst, beliebt und einflussreich zu werden, Fischer 2013, S.14

        Zitat "Der direkte Weg zum Herzen eines Menschen führt über jene Dinge, die den betreffenden Menschen besonders am Herzen liegen": Nachzulesen z.B. unter https://www.derperfekteratgeber.de/dale-carnegie-wie-man-freunde-gewinnt/

[27]    Interessantes Arbeitsbuch zum Thema, dass der Körper mehr weiß als der Kopf: Dr. Isa Grüber, Was der Körper zu sagen hat: Ganzheitlich gesund durch achtsames Spüren. Stress- und Traumabewältigung mit Somatic Experiencing®, Mankau Verlag 2020

[28] Rick Hanson, Denken wie ein Buddha: Gelassenheit und innere Stärke durch Achtsamkeit, Irisiana 2014

[29] Aus der Traumaforschung stammt dieses Buch, das viele nützliche Erklärungen und Übungen bietet: Peter A. Levine, Sprache ohne Worte: Wie unser Körper Trauma verarbeitet und uns in die innere Balance zurückführt, Kösel 2011

[30] Weitere Informationen zum TRE-Verfahren sind auf der Website nachzulesen: https://www.tre-deutschland.de/ Der Verfahren wurde entwickelt von Dr. David Berceli. Er hat herausgefunden, dass sich der Körper unter Stress auf immer die gleiche Art und Weise zusammenzieht. Die von ihm entwickelte Methode setzt darauf auf und bietet eine Möglichkeit, die so entstandenen Spannungen aufzulösen.

[31] Hintergrundinformationen zu Schauspiel-Techniken: Lenard Petit, Die Cechov-Methode: Handbuch für Schauspieler, Henschel 2014 . Ich habe seinerzeit einwöchige Kurse an der Schauspielschule Hamburg zu dieser Technik besucht: https://sfsh.de/chekhov-international/michael-chekhov-international-training?number=0019

[32] Verschiedene Berichte sagen voraus, dass Fähigkeiten wie Empathie in Zukunft entscheidend für Erfolg sein werden. Vgl. z.B. https://www.bworldonline.com/empathy-is-the-skill-of-the-future-google-says/

[33] Ebenda. Olivia Fox Cabane: The Charisma Myth. Penguin, S. 23 / 24. Deutsche Ausgabe: Das Charisma-Geheimnis. Wie jeder die Kunst erlernen kann, andere Menschen in seinen Bann zu ziehen, mvgverlag 2013.

[34] Zur Atemtechnik von Stanislav Grov: Stanislav Grov, Christina Grov, Holotropes Atmen: Eine neue Methode der Selbsterforschung und Therapie, Nachtschatten Verlag 2013

[35] Mantra-Playlist: z.B. The Mantra Songbook, mit Begleit-CD: Chants for the Aquarian Age - Raghubir Singh  Khalsa Jetha (Yogi Press), Motion of Devotion by Singing Buddhas, Magical Healing Mantras by Namaste, Songs of Joy and Silence by Govinda Express, One World Ticket by Govinda Express

[36] Sehr amerikanisch-emotionales Video nach dem "Museumstag" von John P. Strelecky, dennoch sehr anschaulich: https://youtu.be/2dREDhKK7pM

[37] Dr. Susan Jeffers, Feel the Fear and do it anyway, Ballantinebooks 2007, S. 128 / 129

[38] Alex Loyd, Ben Johnson, The Healing Code, rororo 2015. Ebenfalls ein sehr gutes Buch, um an diesem Thema weiterzuarbeiten: Ann Marie Chiasson, Energieheilung: Die Kräfte des Energiekörpers wahrnehmen, harmonisieren, nutzen, Heyne 2015

[39] Julia Ross, Was die Seele essen will - Die Mood Cure, Klett-Cotta, 2019. Zum Thema Besser Schlafen siehe Kapitel 12, S. 282

[40] Konstantin Guericke, in: Zeit für Unternehmer Nr. 2/2021, 2. Juni 2021
https://www.zeit.de/zeit-fuer-unternehmer/2021/02/linkedin-gruender-konstantin-guericke-ka rrierenetzwerk-unternehmer-meetings-wandern

[41] Hermann Simon zur vorherrschenden Führung bei Unternehmenslenkern bei Hidden Champions, nachzulesen z.B. unter https://www.handelsblatt.com/unternehmen/mittelstand/die-neuen-hidden-champions-lernen                    -von-den-hidden-

champions/2727188-all.html Hermann Simon, Hidden Champions des 21. Jahrhunderts: Die Erfolgsstrategien unbekannter Weltmarktführer, Campus 2007

[42]  Die Produktivität bei Menschen, die einen Sinn in ihrer Arbeit sehen, erhöht sich in der Regel um 70%: Umgekehrt kann das Fehlen von Sinn negative Folgen haben. Siehe z.B. https://www.iwh-halle.de/publikationen/detail/arbeit-ohne-sinn-gefaehrdet-die-produktivitaet/ alle-seiten/

[43]  Simon Sinek, Finde dein Warum: Der praktische Wegweiser zu deiner wahren Bestimmung, Redline 2018

[44]  Viktor Frankl, ...trotzdem Ja zum Leben sagen: Ein Psychologe erlebt das Konzentrationslager, Penguin Verlag 2018

[45/46] Simon Sinek, Frag immer erst: warum. Wie Top-Firmen und Führungskräfte zum Erfolg inspirieren, Redline 2014

[47]  Stephen R. Covey, A. Roger Merrill, Rebecca R. Merrill, First Things First, Franklin Covey Co 2003

[48]  Dale Carnegie, ebenda

[49]  Interview mit dem Gründer der New Work-Bewegung Frithjof Bergmann https://newwork-newculture.dev/

[50]  Bodo Janssen, Die stille Revolution: Führen mit Sinn und Menschlichkeit, Ariston 2016

[51]  9Elements aus Bochum. https://www.youtube.com/watch?v=R4-U9OJTGBYObstkorb

[52]  Interview mit Marc Schlegel, Gründer vom Pizzahersteller Lizza. in brand eins 08/21, S. 27-31

[53]     Michael E. Gerber, E-Myth Mastery: The Seven Essential Dis-
         ciplines for Building a World-Class Company, Harper Business
         2007

[54]     Dale Carnegie, ebenda

[55]     aus: Stephen R. Covey, A. Roger Merrill, Rebecca R. Merrill. First
         Things first. Franklin Covey Co, S. 254/255

[56]     Marcel Proust, zitiert aus Jon Kabat-Zinn: Coming to Our Sen-
         ses, Hyperion, New York 2005, S. 196

[57]     Susanne Alwart, Arbeit mit Metaphern. In: Armin Rohm (Hrsg.)
         Change Tools. S. 198/199.

[58]     Ann Marie Chiasson, Energieheilung: Die Kräfte des Energie-
         körpers wahrnehmen, harmonisieren, nutzen, Heyne 2015

[59]     David Bowie: Lazarus. Nachzulesen in einem Artikel in
         der Süddeutschen: So besang Bowie seinen eigenen Tod.
         https://www.sueddeutsche.de/kultur/song-lazarus-so-
         besang-bowie-seinen-eigenen-tod-1.28 13089

[60/61]  Martha Beck, Finding your own North Star: Claiming the Life
         you were meant to live, Three Rivers Press, S. 283 sowie S. 285.

Ich wünsche dir von ganzem Herzen, dass du auch deinen
Nordstern findest.

## Über die Autorin Paula Brandt

Paula Brandts Karriere begann bei einer der ersten Digitalagenturen: bitlab (Pixelpark), wo sie dort und später bei der Unternehmensberatung Mummert+Partner die ersten größeren Portalprojekte in Deutschland geleitet hatte. Nach einer weiteren Zwischenstation bei der Unternehmensberatung Accenture folgte ab 2007 ihre Tätigkeit als Managerin bei Microsoft, bei der sie als rechter Arm für das weltweite Top-Management sämtliche Großprojekte in Deutschland überwacht und gesteuert hatte. Über ihre Erfahrungen hat sie ein Buch geschrieben: Mayday aus der Chefetage – Warum Manager in Krisen scheitern, erschienen im Ariston-Verlag. Seit 2013 ist sie selbst Unternehmerin. Sie war Gesellschafter-Geschäftsführerin bei der Orange Networks GmbH, einer der am schnellsten wachsenden Firmen im Microsoft-Umfeld. Anfang 2017 verkaufte Paula ihre Firmenanteile, um ihre Erfahrungen als Mentorin und Sparringspartnerin weiterzugeben. Sie ist eine anerkannte Expertin für nachhaltige Unternehmensführung. Paulas Mission: Unternehmer | innen nach vorne bringen, die nach klaren Werten handeln und gemeinsam neue Wachstumspfade gehen: www.paula-brandt.de

Weitere Produkte vom ForwardVerlag:

**Entrepreneurshit:**

So präsentiert sich wahres Unternehmertum – Ideen, Denkanstöße und Fuckups, die du nicht auf Gründerszene liest.

Warum besitzt jeder von uns ein Wirecard-Gen? Was können wir von Joko Winterscheidt und Kevin Großkreutz übers Durchhalten lernen? Wieso kennt sich Christian Lindner so gut mit Dornen aus? Und weshalb wird in erfolgreichen Gründerstorys meist der Weg durch die Hölle ausgelassen?

Dieses Buch erzählt neben vielen positiven Geschichten aus dem Gründertum auch einiges über den wahrhaftigen Entrepreneurshit. Unverfälscht, unbekümmert, ungeprahlt, aber nicht unüberlegt.

Angesprochen fühlen dürfen sich Humorfreunde, Unternehmer, Selbstständige, Angestellte mit unternehmerischem Gedankengut, Erfolgsmenschen und alle, die sich weiterentwickeln möchten. Und weil Vilfredo Pareto mächtig sauer wäre, wenn wir unsere kostbare Zeit mit der Buchrückseite verschwenden würden, stürzen wir uns jetzt mit höchster Effizienz ins Leseabenteuer.

**Über die Autoren:**

**Daniel Weiner:** Jahrgang 1988. Studierte von 2008-2016 Wirtschaftsingenieurwesen mit der Fachrichtung Maschinenbau an der Uni Paderborn. Den Master schloss er noch ab, obwohl er bereits 2013 die Firma Studyhelp gründete, in der er bis heute Geschäftsführer ist. Seit 2018 ist er Vorstandsmitglied des Fußball-Regionalligisten Rot Weiss Ahlen, zudem als Business Angel, Speaker und Berater tätig und außerdem Board Member der Entrepreneurs' Organization sowie Organisator des GESA-Events: www.danielweiner.de

**Christian Gaschler:** Jahrgang 1986. Studierte von 2007-2013 ebenfalls Wirtschaftsingenieurwesen mit der Fachrichtung Maschinenbau an der Uni Paderborn. Daraufhin arbeitete er fünf Jahre lang im Vertrieb eines Herstellers von Blindnieten (ja, sowas gibt es wirklich), bis er sich 2018 als Immobilieninvestor selbstständig machte. Seit 2020 ist er Autor und schreibt vor allem über die deutsche Sprache: www.christiangaschler.de

**ISBN:** 978-3-947506-69-9
**Preis:** 19,99€
www.forwardverlag.de

**Forward**Verlag